新工科

面向新工科的电工电子信息基础课程系列教材

教育部高等学校电工电子基础课程教学指导分委员会推荐教材

嵌入式系统设计

郎　宾　韩国栋　主　编

冯长江　濮　霞　副主编

段荣霞　李　楠　陶炳坤
　　　　　　　　　　　　　　编　著
黄天辰　刘美全　马　南

清華大学出版社

北　京

内 容 简 介

以 FPGA 为硬件平台的嵌入式系统设计是现代电子技术研究和应用的热点领域之一。为了使电类相关专业的高年级本科生和研究生能够提高电子系统综合设计水平,了解基于 FPGA 的嵌入式系统设计实现的一般方法和基础知识,本书遵循由系统到单元的研究方法,以典型单元应用电路为例,通过实验的手段研究 FPGA 的应用开发技术。书中主要介绍基于 FPGA 的电子系统设计自动化的基本概念和基本原理,Verilog HDL 基本知识,FPGA 开发流程中的编译、综合、仿真、适配、布局布线以及调试等环节,SOPC 的基本概念及初步开发技术等内容。

本书适用于嵌入式系统设计以及 EDA 技术相关课程,在使用过程中可根据专业和教学层次进行裁剪和内容调整,本书也可以作为电子技术工程设计人员的参考书。

图书在版编目(CIP)数据

嵌入式系统设计/郎宾,韩国栋主编.—北京:清华大学出版社,2022.7
面向新工科的电工电子信息基础课程系列教材
ISBN 978-7-302-60519-5

I. ①嵌… II. ①郎… ②韩… III. ①微型计算机－系统设计－高等学校－教材 IV. ①TP360.21

中国版本图书馆 CIP 数据核字(2022)第 055797 号

责任编辑:文 怡
封面设计:王昭红
责任校对:胡伟民
责任印制:丛怀宇

出版发行:清华大学出版社
  网 址:http://www.tup.com.cn,http://www.wqbook.com
  地 址:北京清华大学学研大厦 A 座 邮 编:100084
  社 总 机:010-83470000 邮 购:010-62786544
  投稿与读者服务:010-62776969,c-service@tup.tsinghua.edu.cn
  质量反馈:010-62772015,zhiliang@tup.tsinghua.edu.cn
  课件下载:http://www.tup.com.cn,010-83470236
印 装 者:三河市铭诚印务有限公司
经 销:全国新华书店
开 本:185mm×260mm 印 张:24.25 字 数:605 千字
版 次:2022 年 7 月第 1 版 印 次:2022 年 7 月第 1 次印刷
印 数:1～2000
定 价:79.00 元

产品编号:089268-01

以智能处理器应用为特征的现代电子技术是信息化发展的关键基础技术之一。传统的智能化电子设备设计方法和设计手段已经不能适应现代电子系统设计的要求，并逐渐被以电子设计自动化（EDA）技术为核心的电子系统设计工具代替。EDA 技术是多学科相结合的产物，它的迅猛发展和广泛应用拓展了可编程逻辑芯片的应用领域，提高了信息化电子产品的设计、生产效率以及可维护性。嵌入式系统作为智能化电路系统的优秀范例，已经广泛应用于军事装备、工业控制系统、信息家电、通信设备、医疗仪器、智能仪器仪表等众多领域，如军事雷达、情报指挥系统、火力控制系统、手持设备以及视频处理设备等。与嵌入式系统普遍应用的趋势相比，国内的嵌入式系统教学还处于初期和发展阶段。

嵌入式系统以应用为中心，以微电子技术、控制技术、计算机技术和通信技术为基础，强调软件、硬件可裁剪，适应应用系统对功能、成本、体积和功耗等各方面的需求。本书以现场可编程门阵列（FPGA）及其应用为例，系统介绍嵌入式系统的一般结构，以理论和实训相结合的方式介绍嵌入式系统设计的一般知识，使学生初步掌握使用 EDA 工具设计、仿真、综合以及生成以嵌入式处理器为核心的嵌入式系统的关键环节和开发流程，提高学生对现代智能电子系统的认知和应用能力。

在目前国内流行的嵌入式系统设计方法中，以 FPGA 为核心实现嵌入式系统已经成为主流。利用可编程片上系统（SOPC）解决方案可将 CPU、存储器、I/O 接口以及锁相环等系统设计所必需的模块集成到一片可编程逻辑器件上，构成一个可编程的片上系统。Altera 公司推出的 FPGA 系列芯片目前广泛应用于各种嵌入式系统开发，其推出的软件开发套件功能完善，包括 C/C++ 编译器、集成开发环境（IDE）、JTAG 调试器以及包含实时操作系统（RTOS）和 TCP/IP 协议栈的 32 位精简指令集计算机（RISC）嵌入式处理器Nios Ⅱ等。这些开发套件配合 Quartus Ⅱ 开发软件中的 SOPC Builder、Nios Ⅱ IDE 等设计工具，设计人员可以很快完成一个 SOPC 系统的设计工作。

本书共 6 章，第 1 章主要介绍嵌入式处理器的基本概念及其应用模式；第 2 章介绍Quartus Ⅱ 软件的使用方法和 FPGA 开发的一般流程；第 3 章简要介绍 Verilog HDL；第 4 章以嵌入式系统的硬件组成要素为框架，介绍嵌入式系统硬件电路的设计和实现方法，以及嵌入式系统电路板设计的相关技术；第 5 章介绍 SOPC 系统开发的一般方法；第 6 章为实训部分，包含 10 个实验，基本涵盖 FPGA 开发的基础内容。附录部分提供一些指导性材料和其他几章的补充内容。

本书编写分工：第 1 章由段荣霞编写，第 2 章由濮霞编写，第 3 章由冯长江编写，第 4

章由郎宾编写,第 5 章由韩国栋编写,第 6 章由濮霞、陶炳坤、马南编写,附录由李楠、黄天辰、刘美全编写。

由于编者水平有限,加之时间仓促,错误和不足之处在所难免,敬请广大读者提出宝贵意见。

教材编写组

2022 年 4 月

PPT＋源代码

目录

目录

目录

第1章

嵌入式系统概述

1.1 嵌入式系统简介

随着计算机技术的快速发展,以微处理器为核心的微型计算机具有小型、价廉、高可靠性等特点,被嵌入一个对象体系中,完成一些特定的功能和任务,实现确定对象体系的智能化控制。这种应用的发展形成了计算机系统的两大分支,即通用计算机系统(如PC)和嵌入式计算机系统。为了区别于原有的通用计算机系统,这种嵌入对象体系中实现对象体系智能化控制的计算机称作嵌入式计算机系统。"嵌入性""专用性"与"计算机系统"是嵌入式系统(Embedded System,ES)的三个基本要素。通用计算机系统的硬件以标准化形态出现,通过安装不同的软件满足各种不同的功能需求。嵌入式计算机系统则是根据具体应用对象,采用"量体裁衣"的方式对软、硬件进行定制的专用计算机系统。

嵌入式系统本身是一个外延极广的名词,凡是与产品结合在一起、具有嵌入式特点的控制系统都可以称为嵌入式系统,而且有时很难以给它下一个准确的定义。IEEE定义嵌入式系统为"控制、监视或者辅助装置、机器和设备运行的装置"(devices used to control,monitor,or assist the operation of equipment,machinery or plants)。从中可以看出,嵌入式系统是软件和硬件的综合体,应用领域广泛。

从应用的角度来看主要有两种嵌入式系统:一种是强调操作系统或软件可裁剪的嵌入式系统,如WinCE、Linux等操作系统与ARM(Advanced RISC Machines)处理器的结合;另外一种强调硬件资源可裁剪的嵌入式系统,如在现场可编程门阵列(FPGA)上定制硬件数字电路系统。无论哪种嵌入式系统都需要在大规模可编程芯片上实现,同时二者也有交叉,如在FPGA定制的可编程片上系统(SOPC)中也可以安装操作系统。

目前,国内普遍认同的嵌入式系统定义是以应用为中心,以计算机技术为基础,软、硬件可裁剪,适应应用系统对功能、可靠性、成本、体积和功耗有严格要求的专用计算机系统。

嵌入式系统具有以下特点:

(1)具有专用性。嵌入式系统是专用的计算机系统,面向具体应用和特定功能的任务。

(2)系统精简。嵌入式系统一般没有系统软件(OS)和应用软件的明显区分,不要求其功能设计及实现上过于复杂,这样一方面利于控制系统成本,另一方面利于实现系统安全。

(3)系统内核小。嵌入式系统强调软、硬件紧耦合(这也是"嵌入式"一词的本意),系统硬件资源毕竟有限,所以内核较传统的操作系统要小得多。

(4)使用实时操作系统。实时操作系统的内核结构层次少,响应速度快,能够满足应用对时间响应的苛刻要求。一般都具有并行性,能够同时响应处理多个任务。

(5)可靠性要求更高。具有系统测试和可靠性评估体系。高实时性的系统软件是嵌入式软件的基本要求。而且软件要求固态存储,以提高速度;软件代码要求高质量和高可靠性。

（6）嵌入式系统开发需要开发工具和环境。嵌入式系统都包含一个硬件适配的过程，即需要将操作系统或者硬件系统进行裁剪，以满足系统设计要求，并能有效利用大规模可编程逻辑芯片的硬件资源。对于用户而言，需要通过专用的开发工具或者芯片生产商提供的开发环境将自己的应用逻辑在芯片上实现。

基于可编程门阵列的嵌入式系统从结构上可分为硬件层、中间层、系统软件层和应用层。

硬件层是整个嵌入式系统的基础，包括嵌入式微处理器（Micro Processor Unit，MPU）、存储器、通用设备接口和 I/O 接口等。

中间层介于硬件层与系统软件层之间，也称为硬件抽象层（Hardware Abstract Layer，HAL），应用在 FPGA 系统中；或板级支持包（Board Support Package，BSP），应用在 ARM 系统中。该层一般包含相关底层硬件的初始化、数据的输入/输出操作和硬件设备的配置功能。中间层有硬件相关性和操作系统相关性两个特点。

系统软件层由实时多任务操作系统（Real-time Operation System，RTOS）、文件系统、图形用户接口（Graphic User Interface，GUI）、网络系统及通用组件模块组成。

应用层由基于实时系统开发的应用程序组成。

嵌入式系统的应用领域非常广泛，包括工业控制、交通管理、信息家电、家庭智能管理系统、电子商务、环境工程、机器人、医疗仪器、汽车电子、通信设备、网络设备、军事电子等领域。

1.2 嵌入式处理器的类型及应用

嵌入式微处理器是嵌入式系统硬件层的核心，是控制、辅助系统运行的硬件单元。它将通用 CPU 中许多由板卡完成的任务集成在芯片内部，从而有利于嵌入式系统在设计时趋于小型化，同时还具有很高的效率和可靠性。目前，全世界嵌入式处理器的品种已经超过 1000 种，包括 ARM、DSP、FPGA，以及早期的 MCU、MPU 等 30 多个系列。现在几乎每个半导体制造商都生产嵌入式处理器，越来越多的公司有自己的处理器设计部门。根据现状，嵌入式计算机可以分成嵌入式微处理器、嵌入式微控制器（Microcontroller Unit，MCU）、嵌入式 DSP（Embedded Digital Signal Processor，EDSP）、嵌入式片上系统（System On Chip，SOC）等。

1.2.1 ARM 处理器

ARM 公司位于英国剑桥，是由苹果电脑公司、Acorn 电脑集团和 VLSI Technology 公司共同组建的电子公司。ARM 公司既不生产芯片也不设计芯片，而是以高效的 IP（Intellectual Property）内核为产品，将芯片设计技术授权给其他半导体公司使用，这就有了第一款面向低预算市场的精简指令集（Reduced Instruction Set Computer，RISC）计算机架构微处理器。目前,ARM 已经成为嵌入式微处理器的代名词。

1. ARM 处理器的特点

(1) 采用典型的 RISC 结构;

(2) 体积小、低功耗、低成本、高性能;

(3) 支持 Thumb(16 位)/ARM(32 位)双指令集,能很好地兼容 8 位/16 位器件;

(4) 大量使用寄存器,指令执行速度更快;

(5) 大部分数据操作都在寄存器中完成;

(6) 寻址方式灵活简单,执行效率高;

(7) 指令长度固定,增加了特殊应用的增强指令。

2. ARM 处理器的体系结构

ARM 采用 RISC 结构,具有如下特点:

(1) 采用固定长度的指令格式;

(2) 使用单周期指令,便于流水线操作执行;

(3) 使用大量寄存器,数据处理指令只对寄存器进行操作;

(4) 采用加载/存储指令批量传输数据,以提高数据的传输效率;

(5) 所有指令都可根据前面的执行结果决定是否被执行,从而提高指令的执行效率;

(6) 在一条数据处理指令中,同时完成逻辑处理和移位处理两个功能;

(7) 在循环处理中使用地址的自动增减,提高运行效率。

3. ARM 处理器的运行模式

ARM 处理器支持以下运行模式:

(1) 用户模式(USR):ARM 处理器正常的程序执行状态;

(2) 快速中断模式(FIQ):用于高速数据传输或通道处理;

(3) 外部中断模式(IRQ):用于通用的中断处理;

(4) 管理模式(SVC):操作系统使用的保护模式;

(5) 数据访问终止模式(ABT):当数据或指令预取终止时进入该模式,可用于虚拟存储及存储保护;

(6) 系统模式(SYS):运行具有特权的操作系统任务;

(7) 定义指令中止模式(UND):当未定义的指令执行时进入该模式,可用于支持硬件协处理器的软件仿真。

除用户模式外的其他模式称为特权模式,其中除用户模式和系统模式以外的 5 种模式又称为异常模式。可以通过软件改变 ARM 处理器的工作模式,外部中断或异常处理也可以引起模式发生改变。

4. ARM 处理器系列

经过多年的发展,ARM 处理器已经发展成一个庞大的家族,包括 ARM7 系列、

ARM9 系列、ARM9E 系列、ARM10E 系列、ARM11 系列、Cortex 系列、SecurCore 系列、Intel 的 Xscale 等。每一类型的 ARM 处理器都有独特的内部功能配置,用户在使用时应依据项目需求合理选择处理器。

5. ARM 处理器的应用领域

(1)工业控制领域。作为 32 位的 RISC 架构,基于 ARM 核的微控制器芯片不但占据了高端微控制器市场的大部分市场份额,同时也逐渐向低端微控制器应用领域扩展,ARM 微控制器凭借低功耗、高性价比,向传统的 8 位/16 位微控制器提出了挑战。

(2)无线通信领域。目前已有超过 85% 的无线通信设备采用了 ARM 处理器,ARM 以其高性能和低成本,在该领域的地位日益巩固。

(3)网络应用。随着宽带技术的推广,采用 ARM 技术的非对称数字用户线路(ADSL)芯片正逐步获得竞争优势。此外,ARM 技术在语音及视频处理上进行了优化,并获得广泛支持,也对 DSP 的某些应用领域提出了挑战。

(4)消费类电子产品。ARM 技术在目前流行的数字通信设备、数字音频播放器、数字机顶盒和游戏机中得到广泛采用。

(5)成像和安全产品。现在流行的数码相机和打印机中绝大部分采用 ARM 技术。手机中的 32 位 SIM 智能卡也采用了 ARM 技术。

1.2.2 DSP

数字信号处理器(Digital Signal Processor,DSP)是指实现数字信号处理算法的微处理器芯片,它为数字信号的实时处理提供一个硬件实现平台。

1. DSP 的特点

(1)哈佛结构。程序和数据空间彼此独立,可以同时访问指令和数据。

(2)多总线结构。保证在一个机器周期内多次访问程序空间和数据空间,提高了 DSP 的运行速度。

(3)支持流水线操作。使取指、译码和执行等操作可以重叠执行。

(4)硬件乘法器。配有硬件乘法器,与专用累加器一起构成乘法累加(MAC)运算单元,在一个指令周期内可完成一次乘法和一次加法。

(5)并行执行多个操作。具有在单周期内操作的多个硬件地址产生器。

(6)高运算速度。快速的中断处理和硬件 I/O 支持,以及片内具有快速 RAM,通常可通过独立的数据总线在两个 RAM 块中同时访问。

(7)具有低开销或无开销循环及跳转的硬件支持。

2. DSP 的分类

1)按基础特性分类

根据 DSP 芯片的工作时钟和指令类型可分为静态 DSP 芯片和一致性 DSP 芯片。

静态 DSP 芯片在某时钟频率范围内的任何时钟频率上都能正常工作,除计算速度有变化外没有性能的下降,日本 OKI 电气公司的 DSP 芯片、TI 公司的 TMS320C2XX 系列芯片属于这一类。一致性 DSP 芯片是指有两种或两种以上 DSP 芯片,它们的指令集、机器代码及引脚结构相互兼容,美国 TI 公司的 TMS320C54X 属于这一类。

2)按工作的数据格式分类

按工作的数据格式可分为定点 DSP 芯片和浮点 DSP 芯片。以定点格式工作的 DSP 芯片称为定点 DSP 芯片,如 TI 公司的 TMS320C1X/C2X、TMS320C2XX/C5X、TMS320C54X/C62XX 系列,ADI 公司的 ADSP21XX 系列,AT&T 公司的 DSP16/16A,Motolora 公司的 MC56000 等。以浮点格式工作的称为浮点 DSP 芯片,如 TI 公司的 TMS320C3X/C4X/C8X,AD 公司的 ADSP21XXX 系列、AT&T 公司的 DSP32/32C、Motolora 公司的 MC96002 等。不同浮点 DSP 芯片所采用的浮点格式不完全一样,有的 DSP 芯片采用自定义的浮点格式,如 TMS320C3X,而有的 DSP 芯片则采用 IEEE 的标准浮点格式,如 Motorola 公司的 MC96002、FUJITSU 公司的 MB86232、ZORAN 公司的 ZR35325 等。

3)按用途分类

按用途可分为通用型 DSP 芯片和专用型 DSP 芯片。通用型 DSP 芯片适合普通的 DSP 应用,如 TI 公司的一系列 DSP 芯片。专用 DSP 芯片是为特定的 DSP 运算而设计的,更适合特殊的运算,如 数字滤波、卷积和快速傅里叶变换(FFT),Motorola 公司的 DSP56200、ZORAN 公司的 ZR34881、Inmos 公司的 IMSA100 等。

3.DSP 的应用领域

(1)信号处理领域,如数字滤波、自适应滤波、快速傅里叶变换、谱分析、卷积、模式匹配、加窗、波形产生等;

(2)通信领域,如调制解调器、自适应均衡、数据加密、数据压缩、回波抵消、多路复用、传真、扩频通信、纠错编码、可视电话等;

(3)语音处理及应用,如语音编码、语音合成、语音识别、语音增强、语音身份识别、语音邮件、语音存储等;

(4)图形/图像处理,如二维和三维图形处理、图像压缩与传输、图像增强、动画、机器人视觉等;

(5)军事领域,如保密通信、雷达处理、声呐处理、导航、导弹制导等;

(6)仪器仪表设计及应用领域,如频谱分析、函数发生、锁相环、地震处理等;

(7)自动控制领域,如引擎控制、声控、自动驾驶、机器人控制、磁盘控制等;

(8)医疗领域,如助听、超声设备、诊断工具、病人监护等;

(9)家用电器领域,如高保真音响、音乐合成、音调控制、玩具与游戏、数字电话/电视等。

1.2.3 FPGA

现场可编程门阵列（Field Programmable Gate Array，FPGA）是一个含有可编辑元件的半导体设备，可供使用者现场程序化。

1. FPGA 的芯片结构

它主要包括可配置逻辑模块（Configurable Logic Block，CLB）、可编程输入/输出模块（Input Output Block，IOB）、数字时钟管理（Digital Clock Management，DCM）模块、嵌入式 RAM 块（BRAM）、内部连线（Interconnection）、底层内嵌功能单元和内嵌专用硬核（Hard Core）。

1）可配置逻辑模块

CLB 是 FPGA 内的基本逻辑单元（Logic Element，LE）。CLB 的实际数量和特性会依器件的不同而不同，但是每个 CLB 都包含一个可配置开关矩阵，此矩阵由 4 个或 6 个输入、选型电路（多路复用器等）和触发器组成。开关矩阵是高度灵活的，可以对其进行配置，以便处理组合逻辑、移位寄存器或 RAM。在 Xilinx 公司的 FPGA 器件中，CLB 由多个（一般为 2 个或 4 个）相同的由查找表（Lookup Table，LUT）组成的分片（Slice）模块和附加逻辑构成。每个 CLB 不仅可以用于实现组合逻辑、时序逻辑，还可以配置为分布式 RAM 和分布式 ROM。

2）可编程输入/输出模块

可编程输入/输出模块简称 I/O 单元，是芯片与外部电路的接口部分，完成不同电气特性下对输入/输出信号的驱动与匹配要求。FPGA 内的 I/O 按组分类，每组都能够独立地支持不同的 I/O 标准。通过软件的灵活配置，可适配不同的电气标准与 I/O 物理特性，调整驱动电流的大小，改变上拉、下拉电阻。目前，I/O 口的频率也越来越高，一些高端的 FPGA 通过数据方向寄存器（DDR）技术可以支持高达 2Gb/s 的数据速率。

3）数字时钟管理模块

大多数 FPGA 都含有数字时钟管理模块。DCM 的优点是可实现零时钟偏移，消除时钟分配时延，并实现时钟闭环控制；时钟可以映射到印制电路板（PCB）上用于同步外部芯片，减少了对外部芯片的要求，将芯片内外的时钟控制一体化，有利于系统设计。Xilinx 公司推出的先进 FPGA 提供数字时钟管理和相位环路锁定。相位环路锁定能够提供精确的时钟综合，降低抖动，并实现过滤功能。

4）嵌入式 RAM 块

FPGA 都具有嵌入式 RAM 块，拓展了 FPGA 的应用范围和灵活性。RAM 块可被配置为单端口 RAM、双端口 RAM、内容地址存储器（Content Address Memory，CAM）以及先进先出（FIFO）等常用的存储块。芯片内部 RAM 块的数量也是选择芯片的一个重要参考因素。

单片 RAM 块的容量为 18Kb，即位宽为 18 位、深度为 1024，可以根据需要改变其位宽和深度,但是修改后的容量(位宽、深度)不能大于18Kb,位宽最大不能超过36位。当然,可以将多片RAM块级联起来形成更大的RAM。

5)内部连线

布线资源连通FPGA内部的所有单元,而连线的长度和工艺决定着信号在连线上的驱动能力和传输速度。FPGA芯片内部有着丰富的布线资源,根据工艺、长度、宽度和分布位置的不同而分为4类:第一类是全局布线资源,用于芯片内部全局时钟和全局复位/置位的布线;第二类是长线资源,用以完成芯片Bank间的高速信号和第二全局时钟信号的布线;第三类是短线资源,用于完成基本逻辑单元之间的逻辑互连和布线;第四类是分布式的布线资源,用于专有时钟、复位等控制信号线。

6)底层内嵌功能单元

内嵌功能模块主要指延迟锁定回路(Delay Locked Loop,DLL)、锁相环(Phase Locked Loop,PLL)、DSP和CPU等软核(SoftCore)。现在越来越丰富的内嵌功能单元,使得单片FPGA成为系统级的设计工具,使其具备了软/硬件联合设计的能力,逐步向片上系统和可编程片上系统(SOC/SOPC)平台过渡。

DLL和PLL具有类似的功能,可以完成时钟高精度、低抖动的倍频和分频,以及占空比调整和移相等功能。Xilinx公司生产的芯片上集成了DLL,Altera公司生产的芯片集成了PLL,Lattice公司生产的新型芯片上同时集成了PLL和DLL。PLL和DLL可以通过IP核生成的工具方便地进行管理和配置。

7)内嵌专用硬核

内嵌专用硬核是相对底层嵌入的软核而言的,指FPGA处理能力强大的硬核,等效于专用集成电路(ASIC)。为了提高FPGA性能,芯片生产商在芯片内部集成了一些专用的硬核。例如:为了提高FPGA的乘法速度,主流的FPGA中集成了专用乘法器;为了适应通信总线与接口标准,很多高端的FPGA内部集成了串并收发器(SERDES),可以达到数十吉比特每秒的收发速度。

2. FPGA的软件开发环境

为了提高设计效率,优化设计结果,很多第三方软件厂商提供了各种专业软件,用于配合FPGA芯片厂家提供的开发工具进行更高效的设计,常见的组合是同时使用Syncplify Pro逻辑综合软件、ModelSim仿真软件和PLD/FPGA芯片厂家提供的软件平台。

常用的芯片生产厂商提供的软件平台有Xilinx公司提供的集成软件环境(Integrated Software Environment,ISE)系列软件、Altera公司的Quartus Ⅱ软件平台等,这些软件环境集成了FPGA完整开发过程所用到的工具。第2章重点介绍Quartus Ⅱ软件开发环境,这里简单介绍ISE软件。

1)ISE简要介绍

ISE软件是Xilinx公司推出的FPGA和复杂可编程逻辑器件(CPLD)集成开发环境,不仅支持完整的逻辑设计流程,还具有大量简便易用的内置式工具和向导,使得I/O

分配、功耗分析、时序逻辑设计收敛、硬件描述语言(HDL)仿真等关键步骤变得容易而直观。其主要特点如下:

(1)包含了 Xilinx 公司的 SmartCompile 技术,可以将实现时间大幅缩减,能在最短的时间内提供最高的性能,提供了一个功能强大的设计收敛环境;

(2)全面支持 Virtex-5 系列器件(业界首款 65nm FPGA);

(3)集成式的时序收敛环境有助于快速、轻松地识别 FPGA 设计的瓶颈,可以节省一个或多个速度等级的成本,并可在逻辑设计中实现最低的总成本。

ISE 具有界面友好、操作简单的特点,再加上 Xilinx 公司的 FPGA 芯片占有很大的市场,使其成为非常通用的 FPGA 工具软件。ISE 作为高效的电子设计自动化(EDA)工具集合,与第三方软件扬长补短,使软件功能越来越强大,为用户提供了更加丰富的Xilinx 平台。

2)ISE 功能简介

ISE 的主要功能包括设计输入、综合、仿真、实现和下载,涵盖了 FPGA 开发的全过程,从功能上讲,其工作流程无须借助任何第三方 EDA 软件。

(1)设计输入:ISE 提供的设计输入工具包括用于 HDL 代码输入和查看报告的 ISE文本编辑器(ISE Text Editor),用于原理图编辑的工具,即工程捕获系统(Engineering Capture System,ECS),用于生成 IP Core 的 Core Generator,用于状态机设计的StateCAD,以及用于约束文件编辑的 Constraint Editor 等。

(2)综合:ISE 的综合工具不但包含了 Xilinx 公司提供的综合工具 XST,还可以内嵌 Mentor Graphics 公司的 Leonardo Spectrum 和 Syncplicity 公司的 Syncplify,实现无缝链接。

(3)仿真:ISE 自带了一个具有图形化波形编辑功能的仿真工具 HDL Bencher,同时又提供了使用 Model Sim 进行仿真的接口。

(4)实现:此功能包括编译、映射、布局布线等,还具备时序分析、引脚分配以及增量设计等高级功能。

(5)下载:下载功能中的 BitGen 用于将布局布线后的设计文件转换为位流文件;ImPACT,用于设备配置和通信控制,负责将程序烧写到 FPGA 芯片中。

3. FPGA 的开发流程

FPGA 的开发流程一般包括电路设计、设计输入、功能仿真、综合优化、综合后仿真、实现与布局布线、时序仿真、板级仿真与验证以及芯片编程与调试等,如图 1-1 所示。

1)电路设计

在 FPGA 系统设计项目开始之前,首先要进行方案论证、系统设计和 FPGA 芯片选择等准备工作。根据任务要求,如系统的功能和复杂度,对工作速度和器件本身的资源、成本以及连线的可布性等方面进行权衡,选择合适的设计方案和合适的器件类型。电路一般采用自顶向下的设计方法,把系统分成若干基本单元,再把每个基本单元划分为下一层次的基本单元,依次进行,最后到每一个元件的选择,即直到可以直接使用 EDA

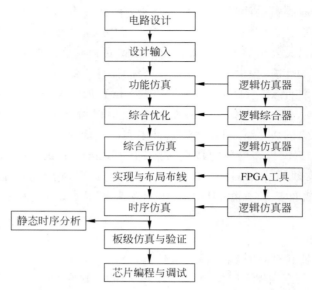

图 1-1　FPGA 的开发流程图

元件库为止。

2）设计输入

设计输入是将设计的系统或电路以开发软件要求的某种形式表示出来，并输入给 EDA 工具的过程。目前，在实际开发中应用最广的是使用 HDL，利用文本描述设计，可以分为普通 HDL 和行为 HDL。普通 HDL 有 ABEL、CUR 等，支持逻辑方程、真值表和状态机等表达方式，主要用于简单的小型设计。在中大型工程中，主要使用行为 HDL，其主流语言是 Verilog HDL 和 VHDL，这两种语言共同的突出特点是语言与芯片工艺无关，利于自顶向下设计，便于模块的划分与移植，具有很强的逻辑描述和仿真功能，而且输入效率高。

3）功能仿真

功能仿真也称为前仿真，是在编译之前对用户设计的电路进行逻辑功能验证，此时的仿真没有时延信息，仅对初步的功能进行检测。仿真前，先利用波形编辑器和 HDL 等建立波形文件和测试向量（将所关心的输入信号组合成序列），仿真结果将会生成报告文件和输出信号波形，从中便可以观察各个节点信号的变化。如果发现错误，则返回设计修改逻辑设计。常用的工具有 ModelSim、VCS、NC-Verilog 以及 NC-VHDL 等软件。

4）综合优化

综合就是将较高级抽象层次的描述转化成较低层次的描述。综合优化即根据设计目标与要求优化所生成的逻辑连接使层次设计平面化，供 FPGA 布局布线软件进行实现。就目前的开发过程来看，综合优化是指将设计输入编译成由与门、或门、非门、RAM、触发器等基本逻辑单元组成的逻辑连接网表，而并非真实的门级电路。真实具体的门级电路需要利用 FPGA 制造商的布局布线功能，根据综合后生成的标准门级结构网表来产生。为了能转换成标准的门级结构网表，HDL 程序的编写必须符合特定综合器所要求的风格,即平时所说的"可综合的程序"。由于门级结构、RTL级的HDL程序的综合是很成熟的技术,所有的综合器都可以支持到这一级别的综合。常用的综合工具有Syncplicity公司的Syncplify/Syncplify Pro软件以及各个FPGA厂家自己推出的综合开发工具。

5)综合后仿真

综合后仿真用于检查综合结果是否与原设计一致。在仿真时,把综合生成的标准时延文件反标注到综合仿真模型中,可估计门时延带来的影响。但这一步骤不能估计线时延,因此和布线后的实际情况还有一定的差距,并不十分准确。目前的综合工具较为成熟,对于一般的设计可以省略这一步,但如果在布局布线后发现电路结构与设计意图不符,则需要回溯到综合后仿真来确定产生问题的位置。在功能仿真中介绍的软件工具一般都支持综合后仿真。

6)实现与布局布线

实现是将综合生成的逻辑网表配置到具体的FPGA芯片上,布局布线是其中最重要的过程。布局将逻辑网表中的硬件原语和底层单元合理地配置到芯片内部的固有硬件结构上,并且往往需要在速度最优和面积最优之间作出选择。布线根据布局的拓扑结构,利用芯片内部的各种连线资源,合理正确地连接各个元件。目前,FPGA的结构非常复杂,特别是在有时序约束条件时,需要利用时序驱动的引擎进行布局布线。布线结束后,软件工具会自动生成报告,提供有关设计中各部分资源的使用情况。由于只有FPGA芯片生产商对芯片结构最了解,所以布局布线必须选择芯片开发商提供的工具。

7)时序仿真

时序仿真也称为后仿真,是指将布局布线的时延信息反标注到设计网表中来检测是否有时序违规(不满足时序约束条件或器件固有的时序规则,如建立时间、保持时间等)现象。时序仿真包含的时延信息最全,也最精确,能较好地反映芯片的实际工作情况。由于不同芯片的内部时延不一样,不同的布局布线方案也给时延带来不同的影响。因此在布局布线后,通过对系统和各个模块进行时序仿真,分析其时序关系,估计系统性能以及检查和消除竞争冒险是非常有必要的。在功能仿真中介绍的软件工具一般支持综合后仿真。

8)板级仿真与验证

板级仿真主要应用于高速电路设计中,对高速系统的信号完整性、电磁干扰等特性进行分析,一般以第三方工具进行仿真和验证。

9)芯片编程与调试

芯片编程是指产生使用的数据文件(位数据流文件),然后将编程数据下载到FPGA芯片中。其中,芯片编程需要满足一定的条件,如编程电压、编程时序和编程算法等方面。逻辑分析仪(Logic Analyzer,LA)是FPGA设计的主要调试工具,但需要引出大量的测试引脚,且LA昂贵。目前,主流的FPGA芯片生产商都提供了内嵌的在线逻辑分析仪(如Xilinx ISE中的ChipScope及Altera Quartus Ⅱ中的SignalTap Ⅱ、SignalProb)来解决上述矛盾,它们只需要占用芯片少量的逻辑资源,具有很高的实用价值。

4．FPGA 的应用领域

FPGA 应用领域非常广泛，在通信、医疗、汽车、工业控制、测试和测量、军事与航空航天等行业都有不俗的表现，例如：

（1）消费电子类：机顶盒、数字液晶电视以及 DVD 播放机等。

（2）通信设备类：无线通信基站、宽带固定无线设备、中低端路由器、WLAN 接入点和 DSL 路由器等。

（3）汽车电子类：软件无线电接收器、远程信息处理/娱乐、网关控制器、自动驾驶控制等。

（4）计算机设备类：打印机、存储服务器等。

（5）工业设备类：工厂自动化、工艺控制和网络测试设备等。

（6）军事航天类：军事雷达、火力控制系统、机器人控制等。

1.3 可编程逻辑器件的基本结构

可编程逻辑器件(Programmable Logic Device，PLD)起源于 20 世纪 70 年代，是在专用集成电路的基础上发展起来的一种新型逻辑器件，是一种通用集成电路或者说是芯片。PLD 属于数字形态的电路芯片，它的逻辑功能按照用户对器件编程来确定，且可以反复擦写。在修改和升级 PLD 时，不用改变 PCB，只是在计算机上修改和更新程序，使硬件设计工作成为软件开发工作，缩短了系统设计的周期，提高了实现的灵活性，降低了成本，因此得到了广泛应用。

PLD 的基本结构由输入电路、与阵列、或阵列和输出电路四部分组成。如图 1-2 所示。

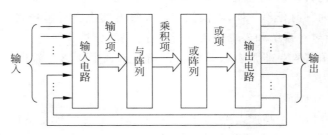

图 1-2　PLD 的基本结构

与阵列和或阵列是 PLD 的核心部分，实现"与—或"逻辑功能。由与门构成的与阵列用来产生乘积项，由或门构成的或阵列用来产生乘积项之和形式的函数。输出信号往往可以通过内部通路反馈到与阵列的输入端。为了适应各种输入情况，与阵列的每个输入端(包括内部反馈信号输入端)都有输入缓冲电路，从而降低对输入信号的要求，使之具有足够的驱动能力，并产生原变量和反变量两个互补的信号。有些 PLD 的输入电路还包含锁存器，甚至是一些可以组态的输入宏单元，可对信号进行预处理。输出结构相对于不同的 PLD 差异很大,有些是组合输出结构,有些是时序输出结构,还有些是可编程的输出结构,可以实现各种组合逻辑和时序逻辑功能。

1.4 嵌入式系统设计流程

嵌入式系统的开发和设计包括硬件和软件两大部分,其设计流程如图 1-3 所示。

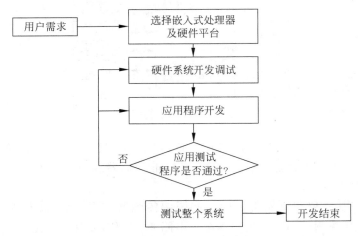

图 1-3 嵌入式系统的设计流程

嵌入式系统的最大特点是需要软、硬件综合开发。因为嵌入式产品是软件和硬件的结合体,而且嵌入式产品研发完成,软件就固化在硬件环境中,嵌入式软件是针对相应的嵌入式硬件开发的,是专用的。嵌入式系统的这一特点决定了嵌入式应用开发方法不同于传统的软件工程方法。

1.5 嵌入式系统在信息化装备中的应用

嵌入式系统在信息化装备中得到了广泛应用,在航空航天、火箭发射、卫星信号测控系统、雷达和声呐、电子战、导航雷达、卫星定位等应用领域,其硬件系统中 FPGA 的应用无处不在,下面通过实例来说明其应用。

1.5.1 无人战车视觉图像采集与处理系统

本系统采用基于 FPGA 的 SOPC,SOPC 是 Altera 公司提出的一种灵活、高效的基于 FPGA 芯片的 SOC 解决方案。它是一种特殊的嵌入式微处理器系统,将处理器、存储器、I/O 端口等系统设计需要的模块全部集成在 FPGA 芯片内部,完成整个系统的主要逻辑功能。

1．系统的总体设计

系统主要包括图像采集电路模块、FPGA 核心电路模块和扩展接口电路模块，其结构框图如图 1-4 所示。

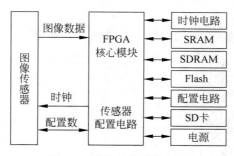

图 1-4　系统结构总体框图

FPGA 核心电路模块为 FPGA 最小系统，包括 AS 配置电路、静态随机存取存储器（SRAM）、同步动态随机存储器（SDRAM）、Flash 存储器、时钟和 JTAG 电路，是战车视觉图像采集与处理的核心。

图像采集模块主要包括图像传感器和图像传感器配置电路，实现对传感器的初始化、图像数据采集控制等功能。传感器配置电路通过 FPGA 自定义完成相应的功能。图像采集模块的功能是将摄像头采集到的图像捕获到 FPGA 中，并存入特定的数据缓冲区。

扩展接口电路模块包括 SD 卡接口电路和电源电路。SD 卡外部接口电路与 FPGA 上构建的 SOPC 系统连接，由内置 Nios Ⅱ软核处理器并结合软件实现数据存储及其读写功能。电源电路为系统提供所需各路直流电压。

2．FPGA 核心电路模块

1）FPGA 芯片的选择

本系统综合考虑稳定性、可靠性和可扩展性及成本等因素，选用了 Altera 公司推出的 Cyclone Ⅱ系列中的 EP2C35F672C8 作为系统的主 FPGA 芯片，它是一款性价比较高、封装兼容性较好的产品，能满足设计需求且为后续设计升级提供方便。EP2C35F672C8 具有 33216 个逻辑单元（LE）、35 个 18×18 位乘法器、多达 105 个的 M4K RAM、2 个锁相环以及最多 475 个 PIO，其最高工作频率可达到 110MHz。

2）SRAM

SRAM 是静态随机存取存储器，不需要刷新电路就能保存内部存储的数据，存取速度快。本设计采用 SRAM 作为数据存储器，用于保存图像数据或图像处理过程中较大数据量的中间结果。具体器件选用 ISSI 公司的 IS61LV25616AL-10T 存储器，它的读写速度最高可达 10ns。

3）SDRAM

SDRAM 主要用于存放运行的程序和数据，可以作为系统的程序运行空间和大数据量的缓冲区。具体器件选用 HY57V281620HCT 芯片组成内存空间容量为 64MB,数据宽度为 16 位。

4）Flash 存储器

由于 FPGA 内部没有 Flash 存储器,作为一种非易失性存储器,Flash 广泛应用于嵌入式系统中。本设计将它主要用于保存微处理器的引导代码以及其他一些需要在断电的情况下存放的数据,选用 AMD 公司的 AM29LV320DB-90,容量为 4MB,数据宽度为 16 位。

5）时钟电路

时钟电路主要是为 FPGA 提供时钟源,本设计采用频率为 50MHz 的有源晶振作为 FPGA 的时钟源,为 FPGA 内部模块提供时钟信号。为了使晶振与 FPGA 芯片的电平匹配,选用供电电压为 3.3V 的晶振。

6）配置电路

配置是对 FPGA 进行编程的过程。FPGA 可使用主动(AS)串行、被动(PS)、联合测试工作组(JTAG)三种配置模式。EP2C35F672C8 芯片是 SRAM 结构,带电情况下可以将程序直接通过 JTAG 端口下载到片内运行,但是掉电数据就丢失。为了保存掉电数据,需要外加专用配置芯片,即采用 AS 方式对 FPGA 进行配置。本设计选用 Altera 公司的串行配置芯片 EPCS4SI8N 对 FPGA 进行 AS 方式配置,其容量为 4Mb。本系统采用 AS+JTAG 方式,程序用 JTAG 方式调试,调试无误后,采用 AS 模式把程序烧写到配置芯片中。

3. 系统开发流程

系统开发采用 Altera 公司的 Quartus Ⅱ 综合开发工具,它集成了 FPGA/CPLD 开发流程中所涉及的所有工具和第三方软件接口。SOPC Builder 是 SOPC 的主要开发工具。系统开发分为硬件设计和软件设计两个部分。

1）硬件设计

首先在 SOPC Builder 开发工具界面下定制硬件系统,包括定制 Nios Ⅱ 嵌入式处理器内核、存储器以及其他外围器件接口组件,并配置它们的功能,分配外设地址及中断号、设定复位地址,产生输出文件;然后在 Quartus Ⅱ 中锁定 FPGA 端口引脚,对生成的 Nios Ⅱ 系统进行综合、仿真、适配和下载。在硬件定制过程中,既可以使用 Altera 公司提供的 IP 核来加快开发速度、提高外设性能,也可以使用第三方的 IP,或者使用硬件描述语言(甚高速集成电路硬件描述语言 VHDL 或 Verilog HDL)自定制外设实现功能。

2）软件设计

Nios Ⅱ IDE 是系统软件开发的基本工具,系统软件设计就是在 Nios Ⅱ IDE 开发环境下创建系统软件工程并进行编译、调试。软件开发都是建立在 HAL 系统库的基础上的。Nios Ⅱ IDE 在建立软件工程时会根据 SOPC Builder 生成的硬件系统设计文件自动生成与其相匹配的 HAL 系统库。它为 Nios Ⅱ 软核处理器的软件开发环境提供了简单的硬件驱动接口,是软件与硬件之间的桥梁。通过 HAL 应用程序接口(Application Program Interface,API)可以使用 C 语言函数库来访问外设。SOPC 软件开发流程如图 1-5 所示。

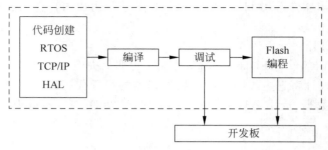

图 1-5　SOPC 软件开发流程

1.5.2　远程火箭炮火控系统

根据火控系统需求,火箭炮炮车测试终端作为一个监测系统需要完成对多通道数据的采集、数据处理和状态显示等功能,要求能够实现与中心测试系统通信,完成数据传输。

1. 硬件结构

系统硬件主要由嵌入式硬件平台、数据采集电路、电源电路和报警电路组成。系统结构总体框图如图 1-6 所示。

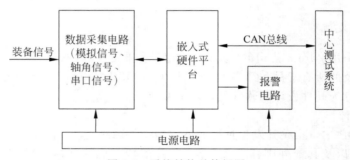

图 1-6　系统结构总体框图

1) 嵌入式硬件平台设计

嵌入式系统硬件平台主要由嵌入式处理器、SDRAM、Flash、液晶显示器(LCD)/触摸屏接口、时钟晶振、通信接口、调试接口、扩展接口等构成。

2) 微处理器选择

根据系统要求,选择三星公司基于 ARM9 内核设计的 S3C2440A 微处理器芯片作为系统的 CPU。S3C2440A 是一款低功耗、高集成度的微处理器,具有非常强大的处理能力,采用 289 脚 FBGA 封装,包含 ARM920T 内核,0.13μm 的 CMOS 标准宏单元和存储器单元的微处理器。S3C2440A 具备全功能的存储器管理单元(MMU),支持 Linux 和 Windows CE 等图形桌面的操作系统,带有 AHB 系统总线(高速总线)和 APB 外部总线(低速总线),支持 SDRAM、NAND Flash、SD 卡和 TFT LCD。

此外,S3C2440A 对大量外设进行了集成,这些都使得嵌入式主板具有强大的功能和丰富的外设接口,从而满足测试终端所需的硬件资源,其内部资源主要包括:1个LCD控制器(最高4K色STN(超级扭曲向列)和256K彩色TFT(薄膜晶体管),1个LCD专用DMA;内置外部存储器控制器(SDRAM控制和芯片选择逻辑);4路拥有外部请求引脚的DMA控制器;3通道UART(通用异步收发器);2通道SPI(串行外设接口);1.0版SD主接口,兼容2.11版MMC接口;1个多主I^2C总线控制器和1个I^2S总线控制器;4个具有PWM功能的定时器和1个内部定时器;8通道10位ADC(模数转换器)和触摸屏接口;2个USB主机接口,1个USB设备接口;看门狗计数器;130位通用I/O口和24位外部中断源等;摄像头接口(支持4096×4096最大输入,2048×2048缩放输入);电源控制:正常、慢速、空闲、睡眠模式;带PLL(锁相环)的片上时钟发生器。

2. 同步动态随机存储器

目前常用的SDRAM为8位/16位数据宽度,由于S3C2440中有一个可编程的32位宽的SDRAM接口,所以这里采用两片16位数据宽度的三星HY57V561620BT-H芯片构建32位的SDRAM存储系统。该芯片主要是面向需要高存储密度和高带宽的主存应用领域,其输入输出电压为LVTTL。其具有的特点:工作电压(3.3±0.3)V;内部的线程操作;内部多Bank结构;自动刷新和自举刷新;所有引脚都兼容LVTTL;64ms刷新周期;时钟频率133MHz。

3. 应用程序总体设计

系统采用微软公司推出的开放的、可升级的32位嵌入式实时操作系统Windows CE。嵌入式应用程序是针对特定的实际专业领域,基于相应的嵌入式硬件平台,并能完成预期任务的计算机软件。应用程序是炮车测试终端功能实现的关键,本应用程序在MFC(微软基础类)框架下,依照设计总体规划,采用模块化的思想进行设计,并充分利用WinCE的多线程技术,使多个线程并行工作,减少等待时间,提高系统的执行效率。测试终端应用程序总框图如图1-7所示,主要分为数据采集模块、数据处理模块、监测显示模块和CAN通信模块。

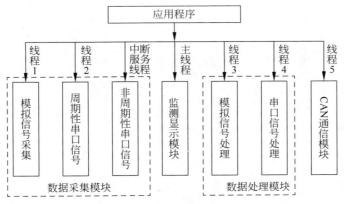

图1-7　测试终端应用程序总框图

第 2 章

嵌入式系统开发环境

2.1 嵌入式系统开发 EDA 工具

FPGA 开发所需的 EDA 软件工具按照来源分为两大类：一类是 FPGA 供应商为了销售其产品而开发的集成开发工具，可以完成所有的设计输入（原理图或 HDL）、仿真、综合、布线及下载等工作，较著名的有 Altera 公司的 Quartus Ⅱ 和 Xilinx 公司的 ISE 等；另一类是 EDA 专业软件公司提供的第三方 EDA 工具，使用较广泛的如 Model Technology 公司（现在是 Mentor Graphics 的子公司）的仿真软件 ModelSim，以及 Syncplicity 公司（现在是 Candence 的子公司）的逻辑综合软件 Syncplify 等。

2.1.1 Quartus Ⅱ 开发环境

Quartus Ⅱ 是 Altera 公司推出的 FPGA/CPLD 开发环境，是 Altera 公司前一代集成开发环境 MAX＋PLUS Ⅱ 的更新换代产品，支持 APEX20K、APEX Ⅱ、Excalibur、Mercury 以及 Stratix 等系列新器件。Quartus Ⅱ 提供完全集成并且与电路结构无关的开发环境，设计人员不需要精通器件的内部结构，只需运用自己熟悉的输入工具（如原理图输入或硬件描述语言）进行设计，有关器件内部结构的参数、接口以及功能特性等已经集成在开发工具软件中，设计人员无须手工优化自己的设计，从而加快了设计速度。

此外，由于第三方仿真综合工具往往能够提供更好的综合及仿真效果，Quartus Ⅱ 可以直接调用这些第三方工具，如 Syncplify Pro、ModelSim 等，其他 EDA 工具也能够直接调用 Quartus Ⅱ 工具进行设计编辑。为提供对数字信号处理应用的支持，Quartus Ⅱ 可与 MATLAB 和 DSP Builder 结合实现基于 FPGA 的 DSP 系统开发，还可与 SOPC Builder 结合进行 SOPC 系统开发。Quartus Ⅱ 主要包括以下特性：

（1）支持多种设计输入方法。可利用原理图、结构框图、状态机、Verilog HDL、VHDL 和 AHDL 完成电路描述，还支持第三方 EDA 工具编辑的标准格式文件（如 EDIF）作为输入。

（2）支持与结构无关的设计，提供强大的逻辑综合与优化功能。Quartus Ⅱ 支持的器件包括 Stratix 系列、Stratix Ⅱ 系列、Stratix Ⅲ 系列、Cyclone 系列、Cyclone Ⅱ 系列、Cyclone Ⅲ 系列、HardCopy Ⅱ 系列、APEX Ⅱ 系列、FLEX10K 系列、FLEX6000 系列、Max Ⅱ 系列、Max 3000A 系列、Max 7000 系列和 Max 9000 系列等。

（3）支持设计者使用 LPM 模块、Megacore 模块和 Opencore 模块。LPM 模块均基于 Altera 公司器件的结构进行了优化处理，是构建复杂和高级系统的重要组成部分。在实际使用中，如果要使用 Altera 公司器件的特定功能，必须使用 LPM 模块，如各类片上存储器、DSP 模块、LVDS 驱动器、PLL 模块、SERDES 模块和 DDIO 模块才能实现。Megacore 模块是经过预先校验的 HDL 网表文件，用于实现复杂的系统级功能。用户可以从 Altera 公司购买这些 Megacore 模块。Opencore 模块是一种开放型的内核，设计者可以在购买前试用，对自己的设计进行评估。

（4）编译器功能包括设计错误检查、逻辑综合、适配，以及产生第三方 EDA 仿真、综合软件所需的输出文件，使用组合编译方式可一次性完成整体设计流程。

（5）LogicLock 增量设计方法，用户可以建立并优化系统，然后添加对原始系统性能影响较小或无影响的后续模块。

（6）支持多时钟定时/时序分析与关键路径时延分析。

（7）易于实现引脚分配和时序约束。

（8）可使用 SignalTap Ⅱ 逻辑分析工具进行嵌入式逻辑分析以及使用功耗评估工具预估系统的功耗。

（9）能生成第三方 EDA 软件使用的 Verilog HDL 和 VHDL 网表文件。

本章的后续几节将重点介绍 Quartus Ⅱ 软件的基本使用方法、常用的第三方辅助开发软件以及硬件开发平台的相关内容。

2.1.2 ISE 开发环境

ISE 集成开发环境是 Xilinx 公司开发的针对其所有可编程逻辑器件（CPLD/FPGA）的软件集成开发工具，其主要功能包括设计输入、综合、仿真、编程文件生成以及下载等，涵盖了整个 FPGA 开发的全部流程。随着 Xilinx 公司新型技术和器件的不断推出，ISE 软件一直在不断升级，目前已经发布了 14.0 以上的版本。新版的 ISE 软件不仅支持更多的 FPGA 器件，而且在综合、仿真、实现、优化等方面的性能都在不断提升。

ISE 面向多个开发领域，包括逻辑设计、数字信号处理、嵌入式处理以及系统级设计等，提供了完全可互操作的专用设计流程和工具配置，采用了创新的门控时钟技术、多线程技术，大幅提升了 XST 综合的运行速度，同时在功耗、时序以及效率方面也一直在不断提升。ISE 针对 Xilinx 公司最新器件具有更为优秀的优化功能，为面向多种市场和应用的基于 FPGA 的片上系统解决方案提供了优秀的智能设计方案。

1. ISE 套件分类

ISE 套件主要包括针对 4 个特定应用领域而优化配置的解决方案，即逻辑版本（Logic Edition）、DSP 版本（DSP Edition）、嵌入式版本（Embedded Edition）和系统版本（System Edition）。每个版本都提供了完整的 FPGA 设计流程，并且专门针对特定的用户群体（工程师）和特定领域的设计方法及设计环境要求进行了优化，使设计人员能够将更多精力集中于开发具有竞争力的差异化产品和应用。

这 4 种版本的功能分别如下：

（1）ISE 设计套件逻辑版本针对采用 Xilinx 公司基础目标设计平台，主要关注逻辑设计和连接功能。

（2）ISE 设计套件 DSP 版本针对采用 Xilinx 公司 DSP 领域目标设计平台，主要面向算法、系统和硬件的设计人员而优化。

（3）ISE 设计套件嵌入式版本针对采用 Xilinx 公司嵌入式领域目标设计平台的嵌入式系统设计人员（硬件和软件设计师）而优化。

（4）ISE 设计套件系统版本针对采用 Xilinx 公司硬件集成领域目标设计平台的系统设计人员而优化。

2. ISE 的主要功能

ISE 工具涵盖整个 FPGA 开发流程，包括设计输入、综合、仿真、实现以及下载各个步骤。采用 ISE 可以独立完成整个 Xilinx 公司 FPGA 的开发，而无须借助其他第三方开发工具。

（1）设计输入：ISE 提供的设计输入工具包括 HDL 代码输入工具，原理图编辑工具，用于 IPC Core 的 Core Generator 以及用于约束文件编辑的 Constraints Editor 等软件。

（2）综合：ISE 自带的综合工具为 XST，还可以与业界非常优秀的综合工具 Mentor Graphics 公司的 Leonardo Spectrum 和 Syncplicity 公司的 Syncplify 实现无缝链接。

（3）仿真：ISE 自带 ISim 仿真工具，同时提供使用 Mentor Graphics 公司的 ModelSim 各个版本的仿真接口。

（4）实现：包括对综合文件的翻译、映射、布局布线等，还包括时序分析、增量设计、手动布局约束等高级功能。

（5）下载：包括生成比特流文件，还包括一个专用的下载软件 IMPACT，可以进行设备通信和配置，并将程序烧写到 FPGA 芯片中。

使用 ISE 进行 FPGA 设计的各个过程可能涉及的工具如下：

（1）设计输入：HDL Editor、Core Generator 以及 Constraint Editor。

（2）综合：XST、FPGA Express（Syncplify 和 Leonardo Spectrum）。

（3）仿真：ISim 与 ModelSim。

（4）实现：Translate、MAP、Place and Route 以及 Xpower。

（5）下载：BitGen 与 IMPACT。

2.1.3　Quartus Ⅱ 与 ISE 的比较和选择

Quartus Ⅱ 与 ISE 开发环境的设计原理和使用方式非常类似，两个开发环境的主要功能实现所涉及的应用工具之间的对应关系见表 2-1。

表 2-1　ISE 与 Quartus Ⅱ 开发环境所涉及的应用工具之间的对应关系

GUI 功能	ISE	Quartus Ⅱ
创建项目	New Project	New Project Wizard
设计输入	HDLEditor	HDL Editor
	EDA Netlist	EDA Netlist Design Entry
	Schematic Editor[②]	Schematic
	State Diagram Editor(StatsCAD)[③]	State Machine Editor
	Coregent&Architecture Wizard	MegaWizard plug-in Manager
	Xinlinx Platform Studio and Embedded Development Kit[③]	Qsys System Integration Tool

续表

GUI 功能	ISE	Quartus Ⅱ
设计约束	Xilinx Constraints Editor	Assignment Editor，Quartus Ⅱ TimeQuest Timing Analyzer SDC Editor
	Floorplan I/O Editor，PinAhead Technology	Pin Planner
综合	Xilinx Synthesis Technology(XST)	Quartus Ⅱ Integrated Synthesis (QIS)
	Third-Party EDA Synthesis	Third-Party EDA Synthesis
设计实现	Translate，Map，Place&Route	Quartus Ⅱ Integrated Synthesis (QIS) Fitter
静态时序分析	Xilinx Timing Analyzer	TimeQuest Timing Analyzer
生成编程文件	BitGen	Assembler
功耗分析	XPower	PowerPlay Power Analyzer
仿真	ModelSim Xilinx Edition[1]	Modelsim-Altera Starter Edition[5]
	Third-Party Simulation Tools	Third-Party Simulation Tools
	ISE Simulator[1]	
硬件校验	ChipScope Pro	SignalTap Ⅱ Logic Analyzer
	Virtual IO	In-System Sources and Probes Editor
FPGA 编程区的查看与编辑	FloorPlan Area/Logic Editor，FPGA Editor	Chip Planner
效率提高和设计优化工具	SmartCompile	Quartus Ⅱ Incremental Compilation
	PlanAhead[1]	Physical Synthesis Optimization
	SmartXplore[4]	Design Space Explore(DSE)

注：1. 该工具需单独购买，而 Quartus 包含在一个软件许可范围内；

2. 只支持 Windows 操作系统，Quartus Ⅱ 对应的功能支持所有平台；

3. 只支持 Windows 和 Linux，Quartus Ⅱ 对应的功能支持所有平台；

4. 只支持 Linux，Quartus Ⅱ 对应的功能支持所有平台；

5. 购买 Quartus Ⅱ 软件时，免费提供。

在选择 FPGA 集成开发环境之前，首先要根据自己嵌入式系统设计的特点选择合适的 FPGA 芯片，确定好芯片以后再选择该芯片生产商推荐的开发工具，因为 Altera 公司的 Quartus Ⅱ 和 Xilinx 公司的 ISE 针对自己公司的芯片都有优化设计。

Quartus Ⅱ 和 ISE 对于 FPGA 开发都是完备的，都包含设计输入、功能仿真、综合、综合后仿真等设计功能。但二者也有一些细微的区别，例如：针对 ModelSim 仿真工具，ISE 的集成度要明显高于 Quartus Ⅱ，使用更加方便；ISE 中内含测试文件生成器，可以方便地根据波形文件生成测试文件。但 Quartus Ⅱ 也有优点，例如，编译速度快，这在调试大型复杂系统时可以明显提高效率，同时它目前已经可以支持 40nm 芯片。

2.2 Quartus Ⅱ 开发环境基本知识

2.2.1 Quartus Ⅱ 设计流程和集成工具

FPGA/CPLD 的开发设计分为不同阶段,设计者使用 Quartus Ⅱ 软件时可以通过一个操作流程来建立、组织和管理自己的设计。Quartus Ⅱ 设计流程如图 2-1 所示。

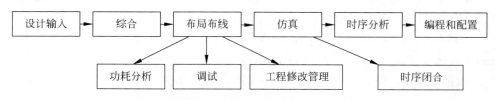

图 2-1 Quartus Ⅱ 设计流程

设计输入包括基于逻辑功能块的设计、系统级设计和软件开发。此外,Quartus Ⅱ 软件为设计流程的每个阶段提供了 Quartus Ⅱ 图形用户界面、EDA 工具界面及命令行界面。既可以在整个流程中只使用这些界面中的一个,也可以在设计流程的不同阶段使用不同界面。Quartus Ⅱ 图形用户界面在设计流程的每个阶段中提供的功能如下:

(1) 设计输入阶段提供的功能:文本编辑器、模块和符号文本编辑器、MegaWizard 插件管理器、Assignment 编辑器、Floorplan 编辑器。

(2) 约束输入阶段提供的功能:分配编辑器、引脚规划器、设置对话框、时序逼近布局、设计分区窗口。

(3) 综合阶段提供的功能:分析和综合、VHDL、Verilog HDL 和 AHDL、设计助手、RTL 查看器、技术映射查看器、渐进式综合。

(4) 布局布线阶段提供的功能:分配编辑器、时序逼近布局、渐进式编译、报告窗口、资源优化向导、设计空间管理器、芯片编辑器。

(5) 时序分析阶段提供的功能:TimeQuest 时序分析器、标准时序分析器、报告窗口、技术映射查看器。

(6) 仿真阶段提供的功能:ModelSim 仿真器接口。

(7) 编程阶段提供的功能:汇编器、编程器、转换编程文件。

(8) 系统统设计提供的功能:SOPC Builder、DSP Builder。

(9) 基于逻辑功能块的设计提供的功能:LogicLock 窗口、时序逼近布局、VQM 写入。

(10) 使用 EDA 界面时提供的功能:EDA 网表写入。

(11) 时序逼近阶段提供的功能:时序逼近布局、LogicLock 窗口、时序优化向导、设计空间管理器、渐进式编译。

(12) 调试阶段提供的功能:SignalTap Ⅱ、SignalProbe、在系统存储器内容编辑器、RTL 查看器、技术映射查看器、芯片编辑器。

（13）工程修改管理阶段提供的功能：芯片编辑器、资源属性编辑器、修改管理器。

基于 Quartus Ⅱ 图形用户界面可以进行 FPGA/CPLD 设计，其基本设计流程如下：

（1）选择 File|New Project Wizard（新工程向导）命令，建立新工程并指定目标器件。

（2）创建设计文件，选择 File|New|Design Files 命令，可以选择用 VHDL、Verilog HDL 和 AHDL（Altera 公司的硬件描述语言）中的任一种。也可以使用 Block Editor（原理图编辑器）建立流程图或原理图。流程图中可以包含代表其他设计文件的符号。另外，用户还可以使用 MegaWizard Plug-In Manager 生成宏功能模块和 IP 内核的自定义变量，并在设计中将它们实例化。

（3）可以使用 Assignment Editor 选项、Settings 选项、FloorPlan Editor 选项或 LogicLock 选项功能指定初始设计的约束条件。

（4）使用 SOPC Builder 或 DSP Builder 建立系统级设计。

（5）使用 Nios Ⅱ IDE 为 Nios Ⅱ 嵌入式处理器建立软件和编程文件。

（6）使用 Analysis&Synthesis 对设计进行综合。

（7）使用 ModelSim 对设计执行功能仿真。

（8）使用 Fitter 对设计执行布局布线。在对源代码进行少量更改之后，还可以使用增量布局布线。

（9）使用 Timing Analyzer 对设计进行时序分析。

（10）使用仿真器对设计进行时序仿真。

（11）使用物理综合、时序底层布局图、LogicLock 功能、Settings 对话框和 Assignment Editor 进行设计优化，实现时序闭合。

（12）使用 Assembler 为设计建立编程文件。

（13）使用编程文件、Programmer 和 Altera 硬件编程器对器件进行编程，或将编程文件转换为其他文件格式供嵌入式处理器等其他系统使用。

（14）使用 SignalTap Ⅱ Logic Analyzer、SignalProbe 功能或 ChipEditor 对设计进行调试。

（15）使用 ChipEditor、Resource Property Editor 和 ChangeManager 进行工程修改管理。

2.2.2 Quartus Ⅱ 用户界面

Quartus Ⅱ 的默认启动界面如图 2-2 所示。软件界面由标题栏、菜单栏、工具栏、资源管理窗口、任务状态显示窗口、信息显示窗口和工程工作区等组成。

1. 用户界面各个组成部分的作用

（1）标题栏：标题栏中显示当前工程的路径和工程名。

（2）菜单栏：由 File（文件）、Edit（编辑）、View（视图）、Project（工程）、Assignments

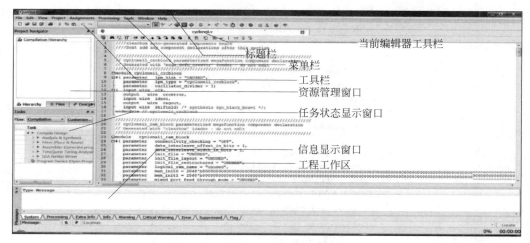

图 2-2　Quartus Ⅱ 用户界面

（资源分配）、Processing（操作）、Tools（工具）、Window（窗口）和 Help（帮助）下拉菜单组成。

（3）工具栏：包含常用命令的快捷图标。

（4）资源管理窗口：显示当前工程中所有相关的资源文件。

（5）任务状态显示窗口：显示项目开发流程，当显示为状态窗口时，会显示模块综合、布局布线过程和时间。

（6）信息显示窗口：显示模块综合、布局布线过程中的信息。例如，编译过程中出现的警告、错误等信息，同时还会给出这些警告和错误的原因提示。

（7）工程工作区：当 Quartus Ⅱ 软件实现不同功能时，打开的操作窗口将显示在该区域。例如，代码编辑、器件设置、定时约束设置等窗口。

（8）当前编辑器工具栏：该功能窗口可以独立于主窗口，工具栏中的命令仅对当前窗口有效，有些命令在主菜单中找不到对应菜单项，并且随着软件版本的不同，该菜单栏的项目有所不同，在使用时需要先了解快捷按钮的相应功能。

选择 View|Utility Window 命令，弹出的菜单命令与上面的这些窗口相对应，可以用这些命令打开或关闭相应的窗口。

2. 重要操作命令介绍

在 Project（工程）、Assignments（资源分配）、Processing（操作）、Tools（工具）菜单中集成了许多常用且重要的命令，下面简单介绍：

（1）Project 菜单是针对工程的一些操作。该菜单下的命令如图 2-3 所示，有一些命令在下级菜单中可以找到。

① Add Current File to Project 命令：添加当前文件到工程中。

② Add/Remove Files in Project 命令：添加或移除某种资源文件。

③ Revisions 命令：创建或删除工程修订版本。可以创建一个新工程修订版本，也

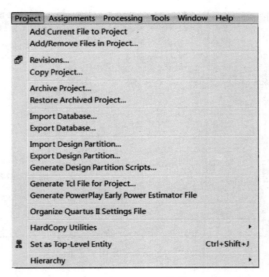

图 2-3　Project 菜单

可以从几个工程修订版本中选择一个作为当前工程,便于同一个工程采用不同的配置方法进行开发。

④ Archive Project 命令:为工程归档或者备份。

⑤ Restore Archived Project 命令:恢复工程备份。

⑥ Import Database/Export Database 命令:导入或者导出以数据库形式存储的工程信息。

⑦ Import Design Partition/Export Design Partition 命令:导入或者导出设计分区(工程设计的一部分或全部)。

⑧ Generate Design Partition Scripts 命令:生成设计分区脚本。

⑨ Generate Tcl File for Project 命令:为工程生成 Tcl 脚本。

⑩ Generate PowerPlay Early Power Estimator File 命令:生成功耗评估文件。

⑪ Orgnize Quartus Ⅱ Setting File 命令:管理 Quartus Ⅱ 设置文件。

⑫ Hard Utilities 命令:与 HardCopy 器件相关的功能。

⑬ Set as Top-Level Entity 命令:将工程工作区的文件设定为顶层文件。

⑭ Hierarchy 命令:打开工作区显示的文件的上一层或者下一层,或者打开顶层文件。

(2) Assignments 菜单是针对工程的参数设置的操作,如引脚分配、时序约束等。该菜单下的命令如图 2-4 所示。

① Device 命令:设置目标器件的型号及相关的电气参数。

② Settings 命令:打开参数设置页面,它可以切换到使用 Quartus Ⅱ 软件开发流程的每个步骤的参数设置页面。

③ TimeQuest Timing Analyzer Wizard 用于启动时钟参数设置或脉冲信号参数

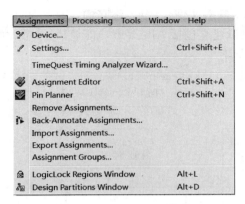

图 2-4　Assignments 菜单

设置。

④ Assignment Editor：分配编辑器，用于分配引脚、时序约束等。

⑤ Pin Planner 命令：用于打开引脚分配对话框。

⑥ Remove Assignments 命令：用于删除指定类型的分配信息，如引脚分配、时序分配和 SignalProbe 信号分配等。

⑦ Back-Annotate Assignments 命令：允许用户在工程中反标引脚、逻辑单元、LogicLock 区域、节点和布线分配等。

⑧ Import Assignments/Export Assignments 命令：为当前工程导入或者导出分配的文件。

⑨ LogicLock Region 命令：用于用户查看、创建和编辑 LogicLock 区域约束及导入或者导出 LogicLock 区域约束文件。

（3）Processing 菜单集合了对当前工程执行各种流程操作的命令，如开始编译、开始综合和开始布局布线等。

（4）Tools 菜单用于调用 Quartus Ⅱ 软件中集成的一些工具。例如，使用 MegaWizard Plug-In Manager 生成 IP 核和宏功能模块，调用比 Chip Editor、RTL View 和 Programmer 等工具。

2.3　设计输入

使用 Quartus Ⅱ 软件进行数字系统设计时，需要建立一个工程。工程包括在可编程器件中最终实现设计需要的所有设计文件和其他相关的设置文件。设计输入的方式有原理图输入方式、文本输入方式、模块输入方式和 EDA 设计输入工具。设计输入流程如图 2-5 所示。

在 Quartus Ⅱ 环境中，不仅可以使用模块编辑器建立 HDL 设计，也可以使用 Quartus Ⅱ 文本编辑器，利用 AHDL、Verilog HDL 或者 VHDL 设计语言，建立设计。

Quartus Ⅱ 软件还支持采用 EDA 设计输入和综合工具生成的 EDIF 输入文件

(.edf)或 Verilog Quartus 映射文件(.vqm)建立的设计。使用 MegaWizad 插件管理器和 EDA 设计输入工具可以建立包括 Altera 宏功能模块、参数化模块库(LPM)功能和知识产权(IP)功能在内的设计。

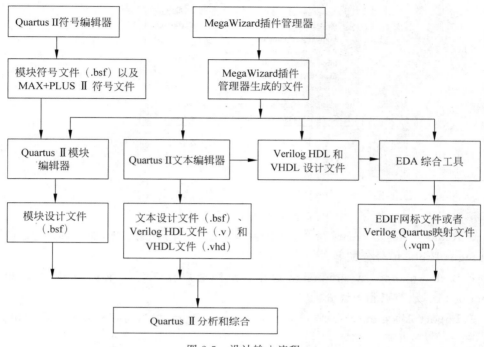

图 2-5　设计输入流程

2.3.1　建立工程

可以选择 File|New Project Wizard 命令来打开工程向导,建立工程,指定工程工作目录,分配工程名称,指定顶层设计实体的名称。还可以在工程中指定使用的设计文件、其他源文件、用户库和 EDA 工具,以及目标器件。工程文件类型见表 2-2。

表 2-2　工程文件类型

文 件 类 型	说　明	扩 展 名
Quartus Ⅱ 工程文件	指定用来建立和修订工程的 Quartus Ⅱ 软件版本	.qpf
Quartus Ⅱ 设置文件	包括分配编辑器、平面布局编辑器、Settings 对话框,Tcl 脚本或者 Quartus Ⅱ 可执行文件产生的所有修订范围内,或者独立的分配。工程中每个修订有一个 QSF	.qsf
Quartus Ⅱ 工作空间文件	包含用户优选设置和其他信息,如窗口位置、窗口中打开文件及位置等	.qws
Quartus Ⅱ 默认设置文件	位于\< Quartus Ⅱ system directory >\win 目录下,包括所有全局默认设置。QSF 中的设置将替代这些设置	.qdf

2.3.2 输入方式

工程建立以后,需要向其加入设计文件。Quartus Ⅱ软件支持文本格式的 HDL 文件、原理图格式的模块化文件和宏功能模块文件。

1. 使用 Quartus Ⅱ模块编辑器

模块编辑器用于以原理图和框图形式输入与编辑图形设计信息。Quartus Ⅱ模块编辑器读取并编辑模块设计文件和 MAX＋PLUS Ⅱ图形设计文件。在 Quartus Ⅱ软件中可以打开图形设计文件,将其另存为模块设计文件。

每一个模块设计文件包含设计中代表逻辑的框图和符号。模块编辑器将每一个框图、原理图或者符号代表的设计逻辑合并到工程中。可以利用模块设计文件中的框图建立新设计文件,在修改框图和符号时更新设计文件,也可以在模块设计文件的基础上生成模块符号文件(＊.bsf)、AHDL Include 文件(.inc)和 HDL 文件。此外,还可以在编译之前分析模块设计文件是否出错。

模块编辑器提供有助于在框图设计文件中连接框图和基本单元(包括总线和节点连接及信号名称映射)的一组工具。可以更改模块编辑器的显示选项,如根据习惯更改导向线和网格间距、橡皮带式生成线、颜色和像素、缩放及不同的框图和基本单元属性。

2. 使用 Quartus Ⅱ文本编辑器

Quartus Ⅱ文本编辑器是一个灵活的工具,用于 AHDL、VHDL 和 Verilog HDL 及 Tcl 脚本语言类型的文本输入设计。主要用于建立 Verilog 设计文件、VHDL 设计文件和模块符号文件。也可以使用文本编辑器输入、编辑和查看其他 ASCII 文本文件,包括为 Quartus Ⅱ软件或由 Quartus Ⅱ软件建立的文本文件,还提供了模板功能。

AHDL、VHDL 和 Verilog HDL 模板为用户输入 HDL 语法提供了简便方法,提高了设计输入的速度和准确度。还可获取有关所有 AHDL 单元、关键字和声明及宏功能模块和基本单元的上下文敏感词帮助。

3. 使用 Altera 宏功能

Altera 宏功能模块是复杂的高级构建模块,可以在 Quartus Ⅱ设计文件中与逻辑门和触发器基本单元一起使用。Altera 提供的参数化宏功能模块和 LPM 功能均为 Altera 器件结构做了优化。必须使用宏功能模块才可以使用一些 Altera 专用器件的功能。例如,存储器、DSP 块、LVDS 驱动器、PLL 及 SERDES 和 DDIO 电路,可以使用 MegaWizard 插件管理器(Tools 菜单)建立 Altera 宏功能、LPM 功能和 IP 功能,用于 Quartus Ⅱ软件和 EDA 设计输入与综合工具中的设计。

Quartus Ⅱ支持的设计输入文件类型见表 2-3。

表 2-3　Quartus Ⅱ 支持的设计输入文件类型

文 件 类 型	说　　明	扩 展 名
原理图设计文件	使用 Quartus Ⅱ Block Editor 建立的原理图设计文件	.bdf
EDIF 输入文件	使用任何标准 EDIF 网表编写程序生成的 2000 版 EDIF 网表文件	.edf；.edif
图形设计文件	使用 MAX+PLUS Ⅱ Graphic Editor 建立的原理图设计文件	.gdf
文本设计文件	以 Altera 硬件描述语言编写的设计文件	.tdf
Verilog 设计文件	包含使用 Verilog HDL 定义的设计逻辑的设计文件	.v；.vlg；.verilog
VHDL 设计文件	包含使用 VHDL 定义的设计逻辑的设计文件	.vhd
VQM 文件	通过 Syn plicity Syncplify 软件或 Quartus Ⅱ 软件生成的 Verilog HDL 格式的网表文件	.vqm

2.4　约束输入

建立工程和设计之后，可以进行约束输入。通过使用 Settings 设置对话框、分配编辑器、引脚规划、设计划分、标准时序分析器、时序逼近平面布局图和 TimeQuest 时序分析器来指定初始设计约束，如引脚分配、器件选项、逻辑选项和时序约束等。约束和分配输入流程如图 2-6 所示。

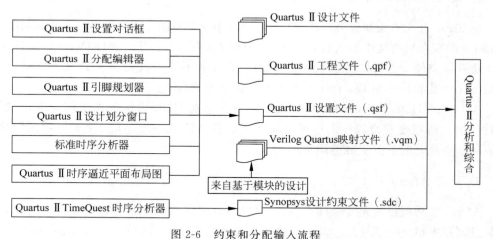

图 2-6　约束和分配输入流程

2.4.1　使用分配编辑器

分配编辑器用于在 Quartus Ⅱ 软件中建立、编辑节点和实体级分配。在设计中它为逻辑指定各种选项和设置，包括位置、I/O 标准、时序、逻辑选项、参数、仿真和引脚分配。

它可以启用或者禁止单独分配功能,也可以为分配加入注释。

可以使用分配编辑器进行标准格式时序分配。对于 Synopsys 设计约束,必须使用 TimeQuest 时序分析器。使用分配编辑器进行分配的基本流程如下:

(1) 选择 Processing|Start|Start Analysis&Elaboration 命令,弹出编译报告界面,如图 2-7 所示,用来进行分析设计,检查设计的语法和语义错误。

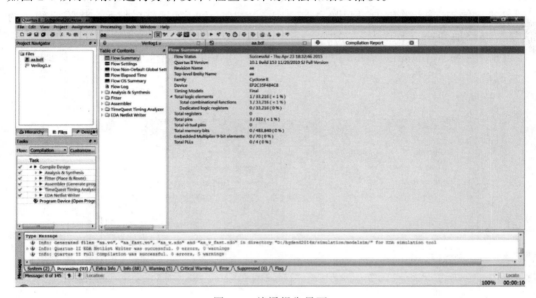

图 2-7　编译报告界面

(2) 选择 Assignments|Assignments Editor 命令,打开分配编辑器,如图 2-8 所示。

图 2-8　分配编辑器界面

（3）在 Category 栏中选择相应的分配类别。其下拉菜单包含当前器件的所有分配类别。

在引脚分配窗口中，在 To 栏中选择待分配信号，在 I/O Standard 栏可以选择电压标准，在 Location 栏选择器件引脚。依次将所有信号按照同样方式完成引脚分配。

（4）在 Category 栏中选择 Timing 进行时序约束，弹出时序约束窗口。

（5）双击 From 栏和 To 栏，弹出 Node Finder 对话框，如图 2-9 所示。将需要约束的信号节点添加到选定节点中。

（6）在 Assignments Name 栏选择约束类型，在 Value 栏选择约束值。类似地，可以设置其他的时序约束。

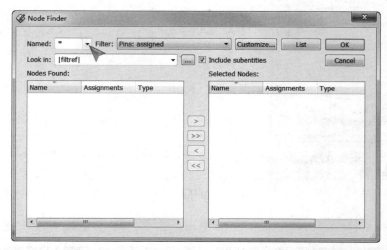

图 2-9　Node Finder 对话框

建立和编辑约束时，Quartus Ⅱ 软件会对适用的约束信息进行动态验证。如果约束或约束值无效，那么 Quartus Ⅱ 软件不会添加或更新数值，依然使用当前值。

2.4.2　使用引脚规划器

Assignments 菜单下的可视化引脚规划器是分配引脚和引脚组的另一种工具。它包括器件的封装视图，以不同的颜色和符号表示不同类型的引脚，并以其他符号表示 I/O 块。引脚规划器使用的符号与器件数据手册中的符号非常相似。而且它还包括已分配和未分配引脚的表格。选择 Assignments | Pin Planner 命令，弹出引脚规划器窗口，如图 2-10 所示。

在默认状态下，引脚规划器显示 Group 列表、All Pins 列表和器件封装视图。其方法是：通过将 Group 列表和 All Pins 列表中的引脚拖至封装图中的可用引脚或 I/O 块来进行引脚分配。在 All Pins 表中，可以滤除节点名称，改变 I/O 标准，指定保留引脚的

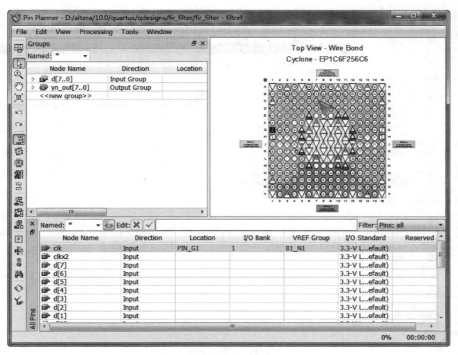

图 2-10　引脚规划器窗口

选项。也可以过滤 All Pins 列表，只显示未分配的引脚，改变节点名称和用户加入节点的方向。还可以为保留引脚指定选项。

此外，窗口中能够显示所选引脚的属性和可用资源，引脚规划器中说明不同颜色和符号的图例。

2.4.3　使用 Settings 对话框

选择 Assignments|Settings 命令，弹出 Settings 对话框，如图 2-11 所示。在这里可以为工程指定分配和选项，可以设置一般工程的选项及综合、适配、仿真和时序分析选项。

在 Settings 对话框中可以执行以下类型的工作：

（1）修改工程设置：指定和查看工程和工程修订版本中的顶层实体；从工程中添加和删除文件；指定自定义的用户库。

（2）指定 EDA 工具设置：在设计输入/综合、仿真、时序分析、板级验证、形式验证、物理综合及相关工具选项方面，为设计指定 EDA 工具。

（3）指定分析和综合设置：用于分析和综合、Verilog HDL 和 VHDL 输入设置、默认设计参数和综合网表优化选项工程范围内的设置。

（4）指定编译过程设置：智能编译选项，在编译过程中保留节点名称，运行

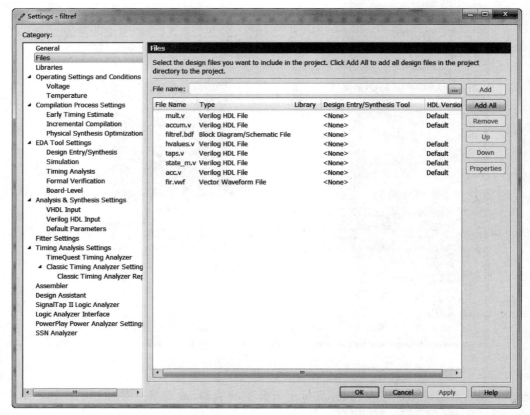

图 2-11　Settings 窗口

Assembler,以及渐进式编译或综合,并且保存节点级的网表,导出版本兼容数据库,显示实体名称,使能或者禁止 OpenCore Plus 评估功能。还为生成早期时序估算提供选项。

（5）指定适配设置：用于时序驱动编译选项、Fitter 等级、工程范围的 Fitter 逻辑选项分配,以及物理综合网表优化。

（6）为标准时序分析器指定时序分析设置：为工程设置默认频率,各时钟的设置、时延要求和路径排除选项设置及时序分析报告。

（7）仿真器设置：指定仿真模式（功能或时序）、源向量文件、仿真周期及仿真检测选项。

（8）指定 PowerPlay 功耗分析器设置：用于输入文件类型、输出文件类型和默认触发速率,以及结温、散热方案要求、器件特性等工作条件设置。

（9）指定设计助手、SignalTap Ⅱ 和 SignalProbe 设置：可以打开设计助手并选择规则；启动 SignalTap Ⅱ 逻辑分析器,并指定 SignalTap Ⅱ 文件（. stp）名称；设置自动布线 SignalProbe 信号选项,设置 SignalProbe 功能修改适配结果的选项。

2.5 综合

向工程中添加设计文件并设置引脚锁定后,需要对工程进行综合。综合是设计流程中很重要的部分,综合结果的优劣直接影响布局布线的结果。综合的主要功能是将HDL 翻译成最基本的与门、或门、非门、RAM 和触发器等基本逻辑单元的连接关系,即网表,并根据要求(约束条件)实现优化,生成的门级逻辑连接,输出网表文件,供下一步的布局布线使用。好的综合工具能够使设计芯片使用的资源更少、工作速度更快。

2.5.1 使用 Quartus Ⅱ 集成的综合工具

使用 Quartus Ⅱ 集成综合工具 Analysis&Synthesis 完全支持 VHDL 和 Verilog HDL 的设计文件。可以在 Settings 对话框中选择使用的语言标准,同时还可以指定 Quartus Ⅱ 软件中非 Quartus Ⅱ 软件函数映射到 Quartus Ⅱ 软件函数的库映射文件 (.lmf)上。综合设计流程如图 2-12 所示。

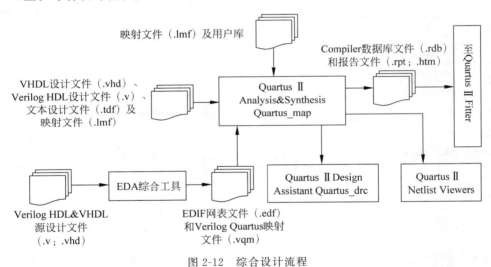

图 2-12 综合设计流程

1. 使用 Quartus Ⅱ 逻辑选项

Quartus Ⅱ 逻辑选项允许在不编辑源代码的情况下设置属性。选择 Assignments| Settings|Analysis&Synthesis Settings 命令,弹出分析和综合设置对话框,如图 2-13 所示。

在这里 Quartus Ⅱ 逻辑选项允许用户指定应该执行速度优化、面积优化,还是执行"平衡"优化,"平衡"优化努力达到速度和面积的最佳组合。此外,还提供多种其他选项。

例如,指定用来上电的逻辑电平控制选项,用来删除重复或者冗余逻辑的选项,用

DSP Blocks、RAM、ROM、开漏引脚替换相应逻辑的选项,指定状态机的编码方式选项,指定实现多路复用器所需的逻辑单元数量,以及指定其他影响 Analysis&Synthesis 的选项等。

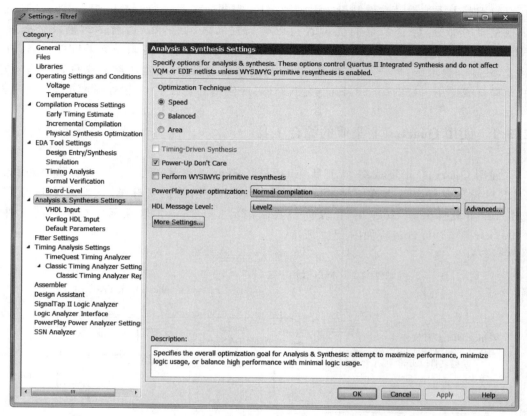

图 2-13　分析和综合设置对话框

2. 使用 Quartus Ⅱ 综合网表优化选项

用于在多种 Altera 器件系列的综合阶段优化网表。这些优化选项对标准编译期间出现的优化进行补充,出现在完整编译的 Analysis&Synthesis 阶段。这些优化对综合网表进行更改,通常有利于面积和速度的改善。选择 Assignments | Settings | Analysis&Synthesis 命令,弹出分析和综合设置页面,如图 2-14 所示。

单击 More Settings 按钮可以查看和设置更多优化选项,例如:

(1) WYSIWYG 基本单元重新综合。

(2) 逻辑门级寄存器重新定时。

(3) 寄存器重新定时,权衡 Tsu/Tco 和 Fmax。

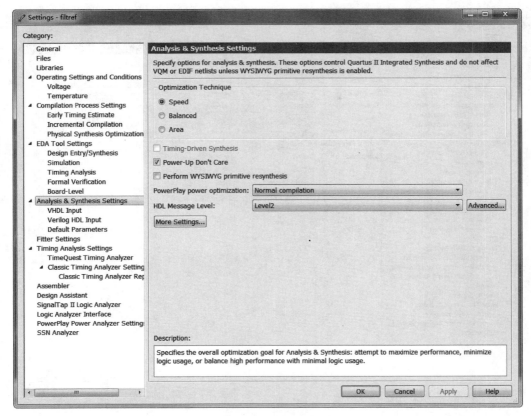

图 2-14　分析和综合设置页面

2.5.2　使用其他 EDA 综合工具

使用其他 EDA 综合工具也可以综合 VHDL 或 Verilog HDL 设计,生成 Quartus Ⅱ 软件使用的 EDIF 网表文件或 VQM 文件。Altera 公司提供多种 EDA 综合工具使用的 库。Altera 公司还为多种工具提供 NativeLink 支持。NativeLink 技术有助于在 Quartus Ⅱ 软件和其他 EDA 工具之间无缝传送信息,并允许从 Quartus Ⅱ 图形用户界面 中自动运行 EDA 工具。

如果已使用其他 EDA 工具建立了分配或约束条件,可以使用 Tcl 命令或脚本将这 些约束条件导入包含设计文件的 Quartus Ⅱ 软件中。许多 EDA 工具可自动生成分配 Tcl 脚本。

选择 Assignments|Settings|EDA Tool Settings 命令,弹出 EDA 工具设置页面,如 图 2-15 所示。

在此可以指定将要使用的 EDA 综合工具,还可以指定支持 NativeLink 的 EDA 工 具是否作为完整编译的一部分在 Quartus Ⅱ 软件中自动运行。

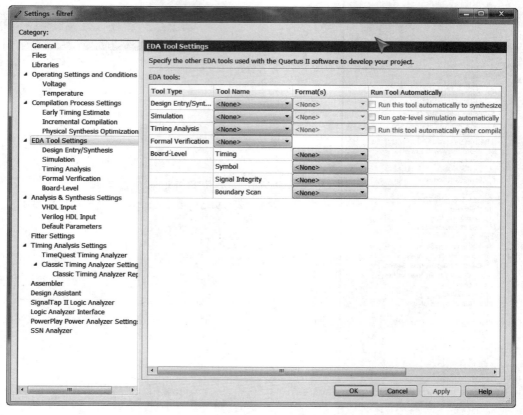

图 2-15　EDA 工具设置

2.5.3　使用 RTL 查看器和状态机查看器分析综合结果

使用 Quartus Ⅱ 的 RTL Viewer 和 State Machine Viewer 可以查看设计的原理示意图。首先选择 Processing|Start|Start Analysis&Elaboration 命令，对设计进行分析，然后使用 RTL Viewer。

1. RTL 查看器

选择 Tools|Netlist Viewers|RTL Viewer 命令，弹出 RTL 查看器窗口，如图 2-16所示。

RTL Viewer 包括原理图视图，也包括层次结构列表，列出整个设计网表的实例、基本单元、引脚和网络。其能显示的文件类型有 Verilog HDL 文本设计文件、VHDL 文本设计文件、AHDL 文本设计文件(. tdf)、模块设计文件(. bdf)、图形设计文件(. gdf)。对于通过其他 EDA 综合工具生成的 VQM 文件或者 EDIF 网表文件，RTL Viewer 显示WYSIWYG 基本单元表征的层次结构。

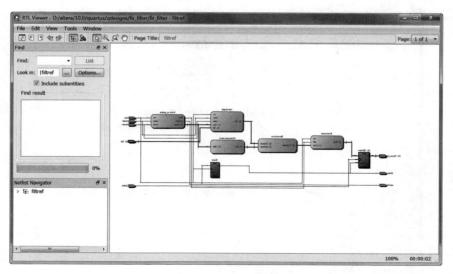

图 2-16 RTL 查看器

在层次结构列表中可以选择一个或多个条目,并在原理图视图中高亮显示。RTL Viewer 允许调整视图,可以放大或缩小视图来集中查看不同层次的细节,通过 RTL Viewer 查找特定名称,在层次结构中上下移动,或者转到选定网络的来源。若希望调整扇入和扇出显示,则可以将其扩展或消除。对于个别条目,可以使用工具提示查看节点和源信息。

可以在 RTL Viewer 中选择一个节点,根据该节点的可能位置,在设计文件、时序逼近平面布局图、分配编辑器、芯片编辑器、资源属性编辑器、技术映射查看器中找到它。

若设计规模较大,RTL Viewer 将其分割成多个页面来显示。RTL/Technology Map Viewer 可以指定在每一个页面上控制 RTL Viewer 显示设计数量的选项。通过 Page 列表框,选定在窗口中显示的页面。

2. 状态机查看器

若工程中含有状态机,则通过状态机查看器可以查看设计中相关逻辑的状态机图。选择 Tools | Netlist Viewers | State Machine Viewer 命令,弹出 State Machine Viewer 窗口,如图 2-17 所示。还可以双击 RTL Viewer 窗口中的实例符号,来显示 State Machine Viewer 窗口。

在转换表中选择一个单元后,原理图中相应的状态或转换就会高亮显示。同样地,当在原理图中选择一个状态或者转换后,转换表中相应的单元高亮显示。原理视图可以放大和缩小、向上或者向下滚动、高亮显示扇入和扇出。

在采用 RTL Viewer 查看设计后,若修改设计,则应该再次执行 Analysis&Elaboration,在 RTL Viewer 中分析更新后的设计。

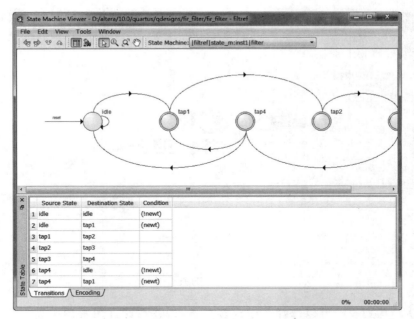

图 2-17 状态机查看器

3. 采用技术映射查看器分析综合结果

Quartus Ⅱ软件的 Technology Map Viewer 提供设计的底层或基元级专用技术原理表征。在使用 Technology Map Viewer 之前,必须首先执行分析综合 Analysis&Elaboration,或者进行完整编译。成功之后,选择 Tools|Netlist Viewers|Technology Map Viewer(post-mapping)命令,弹出窗口如图 2-18 所示。它包括一个原理视图及一个层次列表,列出了整个设计网表的实例、基本单元、引脚和网络。

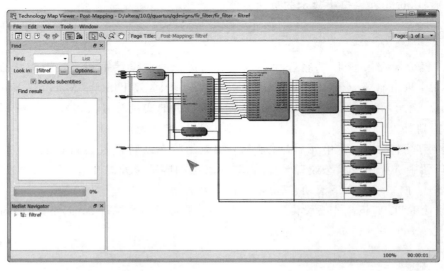

图 2-18 Technology Map Viewer 窗口

在 Technology Map Viewer 中,可以选择层次列表中的一个或多个条目,高亮显示原理视图,反之亦然。Technology Map Viewer 浏览视图的方式与 RTL Viewer 非常相似。

时序分析或者进行包括时序分析的完整编译之后,还可以使用 Technology Map Viewer 来查看组成时序路径的节点,该路径包括全部延时和各个节点延时的信息。

2.6　布局布线

使用 Quartus Ⅱ软件的 Fitter(适配器)可以对设计进行布局布线。Fitter 使用由 Analysis&Elaboration 生成的网表文件,将工程的逻辑和时序要求与器件的可用资源相匹配。它将每个逻辑功能分配给最佳逻辑单元位置,进行布线和时序分析,并选定相应的互连路径和引脚分配。布局布线设计流程如图 2-19 所示。

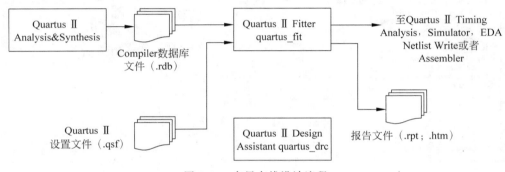

图 2-19　布局布线设计流程

如果在设计中进行了资源分配,Fitter 则将这些资源分配与器件上的资源相匹配,尽量满足已设置的任何其他约束条件,然后试图优化设计中的其余逻辑。如果没有对设计设置任何约束条件,Fitter 则将自动优化设计。如果适配不成功,Fitter 则将会终止编译,并给出错误信息。

2.6.1　设置 Fitter 选项

选择 Assignments|Settings|Fitter Settings 命令,弹出 Fitter Settings 窗口,如图 2-20 所示。

此对话框主要设置布局布线器的参数,这些参数的可用性取决于器件所属产品系列和布局布线器。图 2-20 中主要有三部分的参数设置,分别是 Timing-driven compilation (时序驱动编译)、Fitter effort(布局布线工作目标)和 More Settings(更多参数设置)。各个设置选项的具体情况说明如下:

(1) Timing-driven compilation 选项:设置布局布线在走线时优化连线以满足时序要求。其中,Optimize hold timing(优化保持时间)表示使用时序驱动编译来优化保持时

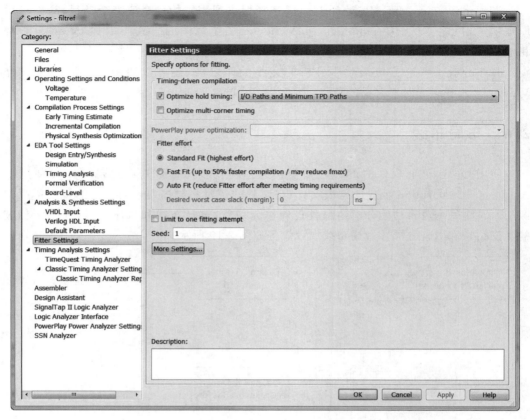

图 2-20　Fitter Settings 窗口

间。I/O Paths and Minimum TPD Paths(I/O 路径和最小 TPD 路径)表示以 I/O 到寄存器的保持时间约束、从寄存器到 I/O 的最小约束和从 I/O 或寄存器到 I/O 或寄存器的最小约束为优化目标。All Paths(所有路径),除了 I/O 路径和最小 TPD 路径为优化目标外,增加了寄存器到寄存器的时序约束优化。

　　Optimize I/O cell register placement for timing(优化 I/O 单元寄存器布局以利于时序)选项表示在 I/O 单元中尽量使用在 I/O 单元中的寄存器以满足与此 I/O 引脚相关的时序要求。

　　(2) Fitter effort 选项:主要是在提高设计的工作频率和工程编译速度之间寻找一个平衡点,如果想要布局布线器尽量优化以达到更高的工作频率,所使用的编译时间就更长。其中,Standard Fit(标准布局)选项要求尽量满足 Fmax 时序约束条件,但不降低布局布线速度。Fast Fit(快速布局)选项表示降低布局布线程度,编译时间减少 50%;但是,通常设计的最大工作频率会降低,且设计的 Fmax 也会降低。Auto Fit(自动布局)选项表示指定布局布线器在设计时序已经满足要求后降低布局布线目标要求,这样可以减少编译时间。

　　若设计者希望在降低布局布线目标要求前布局布线的时序结果超过时序约束,则可以在理想的最坏情况下的 Desired worst case slack 栏设置一个最小 slack(松弛时隙)值，指定布局布线器在降低布局布线目标要求前，必须达到这个最小 slack 值。

（3）Limit to one fitting attempt：表示布局布线达到一个目标，例如，达到时序要求，将停止布局布线，从而减少编译时间。

（4）Seed：制定初始布局设置，改变此值会改变布局布线结果（因为当初始条件改变时布局布线算法是随机变化的）。因此，有时可以利用这一点，通过改变 Seed 的数值来优化最高时钟频率。

单击 More Settings 按钮，进入更多参数设置对话框，如图 2-21 所示。各个选项的含义解释如下：

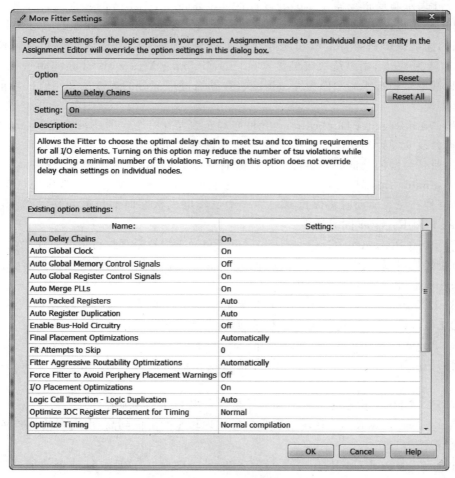

图 2-21　More Settings 参数设置对话框

（1）Auto Delay Chains：指定布局布线器对所有的 I/O 单元选择最优的时延链以满足 tsu 和 tco 时序要求。若此选项设置为 On，则在引入最小 th 抖动时也减少了 tsu 抖动的数目。选中此项设置不会忽略单个节点的时延链设置。它是通过调整时延链设置来自动满足 tsu 时序要求,而不是在单个引脚上调整时序要求和多次编译以达到设计的最优时延。

(2) Auto Global Memory Control Signals:指定布局布线器选择那些驱动了很多存储单元的读写使能信号为全局读写使能信号,使用全局布线资源。

(3) AutoMerge PLLs:允许布局布线器自动查找和合并两个由相同时钟资源驱动的可兼容的锁相环,从而减少设计中所用的锁相环数目。

(4) Auto Packed Registers:允许布局布线器在同一逻辑单元中自动实现一个寄存器和一个组合逻辑函数,或者用 I/O 单元、RAM 块、DSP 块实现寄存器而不是用逻辑单元。有 5 种选择:①Off 表示布局布线器不把一组逻辑函数放在一个逻辑单元中实现;②Normal 表示布局布线器在不影响设计性能的情况下,把组合的和连续操作放在一个逻辑单元来实现;③Minimize Area 表示布局布线器即使在影响设计性能的情况下,仍把无关联的连续操作和组合逻辑功能放在一个逻辑单元中实现,以减少逻辑单元使用数目;④默认为 Auto,由系统决定最优方案。⑤Minimize Area with Chains(带进位链的最小面积)指定布局布线器把作为算法器或寄存器级链一部分的连续的和组合的功能组合在一起实现。

(5) Auto Register Duplication:允许布局布线器在一个空的逻辑单元中自动复制寄存器,不会改变设计的功能。选中此设置将允许逻辑单元插入,这样做可改善设计的布局布线,但是会增加验证的困难性。它对很难布局布线的设计来说是很有用的。

(6) Enable Bus-Hold Circuitry:是否使能总线保持电路功能。若选中此选项,则表示引脚信号在没有驱动时将保持其最后一个逻辑电平状态而不是进入高阻态。它不能与 Weak Pull-Register 同时选中。

(7) Final Placement Optimizations:指定布局布线器是否执行最终布线优化。执行最终布线优化可以改善 Fmax 和布局,但是可能会要求更长的编译时间。其有 Always、Automatically 和 Never 三种选择。

(8) I/O Placement Optimizations:指定布局布线器是否执行 I/O 布线优化。I/O 布线优化可以改善 I/O 时序、Fmax 和布局,会花费更长的编译时间。

(9) Logic Cell Insertion-Logic Duplications:指定是否允许布局布线器在不改变设计功能的情况下,在两个节点之间自动插入缓冲逻辑单元。有 Auto、Off 和 On 三种选择。

(10) PCI I/O:指定对一个引脚信号是否启用 PCI 总线兼容模式。

(11) Slow Slew Rate:在输出引脚信号实现较慢的由低到高/由高到低的转换,以帮助减少转换噪声。

(12) Weak Pull-Up Register:指定器件在用户模式下工作时是否使能弱上拉寄存器。

2.6.2 设置物理综合优化选项

Quartus Ⅱ软件通过设置可以执行物理综合,它是根据设计者选择的优化目标而优化综合网表以达到提高速率或减少资源消耗的目的。物理综合优化是在编译流程的布局布线阶段发生的,通过改变底层布局以优化网表,主要改善设计的工作频率性能。

选择 Assignments｜Settings｜Compilation Process Settings｜Physical Synthesis Optimization 命令,显示如图 2-22 所示的窗口。

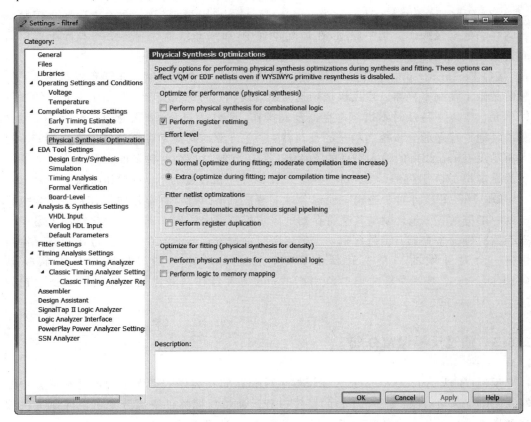

图 2-22　Physical Synthesis Optimizations 窗口

在窗口设置中可以指定物理综合优化选项,这些选项的可用性取决于选用器件所属的产品系列。物理综合优化分两类:一类仅影响组合逻辑和非寄存器,另一类是能影响寄存器的物理综合优化。分成两类方便设计者由于验证或其他需要而保留寄存器的完整性。各选项的含义如下:

(1) Perform physical synthesis for combinational logic 选项:表示执行组合逻辑的物理综合。允许 Quartus Ⅱ 软件的布局布线器重新综合设计以降低关键路径的时延。物理综合是通过在逻辑单元(LE)中交换查找表(LUT)的端口信号来达到降低关键路径时延的优化。还可以通过复制 LUT 来达到进一步优化关键路径的目的。Quartus Ⅱ 软件对于含有以下特性的逻辑单元不进行逻辑优化:①作为进位/级联链的一部分驱动全局信号;②在综合属性中的网表优化选项中设置了 Never Allow 的信号;③逻辑单元被约束到一个 LAB 的。

（2）Perform register retiming 选项：执行寄存器重定时。允许 Quartus Ⅱ 软件的布局布线器在组合逻辑中增加或删除寄存器以平衡时序。其含义与综合优化设置中的执行门级寄存器定时的 Perform gate-level register retiming 选项类似，主要在寄存器和组合逻辑已经被布局到逻辑单元以后应用。

（3）Perform automatic asynchronous signal pipelining 选项：表示执行异步控制信号的自动流水线操作。选中此项，在适配过程中，布局布线器为异步清零和异步置位信号自动提供传递途径。

（4）Perform register duplication 选项：表示执行寄存器复制。布局布线器在布局信息的基础上复制寄存器。启用该选项选时组合逻辑也可以被复制。Quartus Ⅱ 软件在逻辑单元包含以下特性时不执行寄存器复制操作：①作为进位/级联链的一部分；②包含驱动其他寄存器的异步控制信号的寄存器；③包含驱动其他寄存器时钟的寄存器；④包含驱动没有 tsu 约束的输入引脚的寄存器；⑤包含被另一个时钟域驱动的寄存器；⑥被认为是虚拟 I/O 引脚的；⑦在综合网表优化属性中被设置为 Never Allow 的。

Quartus Ⅱ 软件对于逻辑单元包含以下特性时不执行寄存器定时操作：①作为级联链的一部分的；②包含驱动其他寄存器的异步控制信号的寄存器；③包含驱动了另一个寄存器时钟的寄存器；④包含驱动了另一个时钟域寄存器的寄存器；⑤包含的寄存器是由另一个时钟域的一个寄存器驱动的；⑥包含的寄存器连接到了串并转换器（SERDES）；⑦被认为是虚拟 I/O 引脚的；⑧寄存器在网表优化参数设置中被设置为 Never Allow 的。

2.6.3　通过反标保留分配

反标（Back-Annotate）是指将编译器生成和存储在编译数据库中的器件和资源分配写入 Quartus Ⅱ 设置文件（.qsf）的操作过程。通过反标器件资源分配可以保留上次编译的资源分配。可以在工程中反标所有资源分配，还可以反标 LogicLock 区域的大小和位置。

选择 Assignments｜Back-Annotate Assignments 命令，弹出 Back-Annotate Assignments 窗口，默认显示窗口及高级类型设置窗口如图 2-23 所示。在默认窗口中可以指定要反标的分配。反标的类型包括默认类型或高级类型。

Back-Annotate Assignments 的默认类型对话框允许将引脚和逻辑单元分配降级为具有较少限制的位置分配，能使 Fitter 在更新安排布局时具有更多的选择。Back-Annotate Assignments 的高级类型可以执行 Default 反标类型允许的任何操作，并允许反标 LogicLock 区域及其中的节点和布线。高级反标类型还提供许多用于根据区域、路径、资源类型等进行过滤的选项，允许使用通配符。

用户只能使用一种类型的反标，不能同时使用两种类型。如果不能确定要使用哪种类型，在大多数情况下一般使用 Advanced 反标类型，因为它提供更多的选项，尤其在使用 LogicLock 区域时。

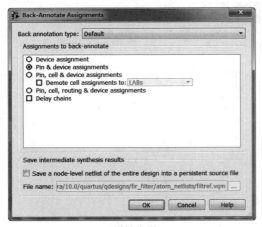
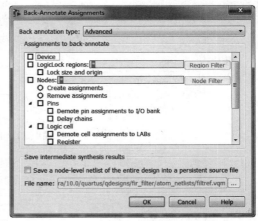

(a) 默认类型　　　　　　　　　　　　　　　　(b) 高级类型

图 2-23　Back-Annotate Assignments 窗口

2.7　仿真

完成了设计输入及成功综合、布局布线后,只能说明设计符合一定的语法规范。但满足设计者要求的功能是不能保证的,还需要通过仿真流程对设计进行验证。仿真的目的就是在软件环境下验证电路的行为和设想中的行为一致性。

仿真分为功能仿真和时序仿真。功能仿真是在设计输入之后,还没有综合、布局布线之前的仿真(又称为行为仿真或前仿真),是在不考虑电路的逻辑和门的时延情况下的仿真。功能仿真的目的是设计出能工作的电路,如果设计功能不能满足,其他环节就无从谈起。

但是,仅仅功能仿真是无意义的,还需要时序仿真(又称为后仿真),是指在综合、布局布线后,考虑到电路已经映射到特定的工艺环境后和器件时延的情况下对布局布线的网表文件进行的仿真。其中器件时延信息是通过反标时序时延信息来实现的。若在时序分析中发现时序不满足需要,而更改代码,则功能仿真必须重新进行。

可以使用 EDA 仿真工具或 Quartus Ⅱ 的仿真器对设计进行功能与时序仿真。使用 EDA 仿真工具和 Quartus Ⅱ 仿真器的仿真流程如图 2-24 所示。

Quartus Ⅱ 软件提供以下功能,用于在 EDA 仿真工具中进行设计仿真:NativeLink 集成 EDA 仿真工具;生成输出网表文件;功能与时序仿真库;生成测试激励模板和存储器初始化文件;为功耗分析生成 Signal Activity(.saf)。

可以使用 Quartus Ⅱ 的仿真器对任何设计或设计的任何部分进行仿真。根据所需的信息类型,可以进行功能仿真以测试设计的逻辑功能,也可以进行时序仿真,在目标器件中测试设计的逻辑功能和最坏情况下的时序,或者采用 Fast Timing 模型进行时序仿真,在最快的器件速率等级上仿真尽可能快的时序条件。

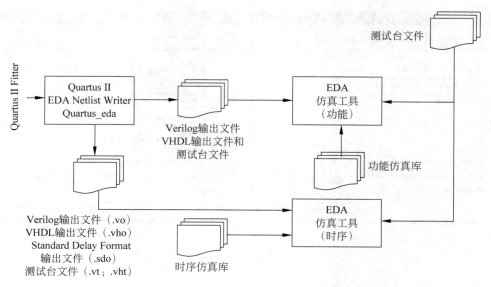

图 2-24　使用 EDA 仿真工具和 Quartus Ⅱ 仿真器的仿真流程

2.7.1　Quartus Ⅱ 仿真器设置

选择 Assignments|Settings|EDA Tool Settings 命令,在右侧 EDA Tool Settings 窗口中,在 Simulation 列表项中指定 Tool Name,在下拉列表框中选择第三方仿真工具,如 ModelSim,在 format(s)列中选择使用的硬件描述语言,如 Verilog HDL,若选中 Run gate-level simulation automatically after compilation,则可以在项目编译完成后自动执行门级仿真。门级仿真只使用最后一次编译后的数据,如果设计文件更改后,需要重新编译。

单击 Simulation 设置项,显示设置窗口如图 2-25 所示。

部分选项的含义如下:

(1) Format for output netlist:指定当前仿真或者时序分析工具输出网表文件时所采用的语言格式,即 VHDL、Verilog HDL 或者 SystemVerilog HDL。

(2) Time scale:EDA 网表写入器在每次将仿真结果写入 Verilog 输出文件或标准时延格式输出文件时所使用的时间间隔。可以设置定的值为 1ps~0.1ms。若设计项目中含有 RAM,则应将时间间隔设置在 ps 数量级。

(3) Output directory:输入或者浏览设置 EDA 仿真工具使用的输出目录。默认名字包含工具类型或者输出格式,接着是正斜杠接工具名字,例如,ModelSim 仿真软件的输出目录默认值为 simulation/modelsim。

(4) Enable glitch filtering:启用假脉冲信号过滤,该选项使 EDA 网表写入器在生成 VHDL、Verilog HDL 以及其他 EDA 仿真工具使用的标准时延格式输出文件时能够执行假脉冲信号过滤功能。该功能能够滤除持续时间低于假脉冲信号持续时间的所有

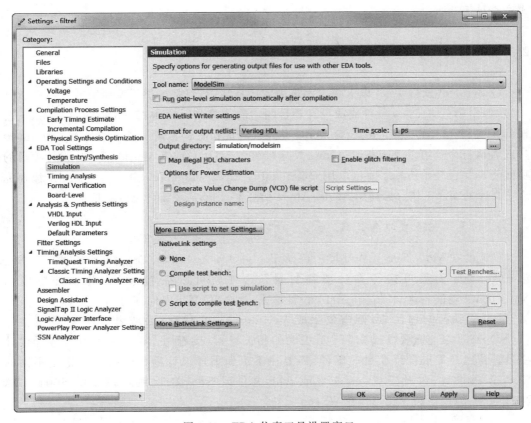

图 2-25　EDA 仿真工具设置窗口

脉冲信号,能够在仿真过程中获得关于信号转换的更准确结果。该选项也可以移除器件寻径过程中的假脉冲信号。

在 Quartus Ⅱ 电源功耗分析器中执行电源分析过程中,使用 EDA 仿真工具生成的逻辑值变化映像文件时,启用该功能可以获得更为准确的电源分析结果。

(5) 单击 More EDA Netlist Writer Settings 按钮,可以弹出相关第三方 EDA 工具的更多选项设置窗口。

(6) NativeLink Settings:确定是否编译 Active-HDL、ModelSim、ModelSim-Altera、NC-Sim、VCS 以及 VCS MX 测试实验平台。①None,不编译;②Compile test bench,若已经创建了一个或多个测试实验平台,则可以选择其中以便在仿真工程中进行编译。其中,单击 Test Benches 按钮打开 Test Benches 对话框,可以创建一个或多个测试实验平台并分别进行设置。Use script to set up simulation 选项允许指定一个包含 EDA 仿真命令的脚本文件,如执行 ModelSim 仿真的 ModelSim 宏文件(.do)、NCSim(NC-Verilog 或 NC-VHDL)的 Tcl 脚本文件(.tcl)、包含 VCS CLI 命令的文件以及包含 VCS MX 的 UCLI 命令的文件等。

(7) More NativeLink Settings:对话框允许启用某些与 EDA 仿真工具使用方法相

关的选项。

2.7.2 功能仿真与时序仿真

Quartus Ⅱ 软件 10.0 以上版本不再内置仿真功能,只是提供了调用第三方仿真软件的接口,由第三方 EDA 软件完成设计项目的功能仿真与时序仿真。Mentor Graphics 公司的 ModelSim PE 或者 SE 是 Quartus Ⅱ 完成功能仿真的常用工具。通过 ModelSim 接口或者执行命令可以完成包含 Altera 特定器件的 VHDL 或者 Verilog HDL 设计项目的功能仿真。在开始仿真之前可以用 Quartus Ⅱ的 EDA Simulation Library Compiler 快速完成仿真库的编译工作。若使用 Model-Altera 仿真器,则不需要编译 Altera 仿真库。

1. 仿真前的主要准备工作

(1) 设置 ModelSim 工作环境。选择 Tools|Options|EDA Tool Options 命令,指定第三方 EDA 工具可执行文件所在目录。这样就可以在 Quartus Ⅱ 软件中应用 NativeLink 功能特性自动运行 EDA 设计输入、综合、仿真以及时序分析等工具。

(2) 若执行时序仿真,则需要生成 Verilog 输出文件(. vo)或者 VHDL 输出文件(. vho),在这之前需要完成 2.7.1 节说明的相关设置,接着用 Quartus Ⅱ 软件编译设计项目。若已经完成设计项目的编译,需要在不重新编译设计项目的情况下指定不同的 EDA 工具设置,以及生成. vo 文件或. vho 文件或. sdo 文件,则可以使用 Start EDA Netlist Writer,该命令也可以生成. vcd 文件。

(3) 启动 ModelSim 软件,选择 File|Change Directory 命令,输入设计项目路径,也可以通过查找的方式确定设计项目路径,单击 Open 按钮。注意:若是执行功能仿真,则项目路径为包含设计文件的目录。若是执行时序仿真,则项目路径为< project directory >\ simulation\modelsim 目录或者在仿真设置对话框中指定的输出目录。

(4) 在 ModelSim 创建一个新的工作库。选择 File|New|Library 命令,出现 Create a New Library 对话框,在 Create 选项组中,选择 a new library and a logical mapping to it,在 Library Name 输入框中输入库名称,在 Library Maps to 列表中选择工作库。注意:当在 Quartus Ⅱ 软件环境之外独立运行 ModelSim 时,必须将工作库命名为 work;在集成环境中启动时,Quartus Ⅱ 会在当前项目目录下自动将工作库命名为 ModelSim_ work。

2. 功能仿真

(1) 将设计库映射到工作库。在 ModelSim 软件中,选择 File|New|Library 命令,弹出 Create a New Library 对话框。在 Library Name 框中输入 lpm,在 Library Maps to 输入框中输入工作库的名称,单击 OK 按钮。重复上述步骤,将 altera_mf 映射到工作库。

(2) 编译功能仿真库、Verilog HDL 或者 VHDL 设计文件。如果使用了测试实验平台,还需要编译测试实验平台文件。注意:如果设计项目中包含了 alt2gxb 功能模块,需要参考该模块的功能文档,确定所需要的设置信息。

选择 Compile|Compile 命令,在 Compile HDL Source Files 对话框的 Library 列表中选择工作库。在 File Name 列表中输入目录路径和功能仿真库的文件名。也可以在 Files of Type 列表中选择 All Files(＊.＊),在 Look in 列表中选择 Verilog HDL 或者 VHDL 设计文件,单击 Compile。注意,对于使用 220model.vhd 仿真库的 VHDL 设计项目,需要在 Compile 对话框的 Default Options 选项组中,启用 Use Explicit Declarations。重复上述步骤完成 Verilog HDL 或者 VHDL 设计文件的编译工作、编译测试实验平台文件。单击完成。

(3) 加载设计项目。在仿真菜单中,选择 Simulate,出现 Simulate 对话框。在 Name 列表中单击"＋"图标展开工作目录。选择需要仿真的顶层设计文件,单击 Add,单击 Load 按钮,接着就可以执行功能仿真。

3. 应用 ModelSim 软件编译工作库和设计项目文件

可以使用 Mentor Graphics ModelSim PE 或者 SE/DE 软件编译基本仿真模型库、.vo、.vho 以及测试实验平台文件。注意:可以在仿真开始之前,使用 Quartus Ⅱ 的 EDA Simulation Library Compiler 功能快速编译仿真库。

在 ModelSim 软件中选择 Compile|Compile 命令,在 Compile HDL Source Files 对话框中的 Library 列表中选择工作库。在 Files of Type 列表中选择 All Files(＊.＊),在 Look in 列表中选择合适的仿真模型库。注意:在遵循 VHDL-93 标准的设计项目中,需要在 Default Options 选项组中选中 Use 1993 Language Syntax。单击 Compile 按钮。重复上述步骤编译 Verilog HDL 和 VHDL 输出文件,以及实例化 Verilog HDL 或者 VHDL 输出文件的测试实验平台文件。注意:若设计项目中包含 alt2gxb 功能模块,则需要进行相应的特定设置。

最后单击完成。

4. 时序仿真

(1) 在 ModelSim 软件中编译工作库和设计文件。设计项目文件中需要包含全局复位或者设备加电信号,这两种信号在 Verilog 或者 VHDL 输出文件中建立。

(2) 选择 Simulate 命令,执行 Simulate 功能,弹出 Simulate 对话框。

(3) 若执行 Verilog HDL 设计项目仿真,则单击 Verilog 页面,在 Pulse Options 选项组中,Error Limit 和 Rejection Limit 输入框中输入 0。

(4) 若执行 VHDL 设计项目仿真,则需要指定标准时延格式输出文件(.sdo):单击 SDF 页面,单击 Add 按钮,在 Add SDF Entry 对话框中单击 Browse 按钮,出现 Select SDF File 对话框,在 Files of type 列表中选择 All Files(＊.＊),选择标准时延输出文件(Standard Delay Output File),打开该文件。

注意:如果使用测试实验平台文件为设计项目提供仿真激励,在 Apply to region 输入框中需要指定测试实验平台中设计实例的路径(从顶层设计文件开始)。

（5）单击 Design 页面，在 Name 列表中展开工作目录，选择与标准时延输出文件对应的设计实体。单击 Add 按钮，选择顶层 Verilog HDL 文件或者 VHDL 文件或者测试实验平台。如果对高速电路仿真（包括使用 HSSI、LVDS 或者 PLL 的设计文件），需要单击 Other 按钮，在 Other options 输入框中输入＋transport_int_delays 以及＋transport_path_delays，单击 OK 按钮，再单击 Load 按钮。

（6）产生 Quartus Ⅱ 电源功耗分析器所需要的变量值变化情况映像文件（Value Change Dump File(.vcd)），在 ModelSim 提示行输入命令 source ＜ test bench or design instance name ＞_dump_all_vcd_nodes.tcl。Tcl 脚本文件可以使 ModelSim 软件对文件中包含的输出信号进行监视和输出，并在仿真过程中写入变量值变化情况映像文件。

2.8　编程和配置

工程编译之后，就可以对 Altera 器件进行编程或配置。Quartus Ⅱ Compiler 的 Assembler 模块生成编程文件，Quartus Ⅱ Programmer 可以用它与 Altera 编程硬件一起对器件进行编程或配置。还可以使用 Quartus Ⅱ Programmer 的独立版本对器件进行编程和配置。编程设计流程如图 2-26 所示。

2.8.1　建立编程文件

Assembler 自动将 Fitter 的器件、逻辑单元和引脚分配转换为器件的编程镜像，其表现形式就是生成目标器件的一个或多个 Programmer Object Files (.pof) 或 SRAM Object Files(.sof)文件。可以在包括 Assembler 模块的 Quartus Ⅱ 软件中启动完整编译，也可以单独运行 Assembler。

此外，还可以使用 Assembler 或者 Programmer 通过以下方法生成其他格式的编程文件。

1. 设置 Assignments 生成其他格式编程文件

选择 Assignments|Device 命令，弹出 Device 对话框，在该对话框中单击 Device&Pin Options 按钮，弹出 Device&Pin Options 对话框，选择 Programming Files 列表项，显示设置页面，如图 2-27 所示。

在这里可以指定编程文件格式，如 Hexadecimal（十六进制 Intel 格式）输出文件(.hexout)、Tabular Text Files（表格文本文件，.ttf）、Raw Binary Files（原始二进制文件，.rbf）、Jam 文件(.jam)、Jam Byte-Code 文件(.jbc)、Serial Vector Format（串行矢量格式文件，.svf）和 In System Configuration(在系统配置文件，.isc)。

对于.hexout 文件，需要设置 Start address 选项和 Count 选项。设置 Start address 选项指示该十六进制文件的起始地址，Count 选项的可选值为 Up 和 Down，指示存储的地址排序是递增还是递减。该十六进制文件可以写入电可擦除只读存储器（E^2PROM）

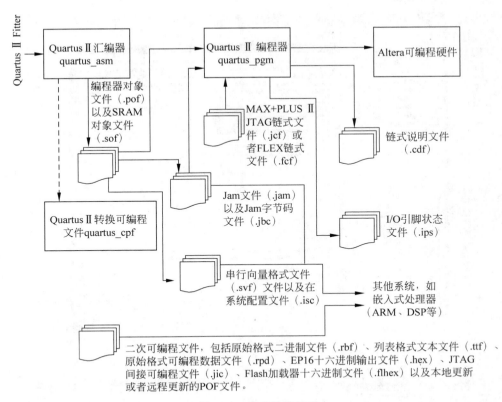

图 2-26 编程设计流程

或其他存储器件,可以通过存储器件对 FPGA/CPLD 器件进行编程配置。

2. 创建.jam 文件、Jam 字节码文件、串行矢量格式文件或在系统配置文件

选择 Tools|Programmer 命令,弹出编程器界面,如图 2-28 所示。选择下载方式,JTAG 为默认方式。

接着选择 File|Create JAM,JBC,SVF or ISC Files 文件设置命令,弹出图 2-29 所示的对话框,能够生成.jam 文件、Jam Bybe-Code 文件、Serial Vector Format 文件或 In System Configuration 文件。各选项的含义如下:

(1)在 File format 栏中选择需要创建的文件类型。

(2)Operation 选项用于选择编程操作还是验证操作。

(3)Programming options 选项用于选择是否检查器件为空和是否对编程进行验证。

(4)Clock frequency 选项用于设置配置器件的时钟频率。

(5)Supply voltage 选项用于设置配置工作电压。

回到 Quartus Ⅱ 主界面,选择 File|Create/Update|Create/Update IPS File 命令,弹出 ISP CLAMP State Editor 对话框,使用户能够建立或更新 I/O Pin State 文件(.ips),该文件包括特定器件的引脚状态信息,用于编程期间的引脚状态配置。

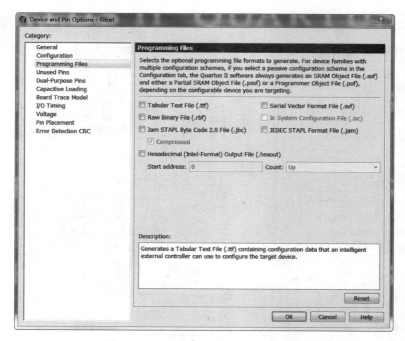

图 2-27　Device & Pin Options 对话框

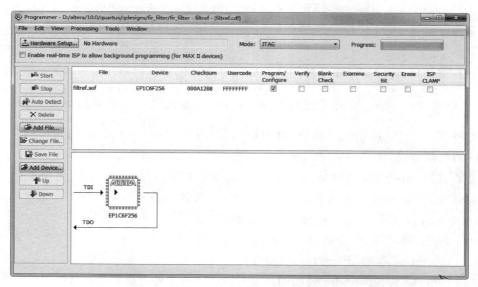

图 2-28　编程器界面

将一个或多个设计的 SOF 和 POF 组合并转换为其他辅助编程文件格式。

选择 File|Convert Programming Files 命令，弹出转换编程文件对话框，如图 2-30 所示。

窗口中各选项的含义如下：

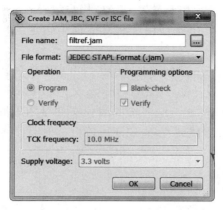

图 2-29　Create JAM,JBC,SVF or ISC file 对话框

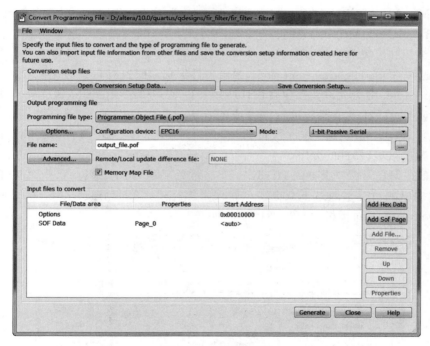

图 2-30　编程器界面

（1）Programming file type 选项用于设置输出编程文件格式,有原始格式可编程数据文件（.rpd）、用于 EPCI6 的 HEXOUT 文件、用于本地更新的 SRAM、POF 文件、用于远程更新的二进制文件和表格文本文件等。

（2）Configuration device 选项用于设置配置器件。

（3）Mode 选项用于设置器件配置模式,如 1bit 被动串行模式等。

（4）File name 选项用于选择输出文件名和存储路径。

（5）Input files to convert 选项用于添加要转换的输入文件。

（6）Options 按钮中的选项用于设置 JTAG 用户编码和配置时钟频率等。

（7）Save Conversion Setup 选项用于将对话框中指定的设置保存成转换设置文件（.cof）。

（8）Open Convertion Setup Data 选项用于打开保存的转换设置文件。

在这里,将一个或多个设计的 SRAM Object 文件和 Programmer Object 文件组合,并转换为其他辅助编程文件格式。这些辅助编程文件可用于嵌入式处理器类型的编程环境,而且对于一些 Altera 器件而言,它们还可以由其他编程硬件使用。

2.8.2 器件编程和配置

生成 Programmer Object 文件和 SRAM Object 文件后,就可以对 Quartus Ⅱ 软件支持的所有 Altera 器件进行编程或配置。可以将 Programmer 与 Altera 编程硬件配合使用,如 MastBlaster、ByteBlasterMV、ByteBlaster Ⅱ 或 USBBlaster 下载电缆或 Altera Programming Unit(APU)。

器件编程和配置的步骤如下:

（1）选择 Tools|Programmer 命令,弹出器件编程和配置对话框,如图 2-29 所示。

Programmer 命令允许建立包含设计所用器件名称和选项的 Chain Description File（.cdf）。对于允许对多个器件进行编程或配置的一些编程模式,CDF 还指定了 SRAM Object 文件、Programmer Object 文件、Jam 文件、Jam Byte-Code 文件,设计所用器件的自上而下顺序,以及器件的顺序。

（2）若在编程器窗口上方的 Hardware Setup 处显示 No Hardware,则说明可配置芯片还未在加电的情况下通过下载电缆与软件系统连接。单击 Hardware Setup 按钮,弹出 Hardware Setup 对话框,如图 2-31 所示。

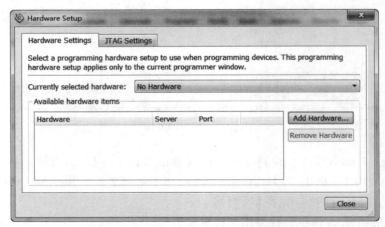

图 2-31 Hardware Setup 对话框

（3）单击该对话框的 Add Hardware 按钮,提供了编程硬件类型,选择与自己的设备适应的一种类型,指定硬件接口。完成之后,在编程器窗口上方的 Hardware Setup 处显示已安装的硬件信息。

(4) 在 Mode 中选择编程模式。Programmer 具有 4 种编程模式,即 Passive Serial 模式、JTAG 模式、Active Serial Programming 模式和 In-Socket Programming 模式。

Passive Serial 模式和 JTAG 编程模式允许使用 CDF 和 Altera 编程硬件对单个或多个器件进行编程。使用 Active Serial Programming 模式和 Altera 编程硬件对单个 EPCS1 或 EPCS4 串行配置器件进行编程。配合使用 In-Socket Programming 模式与 CDF 和 Altera 编程硬件对单个 CPLD 或配置器件进行编程。

2.9 Quartus Ⅱ 软件开发过程

模块是使用 Quartus Ⅱ 软件设计数字电路系统的基础,其建模方法主要包括行为级建模(RTL 级建模也属于行为级建模)、结构级建模(包括门级建模和开关级建模)以及行为级和结构级的混合建模。当模块内部只包含过程块和连续赋值语句(assign),而不包含模块实例(模块调用)语句和基本元件实例(基本元件调用)语句时,就称该模块采用的是行为级建模。当模块内部只包含模块实例和基本元件实例语句时,而不包含过程块语句和连续赋值语句时,就称该模块采用的是结构级建模。在模块内部同时采用这两种建模方式,称为混合建模。

行为级建模的目标不是对电路的具体硬件结构进行说明,主要是便于综合及仿真。行为级建模常常用于复杂数字逻辑系统的顶层设计,也就是通过行为级建模把一个复杂的系统分解成可操作的若干个模块,每个模块之间的逻辑关系通过行为模块的仿真加以验证。这样就能把一个大的系统合理分解为若干个较小的子系统,然后再将每个子系统用可综合网络的 HDL 模块(门级结构或 RTL 级、算法级、系统级的模块)加以描述。同时行为级建模还可以用于生成仿真激励信号,对已设计模块进行仿真难。例如,行为级建模对于解决微处理器描述或者复杂时序控制这类的问题是非常适合的。

模块的实现方法主要有 4 种,分别是模块编辑法、HDL 建模(文本编辑法)、宏模块编辑法,以及包含前三种方法的混合编辑法。

模块编辑法也称为原理图输入法,它基于传统的硬件电路设计思想,把数字逻辑系统用逻辑原理图来表示,即在 EDA 软件的图形编辑界面上绘制能完成特定功能的电路原理图,使用逻辑器件(元件符号)和连线等来描述设计。原理图描述要求设计工具提供必要的元件库和逻辑宏单元库,如与门、非门、或门、触发器以及各种含 74 系列器件功能的宏功能块和用户自定义设计的宏功能块。原理图编辑绘制完成后,原理图编辑器将对输入的图形文件进行编排之后再将其编译,以适用于 EDA 设计后续流程中所需要的低层数据文件。

原理图输入法的优点:一是设计者进行数字逻辑系统设计时不需要增加新的相关知识,如 HDL;二是该方法与 Protel 作图相似,设计过程形象直观,适用于初学者和教学;三是对于规模较小的数字逻辑电路,其结构与实际电路十分接近,设计者易于把握电路全局；四是由于设计方式属于直接设计，便于底层电路布局，因此易于控制逻辑资源的消耗，节省集成面积。

使用原理图输入法缺点：一是电路描述能力有限，只能描述中小型系统，一旦用于描述大规模电路，往往难以快速有效地完成；二是设计文件主要是电路原理图，如果设计的硬件电路规模较大，从电路原理图来了解电路的逻辑功能是非常困难的，而且文件管理庞大且复杂，大量的电路原理图将给设计人员阅读和修改硬件设计带来很大的不便；三是由于设计方式没有得到标准化，不同 EDA 软件中处理工具对图形的设计规则、存档格式和图形编译方式都不同，因此兼容性差，性能优秀的电路模块移植和再利用很困难；四是由于原理图中已确定了设计系统的基本电路结构和元件，留给综合器和适配器的优化选择空间已十分有限，因此难以实现设计者所希望的面积、速度及不同风格的优化，这显然偏离了 EDA 本质的含义，无法实现真实意义上的自顶向下的设计方案。

HDL 文本输入法即用文本形式描述设计，常用的语言有 VHDL 和 Verilog HDL。这种方式与传统的计算机软件语言编辑输入基本一致，就是将使用了某种硬件描述语言的电路设计文本进行编辑输入。可以说，应用 HDL 的文本输入方法克服了上述原理图输入法存在的所有弊端，为 EDA 技术的应用和发展打开了一个广阔的天地。

在一定条件下，常混合使用这两种方法。目前，有些 EDA 工具（如 Quartus Ⅱ）可以把图形的直观与 HDL 的优势结合起来。例如，状态图输入的编辑方式，即使用图形化状态机输入工具，用图形的方式表示状态图，当填好时钟信号名、状态转换条件、状态机类型等要素后，就可以自动生成 VHDL 和 Verilog HDL 程序。在原理图输入方式中，连接用 HDL 描述的各个电路模块，直观地表示系统总体框架，再用 EDA 工具生成相应的 VHDL/Verilog HDL 程序。总之，HDL 文本输入设计是最基本、最有效和通用的输入设计方法。本节将通过实例简单介绍使用 Quartus Ⅱ 软件的模块原理图编辑法、文本编辑法和包含前两种方法的混合编辑法。

Quartus Ⅱ 软件的模块编辑器以原理图和图标模块的形式来编辑输入文件。每个模块文件包含设计中代表逻辑的框图和符号。模块编辑器可以将框图、原理图或符号集中起来，用信号线、总线或管道连接起来形成设计，并在此基础上生成模块符号文件（.bdf）、AHDL Include 文件（.inc）和 HDL 文件。

2.9.1　原理图输入文件的建立

在这里设计一个非常简单的二输入或门电路，它只包含一个或门、两个输入引脚和一个输出引脚。首先创建一个原理图形式的输入文件，步骤如下：

1. 打开模块编辑器

选择 File|New 命令，弹出 New 对话框，如图 2-32 所示。选择文件类型为 Block Diagram/Schematic File，打开模块编辑器，如图 2-33 所示。使用该编辑器既可以编辑图标模块，也可以编辑原理图。

图 2-32　新建文件对话框

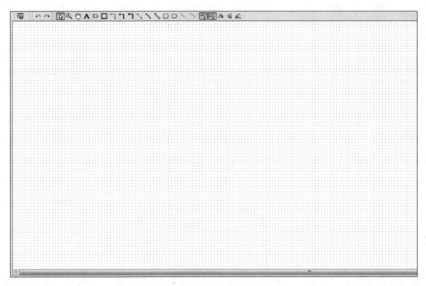

图 2-33　模块编辑器窗口

Quartus Ⅱ 提供了大量常用的基本单元和宏功能模块,在模块编辑器中可以直接调用它们。在模块编辑器要插入元件的地方双击,会弹出 Symbol 对话框,如图 2-34 所示。在模块编辑窗口中单击图标 ⌀ ,也可以打开 Symbol 对话框。

在 Symbol 对话框左边的元件库 Libraries 中包含了 Quartus Ⅱ 提供的元件。它们存放在安装目录的\quartus\libraries 子目录下,分为以下三个大类:

(1)基本逻辑函数(primitives):基本逻辑函数存放在符号库的\primitives\子目录下,分为缓冲逻辑单元(buffer)、基本逻辑单元(logic)、其他单元(others)、引脚单元(pin)和存储单元(storage)5 个子类。buffer 子类中包含的是缓冲逻辑器件,如 alt_inbuf、alt_

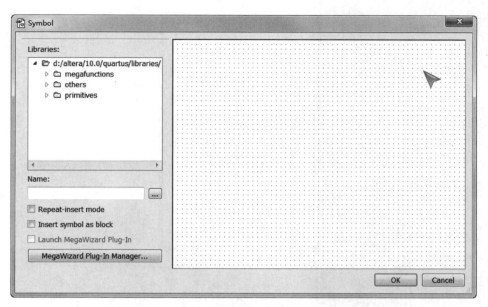

图 2-34　Symbol 对话框

outbuf、wire 等；logic 子类中包含的是基本逻辑器件，如 and、or、xor 等门电路器件；other 子类中包含的是常量单元，如 constant、vcc 和 gnd 等；pin 子类中包含的是输入、输出和双向引脚单元；storage 子类中包含的是各类触发器，如 dff、tff 等。

（2）宏模块函数（megafunctions）：宏模块函数是参数化函数，包括 LPM、MegaCore、AMPP 函数。这些函数经过严格的测试和优化，用户可以根据要求设定其功能参数以适应不同的应用场合。这些函数存放在 \ libraries \ megafunctions 子目录下，包含 arithmetic、gates、I/O、和 storage 4 个子类。arithmetic 子类中包含的是算法函数，如累加器、加法器、乘法器和 LPM 算术函数等；gates 子类中包含的是多路复用器和门函数；I/O 子类中包含的是时钟数据恢复（CDR）、锁相环、千兆位收发器（GXB）、LVDS 接收发送器等；storage 子类中包含的是存储器、移位寄存器模块和 LPM 存储器函数。

（3）其他函数（others）：其他函数包含 MAX＋Plus 所有常用的逻辑电路和 Opencore_plus 函数，这些函数存放 \libraries\others 子目录下。这些逻辑电路可以直接应用到原理图的设计中，可以简化许多设计工作。

在模块编辑器的顶部是工具栏，熟悉这些工具按钮的性能，可以大幅度提高设计速度。下面详细介绍这些按钮的功能。

（1）选择工具 ：选取、移动、复制对象，是最基本且常用的功能。

（2）文字工具 A：文字编辑工具，设定名称或标注时使用。

（3）符号工具 ：用于添加工程中所需要的各种原理图模块和符号。

（4）图标模块工具 ：用于添加一个图表模块，用户可定义输入、输出及一些相关参数，用于自顶向下的设计。

（5）正交节点工具 ⌐：用于画垂直和水平的连线，同时可定义节点的名称。

（6）正交总线工具 ⌐：用于画垂直和水平的总线。

（7）正交管道工具 ⌐：用于模块之间的连线和映射。

（8）橡皮筋工具 ⊞：使用此项移动图形元件时引脚与连线不断开。

（9）部分连线工具 ⊡：使用此项可以实现局部连线。

（10）放大缩小工具 ⊕：用于放大或缩小原理图，单击按钮后默认为放大操作，在需要放大的元件或模块上单击，则可以放大到期望的尺寸，按住 Shift 键单击，则为缩小操作。

（11）独立窗口切换工具 ▭：用于全屏显示原理图编辑窗口。

（12）元件翻转工具 ◮ ◁ ◮：用于图形的翻转，分别为水平翻转，垂直翻转和 90° 的逆时针翻转。

（13）撤销/恢复操作工具：⤺ ⤻

（14）画图工具：▭ ○ ╲ ⌒，分别为矩形、圆形、直线和弧线工具。

（15）对角线连线工具：╲ ╲ ╲，分别为节点、总线以及管道对角线连接。

2．添加元件符号

打开 Symbol 对话框左边的元件库 Libraries，选择 primitives|logic|or2 元件，弹出 Symbol 对话框，如图 2-35 所示。

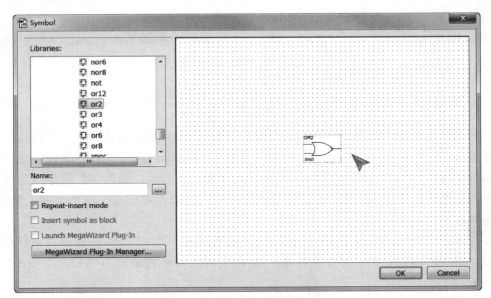

图 2-35　在 Symbol 对话框中选择元件

单击 OK 按钮。光标变为"＋"和选中的符号，将目标元件移动到合适位置单击，编辑器窗口就出现了该元件。

重复上述操作，在 Libraries 中，选择 primitives|pin|input 元件，放两个输入引脚到

编辑器窗口；选择 primitives|pin|output 元件，放一个输出引脚到编辑器窗口，如图 2-36 所示。

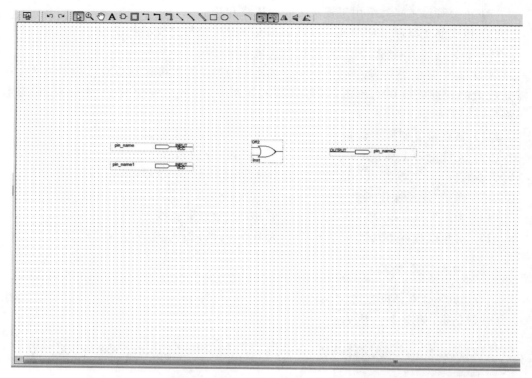

图 2-36　在编辑器中添加元件与引脚

3. 连接各元件并给引脚命名

放置好元件后，接下来连接各个功能模块，通过导线将模块间的对应引脚连接起来。具体做法：将光标移到其中一个端口，待光标变为"＋"形状后，一直按住鼠标左键，将光标拖到待连接的另一个端口上放开左键，就画好了一条连线。如果需要删除一条线，可以单击这条连线并按 Del 键。这里分别将两个输入引脚连接到或门的两个输入端将输出引脚连接到或门的输出端。

连线完成后可以给输入、输出引脚命名。在引线端子的 PIN_NAME 处双击，使其处于可编辑状态，此时可输入引脚名称。这里三个引脚分别命名为 A、B、C，如图 2-37 所示。

引脚名称可以使用 26 个大写英文字母和 26 个小写英文字母，以及 10 个阿拉伯数字，或是一些特殊符号"/""_"来命名。例如：AB、/5C、a_b 都是合法的引脚名。引脚名称不能超过 32 个字符；大小写表示相同的含义；不能以阿拉伯数字开头，在同一个设计文件中引脚名称不能重名。

总线在图形编辑窗口中显示为一条粗线，一条总线可代表 2~256 个节点的组合，即

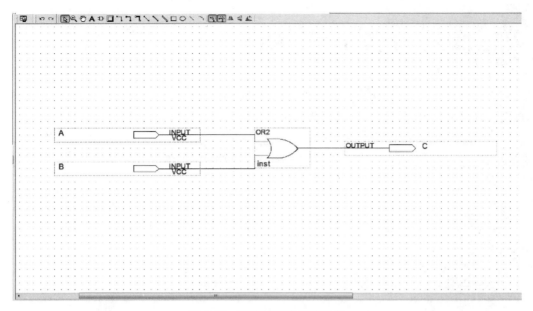

图 2-37　在编辑器中连接元件

可以同时传递多路信号。总线的命名必须在名称后面加上［a…b］,表示一条总线内所含的节点编号,其中 a 和 b 必须是整数,但谁大谁小并无原则性的规定。例如,A［3…0］、B［0…15］、C［8…15］都是合法的总线名称。

　　4.保存文件

　　若需要保存文件,则选择 File 菜单中的 Save As 项或单击"保存"按钮 🖫,弹出 Save As 对话框,在文件名输入框中输入设计文件名 my_or2,然后单击 OK 按钮。

　　原理图和图表模块设计的文件名称与引脚命名规则相同,长度必须在 32 个字符以内,不包含扩展名 *.bdf。

2.9.2　图表模块输入

　　图表模块输入是自顶向下的设计方法,首先在顶层文件中画出图形块或器件符号,然后在图形块上设置端口和参数信息,用信号线、总线和管道把各个组件连接起来。下面以 3-8 译码器为例介绍图表模块输入法。

　　打开模块编辑器,单击工具栏上的图表模块工具 ▢,在编辑窗口的合适位置单击并拖动出一个矩形区域,松开鼠标左键在所画的矩形框范围内就会出现图表模块,如图 2-38 所示。

　　在图表模块外框线内部右击,选择 Properties,弹出如图 2-39 所示的模块属性设置对话框。模块属性设置对话框有 4 个属性标签页。在 General 标签页中的 Name 栏设置模块名称为 decode3_8,在 I/Os 标签页设置译码器的端口信息,在 Name 栏中双击单元格,输入端口名称 A,在 Type 栏单元中双击,选择端口类型为输入 INPUT。

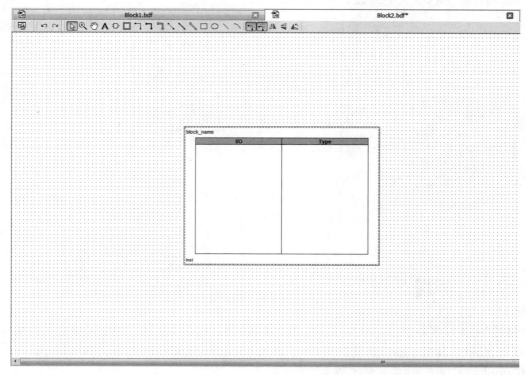

图 2-38　生成的图表模块

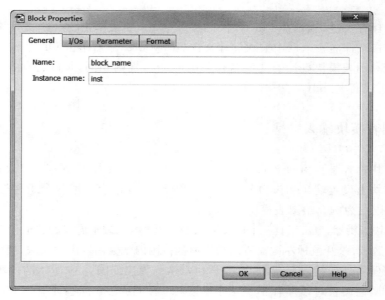

图 2-39　模块属性设置对话框

在进行输入和编辑时,单击列表中的编号选中一个端口说明项,按 Del 键即可删除一行,也可以在选中一行时右击,选择"删除"。当列表中的引脚说明项多于 1 时,选中某一行,按 ▲ ▼ 按钮可以调整引脚的编号顺序。重复上述步骤,输入其他 2 个输入信号 B、C,3 个控制信号 G1、G2a、G2b,添加 8 个输出信号 y0、y1、y2、y3、y4、y5、y6、y7。

单击 OK 按钮,就生成了图标模块。使用鼠标选中图标模块,调整其大小至合适的尺寸,如图 2-40 所示。

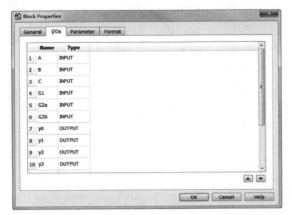
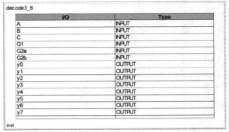

图 2-40　图标模块引脚设置

注意随时保存设计文件,确认文件的后缀名为 .bdf。

以上的设计过程只是规定了设计的图标模块的外部端口,图标模块的功能由硬件描述语言或图形文件实现。Quartus Ⅱ 软件支持的设计文件格式有 AHDL 语言格式、VHDL 语言格式、Verilog HDL 语言格式、Schematic 图形格式。

在图标模块上右击,在弹出的快捷菜单中选择 Create Design File from Selected Block 选项,弹出创建设计文件对话框,选择文件设计类型,这里选 VHDL,确定是否把将要生成的文件添加到当前工程中,单击 OK 按钮,就会生成设计文件 decode3_8.vhd,如图 2-41 所示。

在该窗口中,已经自动生成了包含端口定义的 VHDL 程序的实体部分,用来描述模块功能的结构体部分是一个空白,需要插入相应的语句完成设计。

如果在创建设计文件的对话框中选择了选项 Schematic,则弹出包含已经定义的 I/O 端口原理图编辑窗口,如图 2-42 所示。

在原理图编辑窗口左边是输入端口,在原理图编辑窗口右边是输出端口。下面要做的工作是在中间插入元件,以构成自动 decode3_8 的原理图。

在生成图标模块的设计文件之后,如果需要对顶层图标模块的端口名或端口数目进行修改,那么修改后,在模块上右击,在弹出的快捷菜单中选择 Update Design File from Selected Block 选项,Quartus Ⅱ 软件会自动更新底层设计文件。

在设计较为复杂的电路时,顶层文件中需要包含多个图标模块和多个元件符号,而且需要把它们连接起来。一般来说,连接元件符号的是信号线或总线,连接图标模块的既

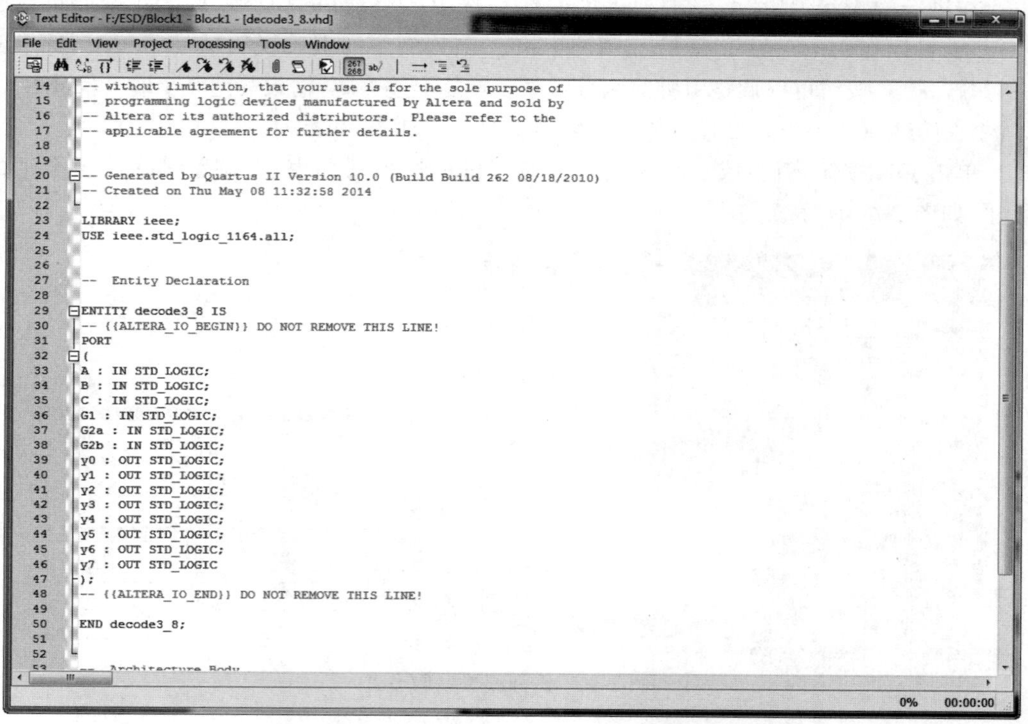

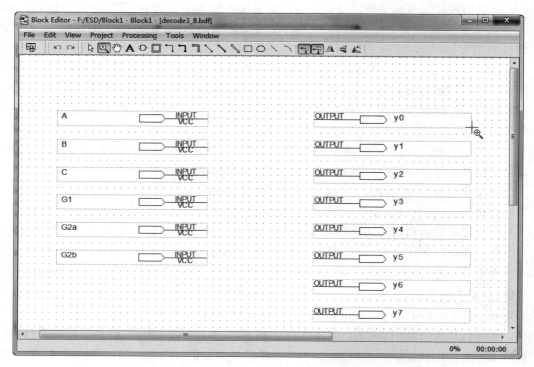

图 2-41　包含端口声明的 VHDL 文本编辑窗口

图 2-42　已定义 I/O 端口原理图编辑窗口

可以是信号线或总线,也可以是管道。

当用管道连接两个图标模块时,若两边端口名称相同,则不必在管道上加标注,两者能够智能连接。在连接两个图标模块的管道上右击,在弹出的快捷菜单中选择 Properties 选项,弹出 Conduit Properties 对话框,选择 Signals 页面,可在 Connections 列表中看到对应的连接关系。

当需要连接的两个图标模块端口名称不同,或者是图标模块和元件符号相连时,使用端口映射的方法将两个模块的端口连接起来,首先用信号线将元件 I/O 端口引向图标模块,在图标模块会产生一个连接器端点。选中连接的信号线,右击,在弹出的快捷菜单中选择 Properties 选项,弹出 Conduit Properties 对话框,对该信号线命名,如 wire01 等。

选中图标模块中需要映射的连接器端点,在连接器端点上右击,在弹出的快捷菜单中选择 Mapper Properties 选项,弹出 Mapper Properties 对话框,在 Mapper Properties 对话框中选择 Mapping 页面,该属性页用于设置模块 I/O 端口和连接器上的信号映射。

在 I/O on block 输入框中输入图标模块的引脚名称,在 Signals in node 输入框中输入信号线的名称,即可将图标模块的引脚通过信号线连接到元件的指定引脚上,从而完成一对引脚映射。若连接的是两个图标模块,则也可以用类似的方法进行设置。

2.9.3 原理图设计流程

下面通过一个项目实例详细介绍基于 Quartus Ⅱ 软件的原理图设计方法,具体步骤如下:

1. 创建工程

Quartus Ⅱ 集成开发软件对设计过程的管理采用项目工程(Project)方式。在开始新的设计输入之前首先应该建立一个工程。新建一个工程之前最好新建一个文件夹(也可以在建立项目的过程中建立),后面产生的工程文件、设计输入文件等都将存储在这个文件夹中。不同的工程最好放在不同的文件夹中,同一工程的所有文件都必须放在同一文件夹中。

打开软件 Quartus Ⅱ 10.1,显示如图 2-43 所示窗口。

可以根据需要选择 Create a New Project(New Project Wizard)或 Open Existing Project。选择 Create a New Project(New Project Wizard),出现工程向导提示窗口,图 2-44 是工程向导的首页,介绍了其主要功能,主要包括设置工程名称和工作目录、命名顶层设计实体、管理项目文件和工作库文件、选择和设置目标器件所属系列以及具体器件、EDA 相关工具设置等。

单击 Next 按钮,打开 New Project Wizard 对话框,如图 2-45 所示。

在第 1 个文本输入框中输入存储工程文件的文件夹名称,可以输入新文件夹名称,系统会自动创建该目录,也可以使用浏览按钮"⋯"找到已建好的文件夹,在浏览的过程中也可以通过对话框新建文件夹。在第 2 个文本输入框中,输入工程名称应该与顶层文

图 2-43 Quartus Ⅱ 软件的启动界面

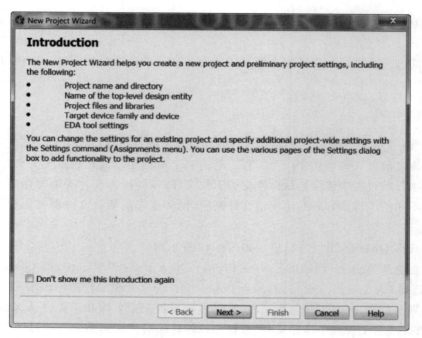

图 2-44 新工程向导介绍

件名称相同,若已经提前建立了顶层文件,则可通过文本输入框右端的浏览按钮"___"找到并指定该顶层文件。在第 3 个文本输入框中,应该输入工程顶层设计实体的名称。该行后面的浏览按钮"___"用于指定已经存在的工程文件。

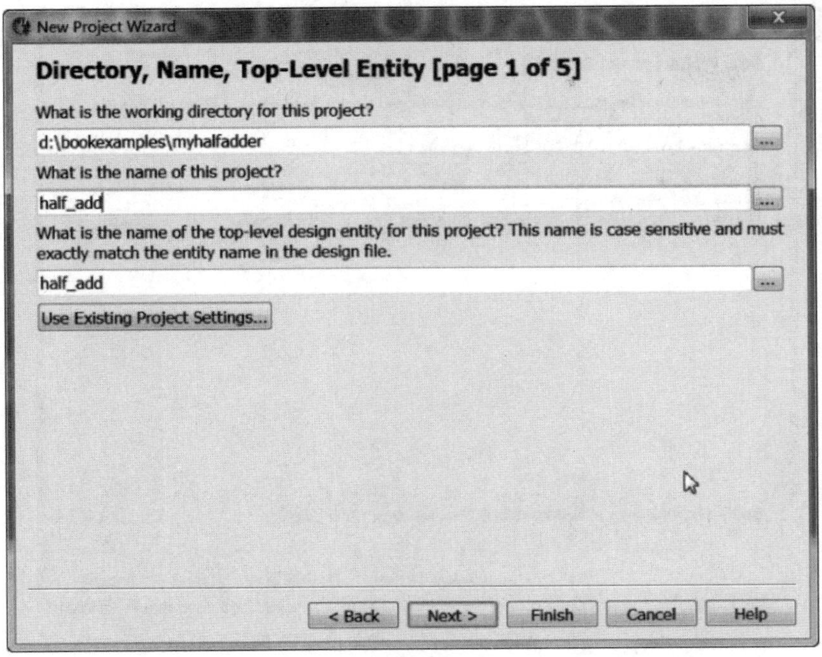

图 2-45　新工程目录和文件名设置对话框

　　建议文件夹、顶层文件和工程文件选择相同的名称。这里将顶层文件的名称和工程的名称都命名为 half_add。

　　单击 Next,若工程目录不存在,则会提示创建新目录,创建了工程目录后,会打开 Add Files 对话框,如图 2-46 所示。在此对话框中,可以将设计人员之前创建的一些模块文件或工作库文件加入新建工程中。单击 Add 按钮添加设计输入文件,输入文件可以是原理图文件,也可以是文本格式文件。若工程中用到用户自定义的库,则需要单击 User Libraries 按钮,添加相应的库文件。添加完成后,单击 Next 按钮,进入目标芯片选择对话框。

　　目标芯片就是将要装载用户设计的可编程逻辑芯片。当可编程逻辑器件被编程/配置之后,这个可编程逻辑器件便具有了相应的功能。在图 2-47 中的 Family 下拉菜单中列出了 Quartus Ⅱ 10.1 集成开发软件支持的所有 Altera 公司的可编程逻辑器件系列。这里选择 Cyclone Ⅱ系列。为了便于设计人员快速找到所使用的芯片,窗口右上部分提供了筛选条件设置框,例如,可限定封装(Package)为 FBGA,引脚数量(Pin count)可限定为 484,速度等级(Speed grade)可设定为 8。通过设置筛选条件,可以减少显示在器件列表中的器件数量,这样就可以快速找到所使用的 FPGA 芯片型号。

　　完成"可编程逻辑器件系列"的选择以后,在 Available devices 栏中选择具体目标芯片型号,如选择芯片 EP2C35F484C8。

　　完成目标芯片选择后,单击 Next 按钮,进入 EDA 工具选择和设置对话框。在该对话框中可以选择第三方开发的 EDA 工具,并指定一些必要的参数,如图 2-48 所示。

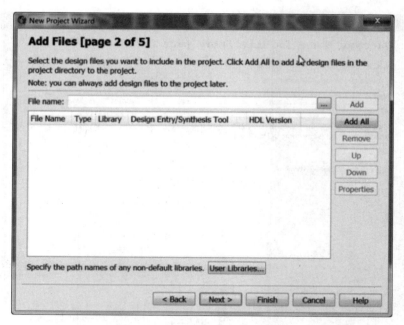

图 2-46　向工程加入文件对话框

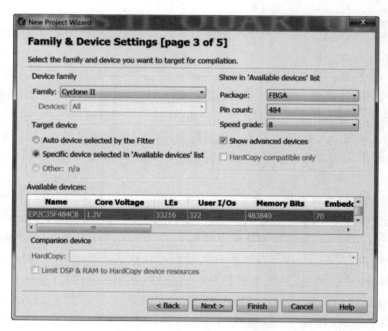

图 2-47　目标芯片选择对话框

　　如果采用默认的选择 None，对该对话框不做变更，表示使用 Quartus Ⅱ 集成开发软件自带或内嵌的综合器等 EDA 工具。

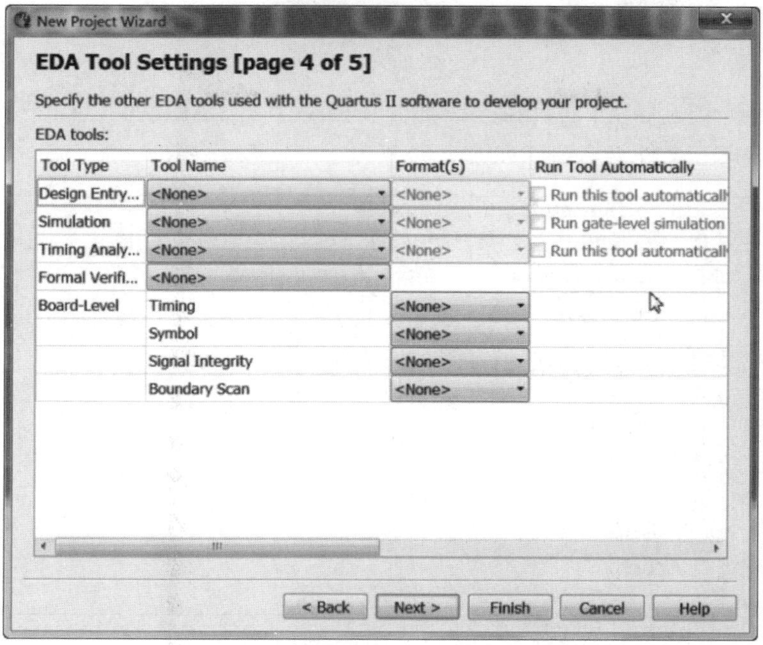

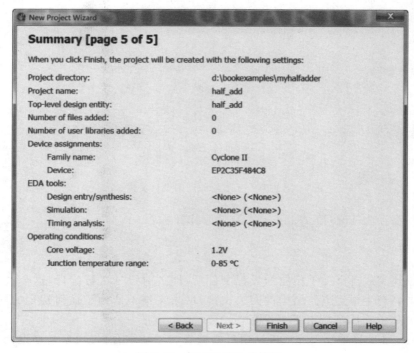

图 2-48　EDA 工具选择对话框

　　完成 EDA 工具的选择后，单击 Next 按钮，将出现工程设置信息总结框，如图 2-49 所示。检查参数设置，若无误，单击 Finish 按钮完成工程的创建；若有错误，可以单击 Back 按钮返回，重新设置。

图 2-49　新工程设置总结框

2．设计输入

前面已经介绍过相关内容，在这一部分新建一个文本格式的 Verilog HDL 设计文件。Verilog HDL 文件编辑窗口如图 2-50 所示。

图 2-50　Verilog HDL 文件编辑窗口

在图 2-50 的文本编辑窗口中，用 Verilog HDL 代码实现了一个半加器的设计。正确编写程序后，选择 File｜Save As 命令，保存程序，在此将该文件命名为 half_add，扩展名采用 .v。

同样采用前面介绍的图形设计文件创建方法，创建一个 .bdf 格式的半加器文件。利用 half_add.v 文件创建的半加器电路符号，最后完成的半加器的原理图编辑窗口如图 2-51 所示。

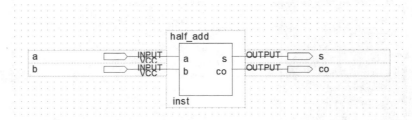

图 2-51　半加器原理图设计文件

将文件保存为 Top_half_adder，扩展名为 .bdf。

3．编译

工程创建完成且添加了相应的设计文件后，即可对设计进行编译，这个过程也称为综合。编译将产生描述电路结构的网表文件，网表文件不依赖于任何特定的硬件结构，可以方便地移植到任意通用硬件环境中。

Quartus Ⅱ 编译器主要完成设计项目的检查和逻辑综合，将项目最终设计结果生成可编程逻辑器件的下载文件,并为仿真和编程生成输出文件。

Quartus Ⅱ 软件的编译器包括多个独立的模块,各个模块可以单独运行,也可以启动全编译过程。选择 Processing|Start Compilation 命令或直接单击菜单栏上的 ▶ 标志,可启动全编译过程,如图 2-52 所示。

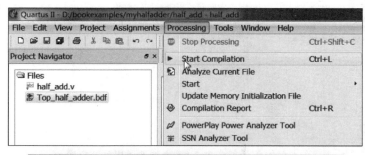

图 2-52　全编译启动操作

全编译启动后,Quartus Ⅱ 软件工作窗口左边中间的状态窗口将显示编译的进度,如图 2-53 所示。

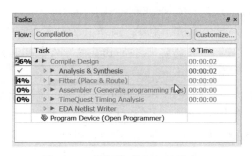

图 2-53　编译进度状态显示窗口

屏幕底部的信息窗口在编译的过程中将不断显示编译信息。编译结束后,信息窗口将显示编译是否成功,同时将分页显示错误信息、警告信息等。如果有错误,编译将不会成功,对于初学者,警告信息目前可不用去关注,它对后面的仿真及器件的编程影响不大。

编译报告显示了设计的系统占用所使用器件的资源情况,如逻辑单元数目、引脚及其存储器资源等,如图 2-54 所示。

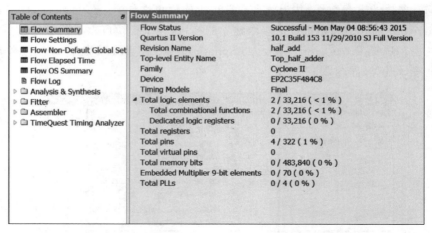

图 2-54　编译报告窗口(该半加器所用到的资源)

4. 仿真验证

完成了设计的输入和编译,还需要利用仿真工具对设计进行仿真。因为编译过程只检查了设计是否具有规则错误和所选择器件的资源是否满足设计要求,并没有检查设计要求和逻辑功能是否能满足。仿真的过程就是让计算机根据特定的算法和相应的仿真库对设计进行功能和时序模拟,以验证设计和排除错误。

Quartus Ⅱ 10.1 软件提供了 ModelSim-Altera 入门版 6.6c 完成仿真的功能,在安装 Quartus Ⅱ 的安装步骤中选择安装 ModelSim 即可,用户也可以根据自己的需要安装独立的 ModelSim 软件,如可以安装常见的 ModelSim SE 10.1a 版本。

ModelSim 的仿真分为前仿真和后仿真,前仿真为纯粹的功能仿真,在理想的情况仿真验证设计的功能是否正确,后仿真需要添加仿真库、网表和时延文件等。下面以半加器的设计为例详细地介绍 ModelSim 前仿真的实现。

单击 ModelSim 的图标,随即弹出 ModelSim SE 10.1a 的主窗口,如图 2-55 所示。

(1) 新建工程。选择 File│New│Project 命令,出现如图 2-56 所示的对话框,在 Project Name 中输入工程名为 halt_add;在 Project Location 中选择工程所在的路径,默认情况下的 default Library Name 自动设置为 work(除非有新的仿真模型库,否则不要改动)。建议为 ModelSim 软件的工程新建一个存储目录,避免与 Quartus Ⅱ 的工程在同一个文件夹下。

(2) 添加文件。新建工程后,出现添加项目对话框,如图 2-57 所示。

单击 Add Existing File,通过 Browser 按钮将 half_add.v 文件添加到工程中,注意在弹出的窗口中选中 Copy to Project Directory。单击 Create New File,新建测试文件。在出现的对话框中输入测试文件的名称为 half_add_tp,Add file as type 选择为 Verilog,如图 2-58 所示。单击 OK 按钮,该测试文件成功加入工程。

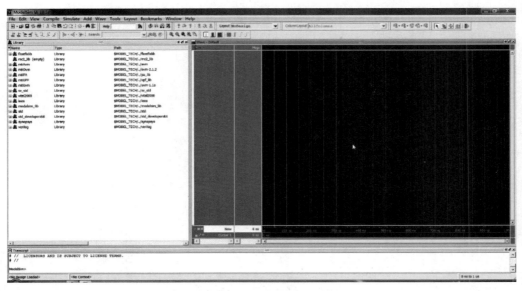

图 2-55　ModelSim 软件主界面

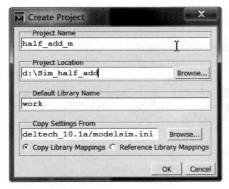

图 2-56　新建工程对话框

图 2-57　添加文件对话框

图 2-58　添加测试文件对话框

在 Project 窗口中双击 half_add_tp 或右击选择 Edit,可对该文件进行编辑,编辑后的内容如图 2-59 所示。

(3) 编译文件。在 Project 窗口中选中文件 half_add.v 和 half_add_tb.v,右键选择

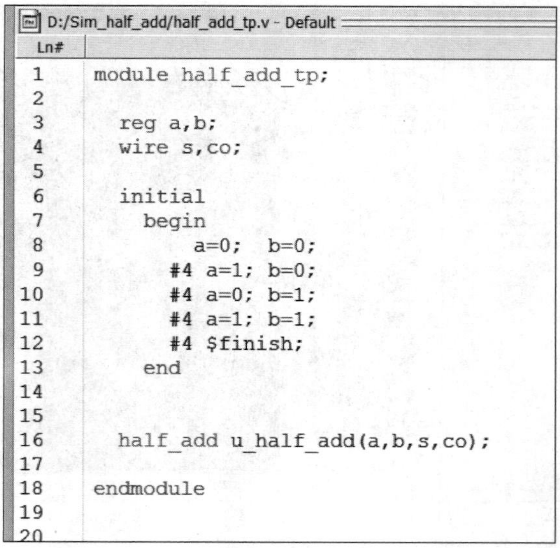

```
D:/Sim_half_add/half_add_tp.v - Default
Ln#
1    module half_add_tp;
2
3      reg a,b;
4      wire s,co;
5
6      initial
7        begin
8          a=0;  b=0;
9        #4 a=1; b=0;
10       #4 a=0; b=1;
11       #4 a=1; b=1;
12       #4 $finish;
13       end
14
15
16     half_add u_half_add(a,b,s,co);
17
18   endmodule
19
20
```

图 2-59　测试文件文本编辑窗口

Compile|Compile Selected 命令,如图 2-60 所示。或者在选中文件后,直接单击菜单栏上的图标 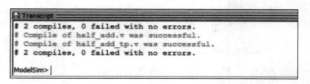 进行编译。

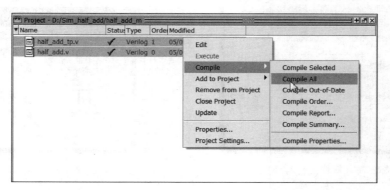

图 2-60　仿真在文件编译操作

编译完成后,在 Transcript 窗口中出现如图 2-61 所示的文字,说明编译成功。

```
Transcript
# 2 compiles, 0 failed with no errors.
# Compile of half_add.v was successful.
# Compile of half_add_tp.v was successful.
# 2 compiles, 0 failed with no errors.

ModelSim>
```

图 2-61　编译成功显示

(4) 仿真。打开 Library 窗口,如图 2-62 所示。

选中测试文件 half_add_tp,从 Simulate 菜单中执行 Start Simulation 命令即可实现

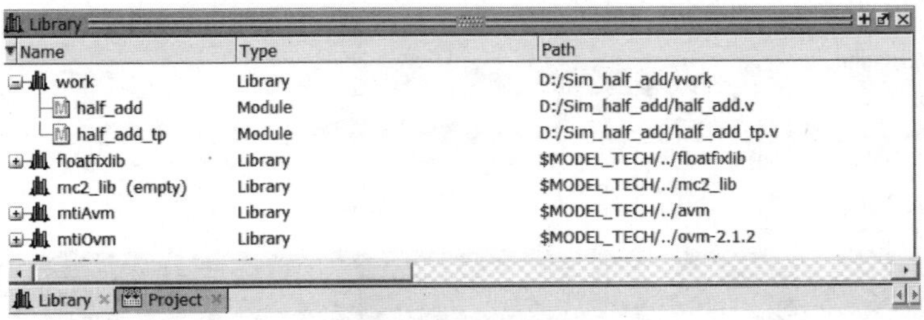

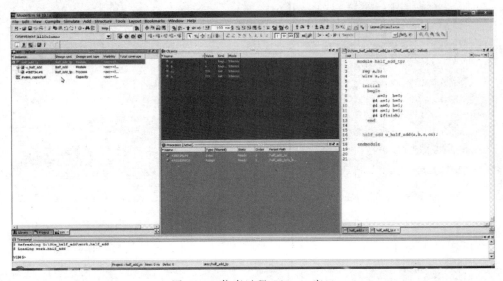

图 2-62 仿真操作

仿真的功能,随即出现对话框如图 2-63 所示。

图 2-63 仿真过程 Objects 窗口

在 Objects 窗口中选择想要仿真的波形信号 a、b、s 以及 co,右键选择 Add To|Wave|Selected Signals 命令,如图 2-64 所示。

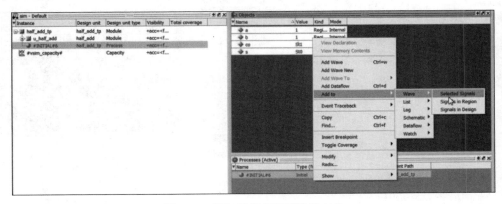

图 2-64 添加特定信号到波形文件

之后弹出波形窗口,如图 2-65 所示。

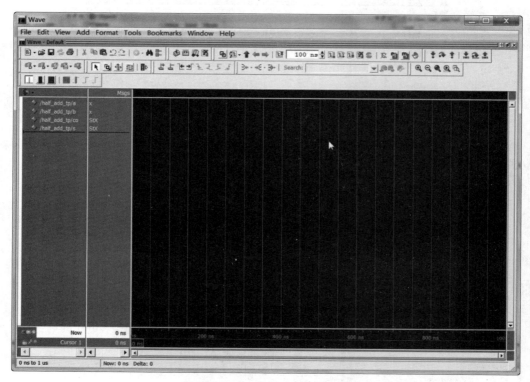

图 2-65　仿真波形窗口

选择 Simulate|Run|Run-all 命令,或直接单击图标图,运行仿真,如图 2-66 所示。

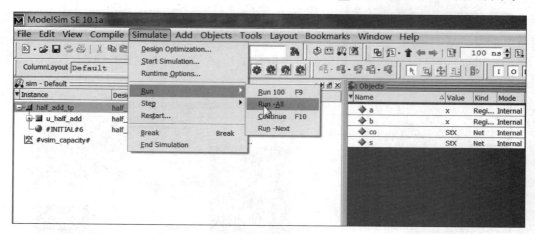

图 2-66　运行仿真

仿真波形如图 2-67 所示。

到此仿真操作结束。

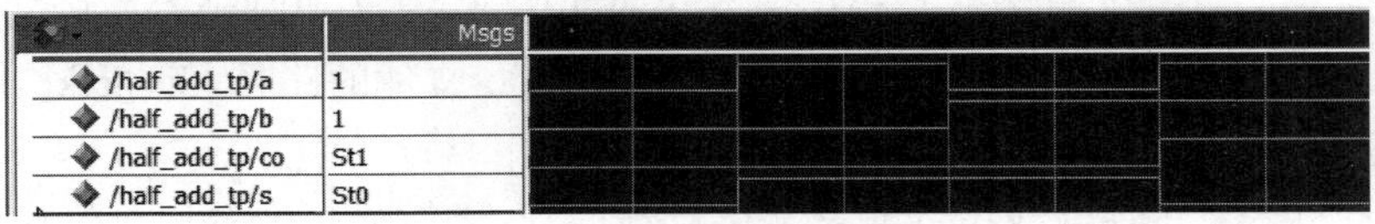

图 2-67　生成仿真波形

后仿真的前提是 Quartus Ⅱ 已将需要仿真的目标文件进行编译,并生成 ModelSim 仿真所需要的.vo(适配后网表文件)和.sdo(时延文件)。后仿真可以通过 Quartus Ⅱ 软件调用 ModelSim 的方式把所需要的文件及其仿真库加载到 ModelSim 中,操作比较简单。首先要在 Quaruts Ⅱ 中进行相应的设置。

打开 Quartus Ⅱ,运行将要仿真的工程,选择 Assignment|Settings 命令,出现仿真设置对话框(图 2-25),在左侧 Category 栏中选择 EDA Tools Setting 下的 Simulation。例如:若 PC 上装载了 ModelSim 6.6c,则在右侧 Tool name 可选择 ModelSim_Altera(注意此处选择为 ModelSim_Altera 而不是 ModelSim),若单独安装 ModelSim,则应选择 ModelSim。Format for output netlist 和 Time scale 等用户可根据自己的需要进行设置。用户可选择 Run gate-level simulation automatically after compilation,前提是已经设置好了仿真软件的安装路径,在设置安装路径时,在 Quartus Ⅱ 软件的菜单栏选择 Tools|Options,设置安装路径,在 General 下选择 EDA Tools Options,在右侧设置 ModelSim 的安装路径。这样在 Quartus Ⅱ 编译后,便能自启动 ModelSim 软件。

后仿真包括综合后的功能仿真和布局布线后的时序仿真。

上述设置完成,重新编译工程。打开工程目录,看到多了一个 simulation 文件夹,再打开该文件夹下的 modelsim 文件夹,其中的.vo 文件就是生成的网表。

(1)综合后的功能仿真。将 Quartus Ⅱ 安装盘根目录的\altera\10.1\quartus\eda\sim_lib 目录中的 220.model.v、altera_mf.v、altera_primitives.v、cycloneii_atoms.v 复制到工作库(默认为 work)的目录下。因为功能仿真不需要 sdo 文件(标准延时文件)提供的信息,将.vo 文件中 initial ＄sdf_annotate(test_sim_v.sdo)语句注释掉,保存。此外,将测试文件也保存到该目录下。

ModelSim 软件启动后,选择 Compile 命令,编译 220.model.v、altera_mf.v、altera_primitives.v、cycloneii_atoms.v、.vo 和测试文件。编译成功后,双击库目录下的测试文件启动仿真,之后基本步骤与前仿真类似。

(2)布局布线后的时序仿真。布局布线后的时序仿真除了要添加.vo 文件外,还要添加.sdo 文件。例如,设计一个二分频电路,设计文件和测试文件分别为 div_clk 和 div_clk_tb,测试文件中实例化的实体名为 u_div_clk。可以通过输入命令的方式添加.sdo 文件,具体的命令行如下:

```
vsim － L cycloneii_ver
 － sdftyp /u_div_clk = D:\div_clk\simulation\modelsim/div_clk_v.sdo work.div_clk_tb
```

若设计使用的是 Cyclone Ⅱ 芯片,则对应使用 altera_lib 库的 cycloneii_ver;若是其

他情况，则_veru_div_clk 是测试平台中实例化的实体名，是要加时延参数的实体，"盘符：\div_clk\simulation\modelsim/div_clk_v.sdo"是.sdo 文件的路径，div_clk_tb 是测试平台，work 是库名。

设置完成后，双击库目录下的测试文件启动仿真，之后基本步骤与前仿真类似。

5. 引脚分配

为器件的输入和输出引脚指定具体的引脚编号称为引脚分配。可编程逻辑器件必须与其他器件共同完成设计的系统功能，通常放置可编程逻辑器件，以及其他相关器件的电路板上的连接线是固定的，因此需要指定可编程逻辑器件的一些特定引脚对应实体定义的设计实体的输入和输出端口。

分配可编程逻辑器件的引脚可选择 Assignments|Pin Planner 命令或单击菜单栏上图标，打开引脚分配窗口，建议在进行引脚分配之前完成设计的编译，这样引脚的名称就会出现在引脚对话框中，从而可以方便引脚的配置。

在引脚分配窗口中的 Location 中双击，输入需要的引脚号码，即可完成引脚的配置。半加器完成的引脚分配窗口如图 2-68 所示。

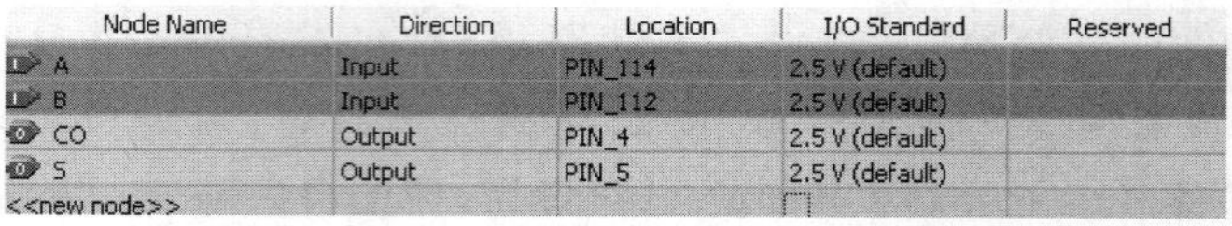

Node Name	Direction	Location	I/O Standard	Reserved
A	Input	PIN_114	2.5 V (default)	
B	Input	PIN_112	2.5 V (default)	
CO	Output	PIN_4	2.5 V (default)	
S	Output	PIN_5	2.5 V (default)	
<<new node>>				

图 2-68　引脚配置窗口

退出引脚分配窗口，系统将自动完成引脚分配信息的存储。在完成引脚分配后，必须再一次对设计进行编译，才能将引脚分配信息编译进编程下载文件中，此后就可以将生成的下载文件下载到目标器件中。

6. 器件配置

基于可编程逻辑器件的数字系统的开发过程包括设计输入、编译、仿真和向器件下载设计文件等步骤。一旦器件获得合适的设计文件，这个器件就具有了相应的逻辑功能。

利用 Quartus Ⅱ 集成开发软件可以完成设计的输入、编译和仿真，利用该软件也可以实现对可编程逻辑器件的编程/配置。在完成设计的编译后，如果选择 FPGA 器件，一个扩展名为.sof 和一个扩展名为.pof 的文件将被自动生成。这两个文件的名称与输入文件的名称相同，使用这两个文件通过下载电缆对目标器件进行编程/配置。

在 Quartus Ⅱ 窗口中，选择 Tools|Programmer 命令或单击图标，打开编程/配置器窗口，如图 2-69 所示。

编程/配置器窗口用来设计准备使用的计算机输出端口、下载电缆类型、可编程逻辑器件的编程/配置模式，以及下载的具体文件。在器件的编程/配置过程中，Progress 显示栏将显示工作进度。

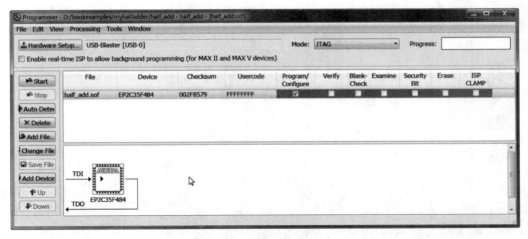

图 2-69　编程/配置器窗口

若打开的窗口中没有设置编程硬件，这时窗口最上面的文本框显示 No hardware。单击 Hardware Setup 按钮打开 Hardware Setup 对话框，如图 2-70 所示。在 Currently selected hardware 中选择希望的编程方式，这里选择为 USB-Blaster。完成上述工作，关闭该窗口。

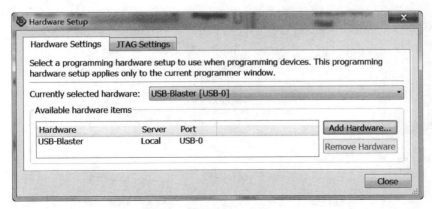

图 2-70　Hardware Setup 对话框

在原来的编程/配置器窗口中，利用 Mode 下拉列表选择配置模式，当前选择为 JTAG 模式。在 JTAG 模式下，对器件进行配置前，Program/Configure 复选框必须被选中。上述工作完成以后，单击 Start 按钮可以开始编程/配置工作。编程/配置器的工作状态可以保存，这个文件的扩展名为.cdf。

至此 Quartus Ⅱ软件完成了设计输入、编译和向器件下载的任务。

第 3 章

Verilog HDL初步

3.1 硬件描述语言简介

3.1.1 概述

硬件描述语言是一种用形式化方法来描述数字电路和系统的语言。数字电路系统的设计者利用 HDL 可以从顶层到底层(从抽象到具体)逐层描述自己的设计思想,用一系列分层次的模块来表示复杂的数字系统。逻辑设计完成后,利用 EDA 工具逐层进行仿真验证,电路功能验证完成后,将设计工程中需要变为具体物理电路的模块组合经由自动综合工具转换到门级电路网表,接下来再用 ASIC 或 FPGA 自动布局布线工具把网表转换为具体电路布线结构。基于 HDL 的开发流程如图 3-1 所示。在写入物理器件之前,还可以用 Verilog 的门级模型(系统基本元件或用户自定义元件(User-Defined Primitives,UDP))来代替具体基本元件。因为其逻辑功能和时延特性与真实的物理元件完全一致,所以在仿真工具的支持下能验证复杂数字系统物理结构的正确性,使投片的成功率达到 100%。目前,这种称为高层次设计的方法已被广泛采用。据统计,目前在美国硅谷有 90% 以上的 ASIC 和 FPGA 已采用硬件描述语言方法进行设计。

图 3-1 基于 HDL 的开发流程

硬件描述语言已成功应用于 FPGA 设计的各个阶段,包括建模、仿真、验证和综合等。到 20 世纪 80 年代,已出现了上百种硬件描述语言,并对 EDA 设计起到了极大的促进和推动作用。但是,这些语言一般各自面向特定的设计领域与层次,而且众多的语言使用户无所适从,因此急需一种面向设计的多领域、多层次并得到普遍认同的标准硬件描述语言。进入 20 世纪 80 年代后期,硬件描述语言朝着标准化的方向发展。最终,VHDL 和 Verilog HDL 适应了这种趋势的要求,先后成为 IEEE 标准。把硬件描述语言用于自动综合只有 10 多年的历史。用综合工具把可综合的 HDL 模块自动转换为具体电路的功能研究发展非常迅速,大大地提高了复杂数字系统的设计生产率。

VHDL 和 Verilog HDL 的功能都很强大,在一般的应用设计中设计者使用任何一种语言都可以完成自己的任务。接下来将分别对两种语言进行介绍。

3.1.2 Verilog HDL

Verilog HDL 是一种硬件描述语言,用于从算法级、门级到开关级的多种抽象设计层次的数字系统建模。建模的数字系统对象的复杂性介于简单的门和完整的电子数字系统之间。数字系统能够按层次描述,并可在相同描述中显式地进行时序建模。

Verilog HDL 的描述能力包括设计的行为特性、设计的数据流特性、设计的结构组成以及包含响应监视与设计验证方面的时延和波形产生机制,这些都使用同一种建模语言。此外,Verilog HDL 提供了编程语言接口,通过该接口可以在仿真、验证期间从设计外部访问设计,包括仿真的具体控制和运行。

Verilog HDL 不仅定义了语法,而且对每个语法结构都定义了清晰的仿真语义。因此,用这种语言编写的模型能够使用 Verilog 仿真器进行验证。Verilog HDL 从 C 语言中继承了多种操作符和结构。此外,Verilog HDL 还提供了扩展的建模能力,其中许多扩展最初很难理解。但是,Verilog HDL 的核心子集非常易于学习和使用,这对大多数建模应用来说完全能够满足需要。

1. Verilog HDL 的发展

Verilog HDL 最初是在 1983 年由 Gateway Design Automation 公司为其模拟器产品开发的硬件建模语言,当时它只是一种专用语言。由于相关模拟、仿真器产品的广泛使用,Verilog HDL 作为一种便于使用且实用的语言逐渐为众多设计者接受。Verilog HDL 于 1990 年被推向公众领域,OVI(Open Verilog International)是促进 Verilog 发展的国际性组织。1992 年,OVI 决定致力于推广 Verilog OVI 标准成为 IEEE 标准,这一努力最后获得成功,Verilog 语言于 1995 年成为 IEEE 标准,称为 IEEE Std 1364-1995。完整的标准在 Verilog 硬件描述语言参考手册中有详细描述。

2. Verilog HDL 的主要特点

Verilog HDL 的主要特点包括:

(1) 包含基本逻辑门,如 and、or 和 nand 等内置在语言元素中。

(2) 用户自定义元件创建的灵活性。用户自定义元件既可以是组合逻辑基本元件,也可以是时序逻辑基本元件。

(3) 开关级基本结构模型,如 PMOS 和 NMOS 等内置在语言中。

(4) 提供显式语言结构指定设计中端口到端口的延时、路径延时以及设计的时序检查。

(5) 可采用三种不同方式或混合方式对设计建模,这些方式包括行为描述方式(使用过程化结构建模)、数据流方式(使用连续赋值语句方式建模)、结构化方式(使用门和模块实例语句描述建模)。

(6) Verilog HDL 中有线网和寄存器两种类型。线网类型表示构件间的物理连线,而寄存器类型表示抽象的数据存储元件。

(7) 能够描述层次设计,可使用模块实例结构描述任何层次。

(8) 设计的规模可以是任意的,语言不对设计的规模(大小)施加任何限制。

(9) Verilog HDL 具有通用性,符合 IEEE 标准。

(10) 具有良好的可阅读性,因此它可作为 EDA 工具和设计者之间的交互语言。

(11) Verilog HDL 的描述能力能够通过使用编程语言接口(Programming

Language Interface,PLI)机制进一步扩展。PLI 是允许外部函数访问 Verilog 模块内信息、允许设计者与模拟器交互的子程序集合。

（12）设计能够在多个层次上加以描述，从开关级、门级、寄存器传送级（RTL）到算法级，包括进程和队列级。

（13）能够使用内置开关级基本元件在开关级对设计完整建模。

（14）同一语言可用于生成模拟激励和指定测试的验证约束条件，如指定输入值等。

（15）Verilog HDL 能够监视仿真验证的执行，即仿真验证执行过程中设计的值能够被监控和显示。这些值也能够用于与期望值比较，在不匹配的情况下打印报告消息。

（16）在行为级描述中，Verilog HDL 不仅能够在 RTL 级上进行设计描述，而且能够在体系结构级描述及其算法级行为上进行设计描述。

（17）能够使用门和模块实例化语句在结构级进行结构描述。

（18）Verilog HDL 的混合方式建模能力，即在一个设计中每个模块均可以在不同设计层次上建模。

（19）Verilog HDL 还具有内置逻辑函数，如 &（按位与）和 |（按位或）。

（20）高级编程语言结构，如条件语句、分支选择语句和循环语句等，Verilog HDL 都可以使用。

（21）可以显式地对并发和定时进行建模。

（22）能够提供强有力的文件读写能力。

（23）Verilog HDL 在特定情况下是非确定性的，即在不同的模拟器上模型可以产生不同的结果，如事件队列上的事件顺序在标准中没有定义。

3.1.3　VHDL

VHDL 是当前广泛使用的硬件描述语言之一，并被 IEEE 和美国国防部列为标准的 HDL。

1. VHDL 的发展

VHDL 在 1982 年由美国国防部开始开发，在 1987 年被 IEEE 采用为标准硬件描述语言。在实际使用过程中，逐步发现了 1987 年版本的一些缺陷，并于 1993 年对 1987 版进行了修订。因此，现在有两个版本的 VHDL，即 1987 年的 IEEE 1076（VHDL87）和 1993 年进行的修订（VHDL93）。VHDL 已成为开发设计可编程逻辑器件的重要工具。

2. VHDL 的主要特点

VHDL 能够成为标准化的硬件描述语言并获得广泛应用，必然具有很多其他硬件描述语言所不具备的优点。归纳起来，VHDL 语言主要具有以下特点：

（1）功能强大，设计方式灵活。VHDL 具有功能强大的语言结构，可用简洁明确的代码来描述复杂硬件电路。

VHDL 的设计方法灵活多样,既支持自顶向下的设计方式也支持自底向上的设计方法,既支持模块化设计方法也支持层次化设计方法。

在数字系统设计中,自上而下是一种常见的设计方法,其中"上"指的是整个数字系统的功能和定义,"下"指的是组成系统的功能部件(子模块)。自上而下的设计就是根据整个系统的功能按照一定的原则把系统划分为若干个子模块,然后分别设计实现每个子模块,最后把这些子模块组装成完整的数字系统。

(2) 具有强大的硬件描述能力。VHDL 具有多层次描述系统硬件功能的能力,既可描述系统级电路,也可以描述门级电路。既可以采用行为描述、寄存器传输描述或者结构描述,也可以采用三者的混合描述方式。

VHDL 的强大描述能力还体现在它具有丰富的数据类型。VHDL 既支持标准定义的数据类型,也支持用户定义的数据类型,这样会给硬件描述带来较高的灵活性。

(3) 具有很强的可移植能力。因为 VHDL 是一种标准语言,故 VHDL 的设计描述可以被不同的工具支持,可以从一种仿真工具移植到另一种仿真工具,从一种综合工具移植到另一种综合工具,从一种工作平台移植到另一种工作平台去执行。

(4) 设计描述与器件无关(与工艺无关的描述性)。采用 VHDL 描述硬件电路时,设计人员并不需要首先考虑选择进行设计的器件。这样做的好处是可以使设计人员集中精力进行电路设计的优化,而不需要考虑其他的问题。当硬件电路的设计描述完成以后,VHDL 允许采用多种不同的器件结构来实现。若需对设计进行资源利用和性能方面的优化,也并不要求设计者非常熟悉器件的结构。

(5) 易于共享和复用。VHDL 采用基于库的设计方法。在设计过程中,设计人员可以建立各种可再次利用的模块,一个大规模的硬件电路的设计不可能从门级电路开始一步步地进行设计,而是一些模块的组合。这些模块可以预先设计或者使用现有设计中的存档模块,将这些模块存放在设计库中,就可以在以后的设计中进行复用。也就是说,VHDL 可以使设计成果在设计人员之间方便地进行交流和共享,从而减少硬件电路设计的工作量,缩短开发周期。

(6) 具有良好的可读性。VHDL 结构清晰,逻辑严谨,很容易被工程技术人员理解。

3.1.4　Verilog HDL 与 VHDL 的比较

VHDL 和 Verilog HDL 有类似的地方,掌握其中一种语言以后,可以通过短期的学习较快地学会另一种语言。当然,若从事集成电路设计,则必须首先掌握 Verilog HDL,因为在 IC 设计领域,90%以上的公司都是采用 Verilog HDL 进行 IC 设计。对于 PLD/FPGA 设计者而言,两种语言可以自由选择。

(1) VHDL 语法严格,书写规则比 Verilog HDL 烦琐一些;而 Verilog HDL 是在 C 语言的基础上发展起来的一种硬件描述语言,语法较自由,但其自由的语法也容易让少数初学者出错。

（2）二者描述的层次不同。VHDL 更适合行为级和 RTL 级的描述，Verilog HDL 通常只适用于 RTL 级和门电路级的描述。

VHDL 是一种高级描述语言，适用于描述电路的行为，即描述电路的功能，然后由综合器根据功能要求来生成符合要求的电路网表；Verilog HDL 是一种较低级的描述语言，适用于描述门级电路，描述风格接近于原理图，从某种意义上来说，它是原理图的高级文本表示方式。VHDL 虽然也可以直接描述门电路，但这方面能力不如 Verilog HDL；反之，在高级描述方面，Verilog HDL 不如 VHDL。

（3）在 VHDL 设计中，大量的工作是由综合器完成的，设计者所做的工作相对较少；Verilog HDL 设计中，设计者的工作量通常比较大，对设计人员的硬件水平要求比较高。

（4）掌握 VHDL 设计技术比较困难。这是因为 VHDL 不太直观，需要有 EDA 编程基础，一般认为需要半年以上的专业培训才能掌握 VHDL 的基本设计技术。但在熟悉以后，设计效率明显高于 Verilog HDL。

3.2　Verilog HDL 的语法规则

3.2.1　词法规定

1. 间隔符

间隔符主要起分隔文本的作用，Verilog HDL 的间隔符包括空格符（\b）、Tab 键（\t）、换行符（\n）及换页符。若间隔符并非出现在字符串中，则该间隔符被忽略。所以编写程序时，可以跨越多行书写，也可以在一行内书写。

2. 标识符和关键字

给对象（如模块名、电路的输入与输出端口、变量等）取名所用的字符串称为标识符，标识符通常由英文字母、数字、$ 符和下画线组成，并且规定标识符必须以英文字母或下画线开始，不能以数字或 $ 符开头。标识符是区分大小写的。例如："clk""counter8""_net""bus_A"等都是合法的标识符；"2cp""$latch""a * b"则是非法的标识符；A 和 a 是两个不同的标识符。

关键字是 Verilog HDL 本身规定的特殊字符串，用来定义语言的结构，通常为小写的英文字符串。例如，"module""endmodule""input""output""wire""reg"和"and"等都是关键字。关键字不能作为标识符使用。

3. 注释符

Verilog HDL 支持两种形式的注释符：/ * …… * /和//……。其中，/ * …… * /为多行注释符，用于书写多行注释；//……为单行注释符，以双斜线//开始到行尾结束为注释文字。注释只是为了改善程序的可读性，在编译时不起作用。注意：多行注释不能嵌套。

3.2.2 逻辑值集合

为了表示数字逻辑状态，Verilog HDL 规定了 4 种基本的逻辑值，见表 3-1。

表 3-1　4 种逻辑状态的表示

0	逻辑 0、逻辑假
1	逻辑 1、逻辑真
x 或 X	不确定的值（未知状态）
z 或 Z	高阻态

3.2.3 常量及其表示

在程序运行过程中，其值不能被改变的量称为常量。Verilog HDL 中有两种类型的常量，分别为整数型常量和实数型常量。

整数型常量有两种不同的表示方法：一是使用简单的十进制数的形式表示常量，如 30、−2 都是十进制数表示的常量，用这种方法表示的常量被认为是有符号的常量。二是使用带基数的形式表示常量，其格式为 <＋/−>< size >'< base format >< number >。其中：<＋/−>表示常量是正整数还是负整数，当常量为正整数时，前面的正号可以省略；< size >用十进制数定义了常量对应的二进制数的宽度；基数符号< base format >定义了后面数值< number >的表示形式，在数值表示中，最左边是最高有效位，最右边是最低有效位。整数型常量可以用二进制数（基数符号为 b 或 B）的形式表示，还可以用十进制数（基数符号为 d 或 D）、十六进制数（基数符号为 h 或 H）和八进制数（基数符号为 o 或 O）的形式表示。

下面是整数型常量实例：

```
3'b101              //位宽为 3 位的二进制数 101
 −4'd10             //位宽为 4 位的十进制数 −10
4'b1x0x             //位宽为 4 位的二进制数 1x0x
12'h13x             //位宽为 12 位的十六进制数，其中最低 4 位为未知数 x
23456               //位宽为 32 位的十进制数 23456,十进制数的基数符号可以省略
'hc3                //位宽为 32 位的十六进制数 c3
```

在整数的表示中要注意以下三个方面：

（1）为了增加数值的可读性，可以在数字之间增加下画线，如 8'b1001_1100 是位宽为 8 位的二进制数 10011100。

（2）在二进制数表示中，x、z 只代表相应位的逻辑状态；在八进制数表示中，一位 x 或 z 代表 3 个二进制位都处于 x 或 z 状态；在十六进制数表示中，一位 x 或 z 代表 4 个二进制位都处于 x 或 z 状态。

（3）当位宽＜size＞没有被说明时，整数的位宽为机器的字长（至少为32位）。当位宽比数值的实际二进制位数小时，高位部分被舍去；当位宽比数值的实际二进制位数大，且最高位为0或1时，则高位由0填充；当位宽比数值的实际二进制位数多，但最高位为x或z时，高位相应由x或z填充。

实数型常量也有两种表示方法：一是使用简单的十进制记数法，如0.1、2.0、5.67等都是十进制记数法表示的实数型常量。二是使用科学记数法，如23.5e2、3.6E2、5E-4等都是使用科学记数法表示的实数型常量度，它们以十进制记数法表示分别为2350、360.0和0.0005。

为了将来修改程序的方便和改善可读性，Verilog HDL 允许用参数定义一个标识符来代表一个常量，称为符号常量。定义的格式为

```
parameter param1 = const_expr1,param2 = const_expr2,… ;
```

下面是符号常量的定义实例：

```
parameter BIT = 1,BYTE = 8,PI = 3.14;
parameter DELAY = (BYTE + BIT)/2;
```

3.2.4 变量的数据类型

在程序运行过程中其值可以改变的量称为变量。在 Verilog HDL 中，变量有两大类数据类型：一类是线网类型；另一类是寄存器类型。

1. 线网类型

线网类型是硬件电路中元件之间实际连线的抽象。线网类型变量的值由驱动元件的值决定。例如：图3-2中线网L和与门G1的输出相连，线网L的值由与门的驱动信号a和b所决定，即L＝a&b。a、b的值发生变化，线网L的值会立即跟着变化。当线网类型变量被定义后，没有被驱动元件驱动时，线网的默认值为高阻态z（线网 trireg 除外，它的默认值为x）。

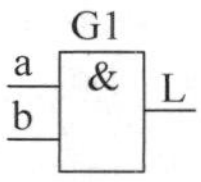

常用的线网类型由关键词 wire（连线）定义。若没有明确地说明线网类型变量的位宽长度的矢量，则线网类型变量的位宽为1位。在 Verilog 模块中若没有明确地定义输入、输出变的数据类型，则默认为位宽为1的 wire 型变量。wire 型变量的定义格式如下：

图 3-2 线网示意图

```
wire [m-1:0]变量名1,变量名2,… …,变量名n;
```

其中，方括号内以冒号分隔的两个数字定义了变量的位宽，位宽也可以用[m:1]的形式定义。

下面是 wire 型变量定义的一些例子：

```
wire a,b;                          //定义两个 wire(连线)类型的变量
wire L;                            //定义 1 个 wire(连线)类型的变量
wire [7:0] databus;                //定义 1 组 8 位总线
wire [32:1] busA, busB, busC;      //定义 3 组 32 位总线
```

除了常用的 wire 类型之外,还有一些其他的线网类型,如表 3-2 所示。这些类型变量的定义格式与 wire 型变量的定义相似。

表 3-2 线网类型变量及其说明

线 网 类 型	功 能 说 明
wire,tri	用于行为描述中对寄存器型变量的说明
wor,trior	多重驱动时,具有"线或"特性的线网说明
wand,triand	多重驱动时,具有"线与"特性的线网说明
trireg	具有电荷保持特性的线网类型,用于开关级建模
tri1	上拉电阻,用于开关级建模
tri2	下拉电阻,用于开关级建模
supply1	电源线,逻辑 1,用于开关级建模
supply2	电源线,逻辑 0,用于开关级建模

2. 寄存器类型

寄存器类型表示一个抽象的数据存储单元,它具有状态保持作用。寄存器型变量只能在 initial 或 always 内部赋值。寄存器型变量在没有赋值前,默认值是 x。

Verilog HDL 中,有 4 种寄存器类型的变量,如表 3-3 所示。

表 3-3 寄存器类型变量及其说明

寄存器类型	功 能 说 明
reg	用于行为描述中对寄存器类型变量的说明
integer	32 位带符号的整数型变量
real	64 位带符号的实数型变量,默认值为 0
time	64 位无符号的时间型变量

常用的寄存器类型由关键词 reg 定义。若没有明确地说明寄存器类型变量是多少位宽的矢量,则寄存器变量的位宽为 1 位。reg 型变量的定义格式如下:

reg[m-1:0]变量名 1,变量名 2,……,变量名 n;

下面是 reg 型变量定义的一些例子:

```
reg clock;                         //定义 1 个 reg 类型的变量 clock
reg [3:0] counter;                 //定义 1 个 4 位 reg 类型的矢量
```

integer、real、time 这 3 种寄存器类型变量都是纯数学的抽象描述,不对应任何具体的硬件电路。integer 类型变量通常用于对整数型常量进行存储和运算,在算术运算中 integer 类型数据被视为有符号的数,用二进制补码的形式存储。而 reg 类型数据通常被

当作无符号数来处理。每个 integer 类型变量存储一个至少 32 位的整数值。注意 integer 类型变量不能使用位矢量,形如"integer［3：0］num；"的变量定义是错误的。integer 型变量的应用举例如下:

```
integer counter;          //用作计数器的通用整数类型变量的定义
initial
    counter = - 1;        // - 1 被存储在整数型变量 counter 中
```

real 类型变量由关键字 real 定义,它通常用于对实数型常量进行存储和运算,实数不能定义范围,其默认值为 0。当实数值被赋给一个 integer 类型变量时,只保留整数部分的值,小数点后面的值被截掉。

time 类型变量由关键字 time 定义,它主要用于存储仿真的时间,它只存储无符号数。每个 time 类型变量存储一个至少 64 位的时间值。为了得到当前的仿真时间,常调用系统函数 $ time。仿真时间和实际时间之间的关系由用户使用编译指令 timescale 进行定义。

3. 存储器的表示

在数字电路的仿真中,人们经常需要对存储器(如 RAM、ROM 等)进行建模。在 Verilog HDL 中,将存储器看作是由一组寄存器阵列构成的,阵列中的每个元素称为一个字,每个字可以是 1 位或多位。存储器定义的格式如下:

```
reg [msb:lsb]   memory1[upper1:lower1], memory2[upper2:lower2], … … ;
```

其中,memory1、memory2 等为存储器的名称,［upper1：lower1］定义了存储器 memory1 的地址间的范围,高位地址写在方括号的左边,低位地址写在方括号的右边;［msb：lsb］定义了存储器中每个单元(字)的位宽。

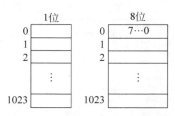

图 3-3 存储器定义示意图

下面是存储器定义的一个例子。图 3-3 给出了定义的示意图。

```
reg mem1bit[1023:0];       //定义了 1024 个 1 位
                           //存储器变量 mem1bit
reg [7:0] membyte[1023:0]; //定义了 1024 个 8 位存储器变量 membyte
```

需要注意的是:Verilog 中定义的存储器只有字寻址的能力,即对存储器赋值时,只能对存储器中的每个单元(字)进行赋值,不能将存储器作为一个整体在一条语句中对它赋值。也不能对存储器一个单元中的某几位进行操作。若要判断存储器一个单元中某几位的状态,则可以先将该单元的内容赋给 reg 类型变量,再对 reg 类型变量中相应位进行判断。

```
reg datamem[5:1];          //定义了 5 个 1 位存储器 datamem
initial
    datamem = 5'b11001;    //非法,不能将存储器作为一个整体对所有单元同时赋值
```

下面是对存储器中每个单元(字)进行赋值的正确实例:

```
reg [3:0] reg_A;                    //定义了1个4位的寄存器变量 reg_A
reg [3:0] romA[4:1];                //定义了4个4位存储器 romA
initial
    begin
        romA[4] = 4'hA;            //正确,对存储器中的1个单元赋值
        romA[3] = 4'h8;
        romA[2] = 4'hF;
        romA[1] = 4'h2;
        reg_A = romA[2];          //正确,允许将存储器中某单元的内容赋给寄存器型变量
    end
```

另外需要说明的是,Verilog 中定义的存储器只是对存储器行为的抽象描述,并不涉及存储器的物理实现。若用 Verilog 中的定义去综合一个存储器,则它将全部由触发器实现。考虑到 RAM、ROM 的特殊性,在实际设计存储器时,总是通过直接调用厂家提供的存储器宏单元库的方式实现存储器,这里的定义仅用于行为描述与仿真。

3.2.5 Verilog HDL 运算符

Verilog HDL 定义了多种运算符,可对一个、两个或三个操作数进行运算。表 3-4 按类别列出了这些运算符。Verilog HDL 中的有些运算符与 C 语言中的相似,下面对部分运算符进行介绍。

表 3-4　Verilog HDL 运算符的类型与符号

运算符类型	运 算 符	功能说明	操作数个数	运算符类型	运 算 符	功能说明	操作数个数
算术运算符	+,−,*,/	算术运算	2	缩位运算符	&.	"与"缩位	1
	%	求模	2		~&	"与或"缩位	1
关系运算符	<,>,<=,>=	关系运算	2		|	"或"缩位	1
					~|	"异或"缩位	1
相等运算符	==	逻辑相等	2		^~or~^	"异或非(同或)"缩位	1
	!=	逻辑不等	2	移位运算符	<<	向左移位	2
	===	全等	2		>>	向右移位	2
	!==	不全等	2	条件运算符	?:	条件运算	3
逻辑运算符	!	逻辑非	1				
	&.&	逻辑与	2				
	||	逻辑或	2				
按位运算符	~	按位"非"	1				
	&.	按位"与"	2				
	|	按位"或"	2	位拼接运算符	{}	拼接(合并)	≥2
	^	按位"异或"	2				
	^~或~^	接位"异或非(同或)"	2				

1. 算术运算符

算术运算符又称为二进制运算符。在进行算术运算时,若某个操作数的某一位为 x(不确定值)或 z(高阻值),则整个表达式运算结果也为 x。例如,4'b101x+4'b0111,结果为 4'bxxxx。

两个整数进行除法运算时,结果为整数,小数部分被截去。例如,6/4 结果为 1。

两个整数取模运算得到的结果为两数相除后的余数,余数的符号与第一个操作数的符号相同。例如,−7%2 结果为−1,7%−2 结果为 1。

2. 相等运算符

"==(相等)"和"!=(不等)"又称为逻辑等式运算符,其运算结果可能是逻辑值 0、1 或 x(不定态)。相等运算符(==)逐位比较两个操作数相应位的值是否相等;若相应位的值都相等,则相等关系成立,返回逻辑值 1;否则,返回逻辑值 0。若任何一个操作数中的某一位为未知数 x 或高阻值 z,则结果为 x。当两个参与比较的操作数不相等时,则不等关系成立。"=="和"!="运算规则如表 3-5 所示。

表 3-5 "=="和"!="运算规则

==		操作数 1				!=		操作数 1			
		0	1	x	z			0	1	x	z
操作数 2	0	1	0	x	x	操作数 2	0	0	1	x	x
	1	0	1	x	x		1	1	0	x	x
	x	x	x	x	x		x	x	x	x	x
	z	x	x	x	x		z	x	x	x	x

"===(全等)"和"!==(不全等)"常用于 case 表达式的判别,所以又称为"case 等式运算符",其运算结果是逻辑值 0 和 1。全等运算符允许操作数的某些位为 x 或 z,只要参与比较的两个操作数对应位的值完全相同,则全等关系成立,返回逻辑值 1;否则,返回逻辑值 0。不全等就是两个操作数的对应位不完全一致,则不全等关系成立。"==="与"!=="运算规则如表 3-6 所示。

表 3-6 "==="和"!=="运算规则

===		操作数 1				!==		操作数 1			
		0	1	x	z			0	1	x	z
操作数 2	0	1	0	0	0	操作数 2	0	0	1	1	1
	1	0	1	0	0		1	1	0	1	1
	x	0	0	1	0		x	1	1	0	1
	z	0	0	0	1		z	1	1	1	0

下面是相等与全等运算符的一些运算实例。

假设 A=4'b1010,B=4'b1101,M=4'b1xxz,N=4'b1xxz,P=4'b1xxx,则运算结果如表 3-7 所示。

表 3-7　相等与全等运算实例结果

A==B	A!=B	A==M	A===M	M===N	M===P	M!==P
0	1	x	0	1	0	1

3. 逻辑运算符

进行逻辑运算时,其操作数可以是寄存器变量,也可以是表达式。逻辑运算的结果为 1 位:1 代表逻辑真,0 代表逻辑假,x 代表不定态。

若操作数是 1 位,则 1 表示逻辑真,0 表示逻辑假。

若操作数由多位组成,则将操作数作为一个整体看待,对非零的数作为逻辑真处理,对每位均为 0 的数作为逻辑假处理。

若任一个操作数中含有 x(不定态),则逻辑运算的结果也为 x。

4. 按位运算符

按位运算符完成的功能是将操作数的对应位按位进行指定的运算操作,原来的操作数有几位,则运算的结果仍为几位。若两个操作数的位宽不一样,则仿真软件会自动将短操作数的左端高位部分以 0 补足(注意:若短的操作数最高位为 x,则扩展得到的高位也是 x)。表 3-8 是按位运算符的运算规则。

表 3-8　按位运算符运算规则

&（与）		操作数 1			
		0	1	x	z
操作数 2	0	0	0	0	0
	1	0	1	x	x
	x	0	x	x	x
	z	0	x	x	x

｜（或）		操作数 1			
		0	1	x	z
操作数 2	0	0	1	x	x
	1	1	1	1	1
	x	x	1	x	x
	z	x	1	x	x

^（异或）		操作数 1			
		0	1	x	z
操作数 2	0	0	1	x	x
	1	1	0	x	x
	x	x	x	x	x
	z	x	x	x	x

续表

^~(同或)		操作数 1			
		0	1	x	z
操作数 2	0	1	0	x	x
	1	0	1	x	x
	x	x	x	x	x
	z	x	x	x	x
~(非)		操作数 1			
		0	1	x	z
结果		1	0	x	x

假设 A＝4b'1010,B＝4'1101,C＝4'b10x1,则运算结果见表 3-9。

表 3-9　按位运算实例结果

A&B	A|B	A^B	A^~B	A&C	~A	~C
4'b1000	4'b1111	4'b0111	4'b1000	4'b10x0	4'b0101	4'b01x0

5. 缩位运算符

缩位运算符仅对一个操作数进行运算,并产生一位逻辑值。缩位运算规则与表 3-8 所示的位运算相似,不同的是缩位运算符的操作数只有一个,运算时,按照从右到左的顺序依次对所有位进行运算。假设 A 是 1 个 4 位的寄存器,它的 4 位从左到右分别是 A[3]、A[2]、A[1]、A[0],则对 A 进行缩位运算时,先对 A[1]、A[0]进行运算,得到 1 位的结果,再将这个结果与 A[2]进行运算,其结果再接着与 A[3]进行运算,最终得到的结果为 1 位,因此被形象地称为缩位运算。

若操作数的某位为 x,则缩位运算的结果为 1 位的不定态 x。

下面是缩位运算的一些实例,假设 A＝4'b1010,则结果如表 3-10 所示。

表 3-10　缩位运算实例结果

&A	|A	^A	~&A	~|A	~^A
1'b0	1'b1	1'b0	4'b1	4'b0	4'b0

6. 位拼接运算符

位拼接运算符是 Verilog HDL 中一种比较特殊的运算符,其作用是把两个或多个信号中的某些位拼接在一起进行运算。其用法如下:

{信号 1 的某几位,信号 2 的某几位,…,信号 n 的某几位}

即把几个信号的某些位详细地列出来,中间用逗号隔开,最后用大括号括起来表示一个整体信号。

对于一些信号的重复连接,可以使用简化的表示方式{n{A}}。这里 A 是被连接的

对象,n 是重复的次数,它表示将信号 A 重复连接 n 次。下面是连接运算符的运算实例:

```
reg A;reg[1:0] B, C;
A = 1'b1; B = 2'b00; C = 2'b10;

Y = {B,C}                    //结果 Y = 4'b0010
Y = {A,B[0],C[1],1'b1}       //结果 Y = 4'b1011,常数的位宽必须有初始值
Y = {4{A}}                   //结果 Y = 4'b1111
Y = {2{A},2{B},C}            //结果 Y = 8'b1100_0010
Y = {A,B,5}                  //非法,因为常数 5 的位宽不确定
```

3.2.6 赋值语句

在 Verilog HDL 中,信号有非阻塞和阻塞两种赋值方式。

1. 非阻塞赋值方式

其语句的表示式为

y< = x;

语法规则如下:
(1) 在语句块中,上一条语句所赋的变量值不能立即被后续语句所用;
(2) 块结束后才能完成本次赋值操作,而所赋的变量值是上一次赋值得到的;
(3) 在编写可综合的时序逻辑模块时,这是最常用的赋值方法。

注意:非阻塞赋值符"<="与小于等于符"<="看起来是一样的,但意义完全不同,小于等于符是关系运算符,用于比较大小,而非阻塞赋值符号用于赋值操作。

2. 阻塞赋值方式

其语句的表示式为

y = x;

语法规则如下:
(1) 赋值语句执行完后,块才结束;
(2) y 的值在赋值语句执行完成后立刻改变;
(3) 在时序逻辑中使用时,可能会产生意想不到的结果。

下面举例说明非阻塞赋值方式和阻塞赋值方式的区别。非阻塞赋值实例:

```
always@(posedge clk)
begin
    b< = a;
    c< = b;
end
```

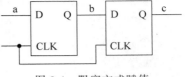

在这段实例中,always 块中用了非阻塞赋值方式定义了两个 reg 型信号 b 和 c。clk 信号的上升沿到来时,b 就等于 a,c 就等于 b,这里用到了两个触发器。

注意:赋值是在 always 块结束后执行的,c 为原来 b 的值。这个 always 块实际描述的电路功能如图 3-4 所示。

图 3-4　阻塞方式赋值

阻塞赋值实例:

```
always@(posedge clk)
begin
    b = a;
    c = b;
end
```

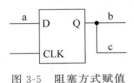

图 3-5　阻塞方式赋值

这段实例中的 always 块用了阻塞赋值方式。clk 信号的上升沿到来时,将发生如下变化:b 立即取 a 的值,c 立即取 b 的值(即等于 a),生成的电路如图 3-5 所示,图中只用了一个触发器来寄存 a 的值,同时输出给 b 和 c。这大概不是设计者的初衷,采用非阻塞赋值方式就可以避免这种错误。

3.3　Verilog HDL 基础与程序结构

3.3.1　模块

模块是 Verilog HDL 的基本描述单位,用于描述某个设计的功能或结构及其与其他模块通信的外部端口。一个设计的结构可使用开关级基本单元、门级基本单元和用户定义的基本单元方式描述;设计的数据流行为使用连续赋值语句进行描述;时序行为使用过程结构描述。一个模块可以在另一个模块中调用。

一个模块的基本语法如下:

```
module module_name (port_list);      //模块定义开始
    Declarations:                    //模块声明部分
    reg, wire, parameter,            //寄存器、线网型变量以及参数定义
    input, output, inout,            //端口定义
    function, task, ...              //函数及过程定义
    Statements:                      //行为描述语句部分
    Initial statement                //变量初始化
    Always statement                 //时序控制语句
    Module instantiation             //模块调用初始化
    Gate instantiation               //门级语句初始化
    UDP instantiation                //用户自定义基本模块初始化
    Continuous assignment            //连续赋值语句
endmodule                            //模块定义结束
```

模块的定义从关键字 module 开始，到关键字 endmodule 结束，每条 Verilog HDL 语句以";"作为结束（块语句、编译向导、endmodule 等少数除外）。

一个完整的 Verilog 模块由以下 4 部分组成：

（1）模块定义行：module module_name (port_list)。

（2）说明部分用于定义不同的项，例如：模块描述中使用的寄存器和参数。语句定义设计的功能和结构。说明部分和语句可以分布在模块中的任何地方；但是变量、寄存器、线网和参数等的说明部分必须在使用前出现。为了使模块描述清晰和具有良好的可读性，最好将所有的说明部分放在语句前。

说明部分包括：寄存器、线网以及参数，如 reg、wire、parameter；端口类型说明行，如input、output、inout；函数、任务等，如 function、task。

（3）描述主体部分：这是一个模块最重要的部分，在这里描述模块的行为和功能、子模块的调用和连接、逻辑门的调用、用户自定义部件的调用、初始态赋值、always 块以及连续赋值语句等。

（4）结束行，以 endmodule 结束，该关键字后无分号。

以下是建模一个半加器电路模块的简单实例：

```
module  HalfAdder (A, B, Sum, Carry);
input   A, B;
output  Sum, Carry;
assign #2 Sum = A^B;
assign #3 Carry = A & B;
endmodule
```

模块的名字是 HalfAdder。模块有 4 个端口：两个输入端口 A 和 B，两个输出端口Sum 和 Carry。由于没有定义端口的位数，所有端口宽度都为 1 位；同时，由于没有各端口的数据类型说明，这四个端口都是线网数据类型。

模块包含两条描述半加器数据流行为的连续赋值语句。从这种意义上讲，这些语句在模块中出现的顺序无关紧要，这些语句是并发的。每条语句的执行顺序依赖于发生在变量 A 和 B 上的事件。

在模块中，可用数据流方式、行为方式、结构方式及三种描述方式的混合描述一个设计。

下面首先对 Verilog HDL 的时延作简要介绍。

3.3.2 时延

Verilog HDL 模型中的所有时延都根据时间单位定义。下面是带时延的连续赋值语句实例。时间单位是由 timescale 定义的，timescale 将在后面讲述。

```
assign #2 Sum = A ^ B;
#2 指 2 个时间单位.
```

使用编译指令将时间单位与物理时间相关联。这样的编译器指令需在模块描述前定义，如下所示：

```
'timescale 1ns /100ps
```

此语句说明时延的时间单位为 1ns，并且时间精度为 100ps（即所有的时延必须被限定在 0.1ns 内）。如果此编译器指令所在的模块包含上面的连续赋值语句，♯2 代表 2ns。

如果没有这样的编译器指令，Verilog HDL 仿真器会指定一个默认时间单位。IEEE Verilog HDL 标准中没有规定默认时间单位。

3.3.3　常用语句

1. always 结构型语句

always 本身是一个无限循环语句，即不停地循环执行其内部的过程赋值语句，直到仿真过程结束。always 语句主要用于对硬件电路的行为功能进行描述，也可以在测试模块中对时钟信号进行描述。但用它来描述硬件电路的逻辑功能时，通常在 always 后面紧跟循环的控制条件。always 语句一般用法如下：

```
always @(事件控制表达式)
    begin:块名
        块内局部变量的定义；
        一条或多条过程赋值语句；
    end
```

这里，"事件控制表达式"也称为敏感事件表，即等待确定的事件发生或某一特定的条件变为"真"，它是执行后面过程赋值语句的条件。"过程赋值语句"左边的变量必须定义成寄存器数据类型，右边变量可以是任意数据类型。若 always 语句后面没有"事件控制表达式"，则认为循环条件总为"真"。begin 和 end 将多条过程赋值语句包围起来，组成一个顺序语句块，块内的语句按照排列顺序依次执行，最后一条语句执行完成后，执行挂起，然后 always 语句处于等待状态，等待下一个事件的发生。"块名"是给顺序块取的名字，可以使用任何合法的标识符。注意，当 begin 和 end 之间只有一条语句，且没有定义局部变量时，关键词 begin 和 end 可以省略。

2. 顺序语句块

顺序语句块是由块标识符 begin、end 包围界定的一组行为描述语句，其作用是给块中这组行为描述语句进行打包处理，使之在形式上与一条语句相一致。

begin、end 是顺序语句块的标识符，位于这个块内部的各条语句按照书写的先后顺序依次执行，块中每条语句给出的时延都是相对于前一条语句执行结束时的相对时间。因而，由 begin、end 界定的语句块称为语句块（简称为顺序块或串行块）。

顺序块的起始执行时间就是块中第一条语句开始被执行的时间,执行结束的时间就是块中最后一条语句执行完成的时间,即最后一条语句执行完后,程序流程控制跳出该语句块。

在 Verilog 语言中,可以给每个语句块取一个名字,方法是在关键字 begin 后面加上一个冒号,之后给出名字即可。取了名字的块称为命名块。

3. 条件语句

条件语句就是根据判断条件来确定下一步的运算。Verilog 语言中有 3 种形式的 if 语句,一般用法如下:

```
    if (condition_expr) true_statement;
或  if (condition_expr) true_statement;
    else false_statement;
或  if (condition_expr1) true_statement1;
    else if (condition_expr2) true_statement2;
    else if (condition_expr3) true_statement3;
    ⋮
    else default_statement;
```

if 后面的条件表达式一般为逻辑表达式或关系表达式。执行 if 语句时,首先计算表达式的值,若结果为 0、x 或 z,按"假"处理,若结果为 1,按"真"处理,执行相应的语句。

注意:在第三种形式中,从第一个条件表达式 condition_expr1 开始依次进行判断,直到最后一个条件表达式被判断完毕,如果所有的表达式都不成立,才会执行 else 后面的语句。这种判断上的先后次序本身隐含着一种优先级关系,在使用时应予以注意。

4. 多路分支语句

case 语句是一种多分支条件选择语句,一般形式如下:

```
    case (case_expr)
        item_expr1:statement1;
    ⋮
        item_expr2:statement2;
        default:default_statement;  //default 语句可以省略
```

执行时,首先计算 case_expr 的值,然后依次与各分支项中表达式的值进行比较:如果 case_expr 的值与 case_expr1 的值相等,就执行语句 statement1;如果 case_expr 的值与 case_expr2 的值相等,就执行语句 statement2;……;如果 case_expr 的值与所有列出来的分支项的值都不相等,就执行语句 default_statement。

使用时需要注意以下三点:

(1)每个分支项中的语句可以是单条语句,也可以是多条语句。如果是多条语句,必须在多条语句的最前面写上关键词 begin,在这些语句的最后写上关键词 end,这样多条语句就成了一个整体,称为顺序语句块。

（2）每个分支项表达式的值必须各不相同，一旦判断到与某分支的值相同并执行相应语句后，case 语句的执行便结束了。

（3）若某几个连续排列的分支执行同一条语句，则这几个分支项表达式之间可以用逗号分隔，将语句写在这几个分支项表达式的最后一个中。

下面是一个对 4 选 1 数据选择器进行建模的实例：

```
module mux4to1_bh(out, in, s1, s2, en);
    input [3:0] in;
    input s1, s2;
    output out;
    reg out;
    always@(in or s1 or s2 or en)
    begin
        if (en == 1)   out = 0;         //也可以写成 if(en)   out = 0;
        else
          case ({s1, s0})
            2'd0: out = in[0];
            2'd1: out = in[1];
            2'd2: out = in[2];
            2'd3: out = in[3];
            default: $ display("invalid control signals");
          endcase
    end
endmodule
```

此建模的标识是 always 结构，always 后面跟着循环执行的条件@(in or s1 or s0 or en)（注意后面没有分号），它表示圆括号内的任一个变量发生变化时，后面的过程赋值语句就会被执行一次，执行完最后一条语句后，执行挂起，always 语句等待变量再次发生变化。因此，将圆括号内列出的变量称为敏感变量。对组合逻辑电路来说，所有的输入信号都是敏感变量，应该写在圆括号内。

由上面可总结以下几点注意事项：

（1）敏感变量之间使用关键词 or 代替了逻辑或运算符（|）。

（2）过程赋值语句只能给寄存器型变量赋值，因此输出变量 out 被定义成 reg 数据类型。

（3）在对 4 选 1 数据选择器的模型仿真时，若输入{s1, s2}出现未知状态 x，则程序会执行 default 后面的语句。但在实际的硬件电路中输入信号 s1、s2 一般不会出现 x 的情况，所以在写可综合的代码时 default 语句可以省略不写。

case 语句还有两种变体，即 casez 和 casex。在 casez 语句中，将 z 视为无关值，如果比较的双方（case_expr 的值与 item_expr 的值）有一方的某一位的值是 z，该位的比较就不予考虑，即认为这一位的比较结果永远为"真"，因此只需关注其他位的比较结果。在 casex 语句中，将 z 和 x 都视为无关值，对比较双方（case_expr 的值与 item_expr 的值）出现 z 或 x 的相应位均不考虑。注意，对无关值可以用"?"表示。除了用关键词 casez 或

casex 来代替 case 以外，casez 和 casex 的用法与 case 语句的用法相同。

下面是一个 4-2 线优先编码器的建模实例：

```
module Priority_encoder(In,out_coding);
    input[3:0] In;
    output[1:0] out_coding;
    wire[3:0] In;
    reg[1:0] out_coding;
    always@(In)
    begin
      casez(In)                        //逻辑值 z 代表无关值
        4'b1???: out_coding = 2'b11;
        4'b01??: out_coding = 2'b10;
        4'b001?: out_coding = 2'b01;
        4'b0001: out_coding = 2'b00;
        default:   out_coding = 2'b00;
      endcase
    end
endmodule
```

5. 循环语句

Verilog 语句提供了 forever、repeat、while 和 for 四种类型的循环语句。所有循环语句都只能在 initial 或 always 内部使用，循环语句内部可以包含时延控制。

1）forever 循环语句

forever 是一种无限循环语句，其语法如下：

forever 语句块

该语句不停地循环执行后面的过程语句块。一般在语句块内容要使用某种形式的时序控制结构；否则，Verilog 仿真器将会无限循环，后面的语句将永远无法被执行。

2）repeat 循环语句

repeat 是一种预先指定循环次数的循环语句。其语法如下：

repeat(循环次数表达式)语句块

其中，"循环次数表达式"用于指定循环次数，它可以是一个整数、变量或一个数值表达式。若是变量或数值表达式，其取值只有在第一次进入循环时得到计算，即事先确定循环次数。若循环次数表达式的值不确定，即 x 或 z，则循环次数按 0 处理。

3）while 循环语句

while 是一种有条件的循环语句。其语法如下：

while(条件表达式)语句块

该语句只有在指定的条件表达式取值为"真"时，才会重复执行后面的过程语句；否则，就不执行循环体。若表达式在开始时为假，则过程语句永远不会执行。若条件表达式的值为 x 或 z,则按 0(假)处理。

4) for 循环语句

for 语句是一种条件循环语句,只有在指定的条件表达式成立时才进行循环。其语法如下:

for(表达式 1; 条件表达式 2; 表达式 3) 语句块

其中:"表达式 1"用来对循环计数变量赋初值,只在第一次循环开始前计算一次。"条件表达式 2"是循环执行时必须满足的条件,在循环开始后,先判断这个条件表达式的值,若为"真",则执行后面的语句块;接着计算"表达式 3",修改循环数变量的值,即增加或减少循环次数。然后再次对"条件表达式 2"进行计算和判断,若"条件表达式 2"的值仍为"真",则继续执行上述的循环过程;若"条件表达式 2"的值为"假",则结束循环,退出 for 循环语句的执行。

下面是用 for 语句、移位操作及加法运算实现 8 位乘法器的实例。

```verilog
module _8bit_mutiplier(Result, opA, opB);
    parameter SIZE = 8, LONGSIZE = 16;
    input[SIZE − 1:0] opA, opB;
    output[LONGSIZE − 1:0] Result;
    wire[SIZE − 1:0] opA, OPB;
    reg[LONGSIZE − 1:0] Result;
      always@(opA or opB)
      begin: mult
        integer index;
        Result = 0;
        for(index = 0; index <= SIZE − 1; index = index + 1)
                if (opB[index] == 1)
                        Result = Result + (opA << index);
      end
    endmodule
```

3.3.4 系统任务和函数

以 $ 字符开始的标识符表示系统任务或系统函数。Verilog HDL 提供了一系列的系统功能调用,任务型的功能调用称为系统任务,函数型的调用称为系统函数。系统任务提供了一种封装行为的机制,这种机制可在设计的不同部分被调用,任务可以返回 0 个或多个值。系统函数除只能返回一个值以外,其余与任务相同。此外,函数在 0 时刻执行,即不允许时延,而任务可以带有时延。一般可以统称为系统函数。

Verilog HDL 中的系统任务和系统函数是面向仿真的,嵌入 Verilog HDL 语句中的仿真系统功能调用。这一部分与相关的仿真器直接相关,不同的仿真器,支持的系统函数可能会有所不同,但是大多数系统函数都是支持的。下面介绍最基本的、最常用的系统任务和系统函数。

系统任务和系统函数可以分成以下五类：

（1）输出控制类系统函数：仿真过程的状态信息以及仿真结果的输出都必须按一定的格式进行表示，Verilog 所提供的输出控制类系统函数的目的是完成对输出量的格式控制。属于这一类的有 $display、$write、$minitor 等。

（2）仿真时标类系统函数：Verilog 中有一组与模拟时间定标相关的系统函数，如 $time、$realtime 等。

（3）进程控制类系统任务：这一类系统任务用于对仿真进程控制，如 $finish、$stop 等。

（4）文件读写类系统任务：用于控制对数据文件读写方式，如 $readmem 等。

（5）其他类：比如随机数产生系统函数，如 $random 等。

1．$display 和 $write

调用格式为

```
$display("格式控制输出和字符串",输出变量名表);
$write("格式控制输出和字符串",输出变量名表);
```

输出变量名表就是指要输出的变量，各变量之间用逗号相隔。格式控制输出内容包括需要输出的普通字符和对输出变量显示方式控制的格式说明符，格式说明符和变量需要一一对应。$display 和 $write 的区别是前者输出结束后自动换行，后者不会。

格式控制符用于对变量的格式进行控制，指定变量按照一定的格式输出，如表 3-11所示。

表 3-11　格式说明符与输出格式的关系

格式说明符	输 出 格 式
%h 或 %H	以十六进制的格式输出
%d 或 %D	以十进制的格式输出
%o 或 %O	以八进制的格式输出
%b 或 %B	以二进制的格式输出
%c 或 %C	以 ASCII 字符形式输出
%s 或 %S	以字符串方式输出
%v 或 %V	输出线网型数据的驱动强度
%t 或 %T	输出仿真系统所使用的时间单位
%m 或 %M	输出所在模块的分级名
%e 或 %E	将实型量以指数方式显示
%f 或 %F	将实型量以浮点方式显示
%g 或 %G	将实型量以上面两种较短的方式显示

1）控制字符"h、d、o、b"

用于对整型量数据的输出控制。对于有位宽定义的变量，输出的宽度将由位宽和输出的数制格式两方面决定。若数据的前面有很多个前导 0，则可以在控制字符前加 0，如 %0b，这样一个数据为 0010 的就显示为 10。

通常情况下,每一个变量都需要一个对应有控制字符,若采用系统默认格式,则 $display 函数将按十进制方式显示,$displayh 代表默认态为十六进制,$displayo 代表默认态为八进制,$displayb 代表默认态为二进制。

在数据中可能会有某些位是不定态 x 或者高阻态 z,若用二进制方式显示,则每一位都将显示出来;若对于八进制或者十六进制,则它们的一位相当于二进制的三位或者四位;若这几位都是 x,则八进制、十六进制的相应位也为 x;若这几位不全是 x,只是个别位是 x,则八进制、十六进制的相应位为 x。对于高阻 z 规则相同。但是对于十进制的表示时,由于没有相互对应的位,所以把十进制数当作一个整体对待,规则相同。若全部为 x 或者 z,则十进制为 x 或者 z;若部分为 x 或者 z,则十进制为 x 或者 z;但是对于既有 x 又有 z,没有规定统一的标准。

2) 控制字符"c、s"

用于把变量转化成字符或者字符串进行输出。对于%c(或者%C),若变量的位宽大于 8 位,则只取最低 8 位,输出它的 ASCII 字符;若变量低于 8 位,则高位补 0。对于%s(或者%S),若变量位宽小于 8 位,则高位补 0 并输出它的 ASCII 字符,若变量宽度大于 8 位,则从低位开始每 8 位输出对应的 ASCII 字符,一直到剩余高端部分全部为 0 时停止。

3) 控制字符"v"

控制字符"v"只能用于一位宽的线网型变量,用于输出它的驱动强度。Verilog HDL 中定义了 8 级驱动强度,定义及缩写表示如图 3-12 所示。

表 3-12 8 级驱动强度的表示及对应关系

缩写符号	强度名称	强度等级
Su	Super	driver 7
St	Strong	driver 6
Pu	Pull	driver 5
La	Large	capacitor 4
We	Weak	driver 3
Me	Medium	driver 2
Sm	Small	capacitor 1
Hi	High	impedance 0

4) 控制字符"t、m"

这两个控制字符都不需要有相应的输出变量与之对应,因为它们反映的是仿真系统或者模块本身的信息。%t 给出了系统运行仿真程序所用的仿真时间以什么为单位。%m 给出当前所在模块的名称。需要说明的是,它显示的名称是分级名,也就是模块被调用时的调用名;另外,除了模块外,任务、函数、有名块,都构成一个新的层次并将在分级名中出现。

5) 控制字符"e、f、g"

这三个控制字符是专门为实数型常量或变量的输出而设置的,对它们的定义 C 语言中的相应定义相同。

2. ＄monitor

与＄display与＄write一样，＄monitor同属于输出控制类，它的调用形式可以有以下三种：

```
＄monitor("格式控制输出和字符串",输出变量名表);
＄monitoron;
＄monitoroff;
```

以上第一种的格式与上面的＄display完全一致，不同点是，＄display每调用一次执行一次，而＄monitor一旦被调用，就会随时对输出变量名表中的每一个变量进行检测，如果发现其中任何一个变量在仿真过程中发生了变化，就会按照＄monitor中的格式产生一次输出。

为了明确输出的信息究竟在仿真过程中的什么时刻产生的，通常情况下＄monitor的输出中会用到一个系统函数＄time，例如：

```
＄monitor(＄time,"signal1 = ％b signal2 = ％b", signal1,signal2);
```

对＄time的返回值也可以进行格式控制，例如：

```
＄monitor("％d signal1 = ％b signal2 = ％b", ＄time, signal1,signal2);
```

由于＄monitor一旦被调用后就会启动一个后台进程，因而不可能在有循环性质的表达式中出现，例如：always过程块或者其他高级程序循环语句，在实际应用中，＄monitor通常位于initial过程块的最开始处，保证从一开始就实时地检测所关心的变量的变化状态。

3. ＄time 和 ＄realtime

＄time和＄realtime属于仿真时标类系统函数，对这两个函数调用，将返回从仿真程序开始执行到被调用时刻的时间，不同之处在于＄time返回的是64位整数，而＄realtime返回的是一个实型数。例如：

```
'timescale 10ns /1ns
module time_demo;
reg ar;
parameter delay = 1.6
initial
    begin
        ＄display ("time value");
        ＄monitor( ＄time, "var = ％b",var);
        ＃delay var = 1;
        ＃delay var = 0;
        ＃1000 ＄finish;
    end
endmodule
```

显示结果如下：

```
time value
0 var = x
2 var = 1
3 var = 0
```

这个例子中,系统时间定标为 10ns,为计时单位,所以 delay＝1.6 实际代表的时间是 16ns。按照上例中的时序描述,16ns 之后变量赋值一次,再过 16ns 即 32ns 时再赋值一次,按理说,输出时间应该是 1.6 和 3.2,可是实际输出是 2 和 3,这是因为 $time 在返回时间变量时进行了四舍五入。

若把上例中的 $time 换成 $realtime,则直接可以得到下面按照实数型方式显示的检测结果,没有四舍五入引起的误差问题。

```
time value
0 var = x
1.6 var = 1
3.2 var = 0
```

4. $finish 和 $stop

这两个系统任务用于控制仿真进程。
$finish 的调用方式如下：

```
$finish;
$finish(n);
```

它的作用是中止仿真器的运行,结束仿真过程。可以带上一个参数,参数 n 只能取以下 3 个值：0,不输出任何信息；1,输出结束仿真的时间和仿真文件的位置；2,在 1 的基础上增加对 CPU 时间、机器内存占用情况等统计结果的输出。

$finish 不指明参数时,默认为 1。

$stop 的调用方式相同和 $finish 相同,参数也相同。不同的是,$stop 的作用只相当于一个 pause 的暂停语句,仿真程序在执行到 $stop 时,暂停下来,这时设计人员可以输入相应的命令,对仿真过程进行交互控制,比如用 force/release 语句,对某些信号实行强制性修改,在不退出仿真进程的前提下,进行仿真调试。

5. $readmem

Verilog 中针对文件的读写控制有许多相应的系统任务和系统函数,这里只介绍 $readmem,它的作用是把一个数据文件中的数据内容读入指定的存储器中。其有两种调用方式：

```
$readmemb("文件名",存储器名,起始地址,结束地址);
$readmemh("文件名",存储器名,起始地址,结束地址);
```

这里,文件名是指数据文件的名字,必要时需要包括相应的路径名;存储器名是需要读入数据的存储器的名字,起始地址和结束地址是表明读取的数据从什么地方开始存放。

若默认起始地址,则从存储器的第一个地址开始存放;若默认结束地址,则一直存放到存储器的最后一个地址为止。

$readmemb 和 $readmemh 区别是对数据文件存放格式的不同,前者要求以二进制方式存放,后者要求以十六进制方式存放。

6. $random

该函数能够产生一个随机数,其调用格式为

$ random % b

其中,b>0,它将产生一个值为(−b+1)～(b−1)的随机数。

这样,仿真过程在需要时可以为测试模块提供随机脉冲序列,例如:

```
reg[7:0] ran_num;
always
♯(140 + ( $ random % 60)) ran_num = $ random % 60
```

这样 ran_num 的值在−59～+59 随机产生,且随机数产生的时延间隔在 81～159 变化。

3.3.5 编译指令

以"'"(反单引号)开始的某些标识符是编译器指令。在编译 Verilog HDL 时,特定的编译器指令在整个编译过程中有效(编译过程可跨越多个文件),直到遇到其他的不同编译程序指令。

1. 'define 和'undef

'define 指令用于文本替换,它很像 C 语言中的♯define 指令。例如:

```
'define MAX_BUS_SIZE 32
…
reg [ 'MAX_BUS_SIZE − 1:0 ] AddReg;
```

一旦'define 指令被编译,其在整个编译过程中都有效。例如,通过另一个文件中的'define 指令,MAX_BUS_SIZE 能被多个文件使用。

'undef 指令取消前面定义的宏。例如:

```
'define WORD 16                    //建立一个文本宏替代
…
wire [ 'WORD : 1] Bus;
```

```
...
`undef WORD                              // 在 undef 编译指令后，WORD 的宏定义不再有效
```

2. `ifdef、`else 和 `endif

这些编译指令用于条件编译。例如：

```
`ifdef    WINDOWS
    parameter WORD_SIZE = 16
`else
    parameter WORD_SIZE = 32
`endif
```

在编译过程中，如果已定义了名字为 WINDOWS 的文本宏，就选择第一种参数声明；否则，选择第二种参数声明。

`else 程序指令对于`ifdef 指令是可选的。

3. `default_nettype

该指令指定隐式线网类型，也就是为那些没有被说明的连线定义线网类型。例如：

```
`default_nettype wand
```

该实例定义的默认的线网为线与类型。因此，若在此指令后面的任何模块中没有说明的连线，则假定该线网为线与类型。

4. `include

`include 编译器指令用于嵌入内嵌文件的内容。文件既可以用相对路径名定义，也可以用全路径名定义。例如：

```
`include "../../primitives.v"
```

编译时，这一行由文件"../../primitives.v"的内容替代。

5. `resetall

该编译器指令将所有的编译指令重新设置为默认值。

```
`resetall
```

例如：该指令使得默认连线类型为线网类型。

6. `timescale

在 Verilog HDL 模型中，所有时延都用单位时间表述。使用`timescale 编译器指令将时间单位与实际时间相关联。该指令用于定义时延的单位和时延精度。`timescale 编译器指令格式：

```
`timescale time_unit / time_precision
```

time_unit 和 time_precision 由值 1、10 和 100 以及单位 s、ms、μs、ns、ps 和 fs 组成。例如：

```
`timescale 1ns /100ps
```

表示时延单位为 1ns，时延精度为 100ps。`timescale 编译器指令在模块说明外部出现，并且影响后面所有的时延值。例如：

```
`timescale 1ns /100ps
module AndFunc (Z, A, B);
    output Z;
    input A, B;
        and # (5.22, 6.17 ) Al (Z, A, B);        //规定了上升及下降时延值
endmodule
```

编译器指令定义时延以 ns 为单位，并且时延精度为 1/10ns(100ps)。因此，时延值 5.22 对应 5.2ns，时延 6.17 对应 6.2ns。若用如下的timescale 程序指令

```
"'timescale 10ns /1ns"
```

代替上例中的编译器指令，则 5.22 对应 52ns，6.17 对应 62ns。

在编译过程中，`timescale 指令影响这一编译器指令后面所有模块中的时延值，直至遇到另一个`timescale 指令或`resetall 指令。当一个设计中的多个模块带有自身的`timescale 编译指令时将发生什么？在这种情况下，仿真器总是定位在所有模块的最小时延精度上，并且所有时延都相应地换算为最小时延精度。例如：

```
`timescale 1ns /100ps
module AndFunc (Z, A, B);
    output Z;
    input A, B;
        and # (5.22,6.17 ) Al (Z, A, B);
endmodule
`timescale 10ns/ 1ns
module TB;
    reg PutA, PutB;
    wire GetO;
    initial
    begin
        PutA = 0;
        PutB = 0;
        #5.21 PutB = 1;
        #10.4 PutA = 1;
        #15 PutB = 0;
    end
    AndFunc AF1(GetO, PutA, PutB);
endmodule
```

在这个例子中,每个模块都有自身的`timescale 编译器指令。`timescale 编译器指令第一次应用于时延。因此,在第一个模块中,5.22 对应 5.2ns,6.17 对应 6.2ns;在第二个模块中 5.21 对应 52ns,10.4 对应 104 ns,15 对应 150ns。若仿真模块 TB 没有定义时延,而设计中的所有模块最小时间精度为 100ps,则所有时延(特别是模块 TB 中的时延)将换算成精度为 100ps。时延 52ns 现在对应 520×100ps,104 对应 1040×100ps,150 对应 1500×100 ps。更重要的是,仿真使用 100ps 为时间精度。如果仿真模块 AndFunc 没有定义时延,由于模块 TB 不是模块 AddFunc 的子模块,模块 TB 中的`timescale 程序指令将不再对 AndFunc 有效。

7. `unconnected_drive 和`nounconnected_drive

在模块实例化中,出现在这两个编译器指令间的任何未连接的输入端口或者为正偏电路状态或者为反偏电路状态。

```
`unconnected_drive pull1
. . .
/* 在这两个程序指令间的所有未连接的输入端口为正偏电路状态(连接到高电平) */
`nounconnected_drive
`unconnected_drive pull0
. . .
/* 在这两个程序指令间的所有未连接的输入端口为反偏电路状态(连接到低电平) */
`nounconnected_drive
```

8. `celldefine 和`endcelldefine

这两个程序指令用于将模块标记为单元模块。它们表示包含模块定义,如下例所示:

```
`celldefine
module FD1S3AX (D, CK, Z) ;
. . .
endmodule
`endcelldefine
```

某些 PLI 例程使用单元模块。

3.4　Verilog HDL 的建模

3.4.1　门级元件

Verilog HDL 中提供下列内置基本门元件:

(1) 多输入门元件,如 and、nand、or、nor、xor、xnor;

(2) 多输出门元件,如 buf、not;

（3）三态门，如 bufif0、bufif1、notif0、notif1；

（4）上拉、下拉电阻，如 pullup、pulldown；

（5）MOS 开关，如 cmos、pmos、nmos、rcmos、rnmos、rpmos；

（6）双向开关，如 tran、tranif0、tranif1、rtran、rtranif0、rtranif1。

门级逻辑设计描述中可使用具体的门实例语句。下面是简单的门实例语句的格式：

```
gate_type [instance_name] (term1, term2, . . . ,termN);
```

注意：instance_name 是可选的；gate_type 为前面列出的某种门类型；termN 用于表示与门的输入/输出端口相连的线网或寄存器。

同一类型门的多个实例能够在一个结构形式中定义。语法如下：

```
gate_type [instance_name1] (term11, term12, . . . ,term1N),
         [instance_name2] (term21, term22, . . . ,term2N),
         . . .
         [instance_nameM] (termM1, termM2, . . . ,termMN);
```

1. 多输入门

内置的多输入门包括 and、nand、or、nor、xor 和 xnor。这些逻辑门只有单一输出，一个或多个输入。多输入门实例语句的语法如下：

```
multiple_input_gate_type  [instance_name] (OutputA, Input1, Input2, . . . ,InputN);
```

第一个端口是输出，其他端口是输入。

下面是几个具体实例：

```
and A1(Out1, In1, In2);
and RBX (Sty, Rib, Bro, Qit, Fix);
xor (Bar,Bud[0],Bud[1],Bud[2]),(Car,Cut[0],Cut[1]),(Sar,Sut[2],Sut[1],Sut[0],Sut[3]);
```

第一个门实例语句是单元名为 A1，输出为 Out1，并带有两个输入 In1 和 In2 的双输入与门。第二个门实例语句是四输入与门，单元名为 RBX，输出为 Sty，4 个输入为 Rib、Bro、Qit 和 Fix。第三个门实例语句是异或门的具体实例，没有单元名。它的输出是 Bar，三个输入分别为 Bud[0]、Bud[1] 和 Bud[2]。同时，这一个实例语句中还有两个相同类型的单元。

2. 多输出门

多输出门包括 buf 和 not。这些门都只有单个输入，一个或多个输出。这些门的实例语句的基本语法如下：

```
multiple_output_gate_type  [instance_name] (Out1, Out2, . . . OutN ,InputA);
```

最后的端口是输入端口，其余的所有端口为输出端口。

例如：

```
buf B1(Fan [0],Fan [1],Fan [2],Fan [3],Clk);
not N1(PhA,PhB,Ready);
```

在第一个门实例语句中，Clk 是缓冲门的输入。门 B1 有 4 个输出：Fan[0]～Fan[3]。在第二个门实例语句中，Ready 是非门的唯一输入端口。门 N1 有两个输出：PhA 和 PhB。

3. 三态门

三态门包括 bufif0、bufif1、notif0 以及 notif1。这些门用于对三态驱动器建模。它们含有一个输出、一个数据输入和一个控制输入。三态门实例语句的基本语法如下：

```
tristate_gate [instance_name] (OutputA,InputB,ControlC);
```

第一个端口 OutputA 是输出，第二个端口 InputB 是数据输入，ControlC 是控制输入。根据控制输入，输出可被驱动到高阻状态，即值 z。对于 bufif0，若控制输入为 1，则输出为 z；否则数据将传输至输出端。对于 bufif1，若控制输入为 0，则输出为 z。对于 notif0，若控制输出为 1，则输出为 z；否则，输入数据值的非将传输到输出端。对于 notif1，若控制输入为 0；则输出为 z。

例如：

```
bufif1 BF1(Dbus,MemData,Strobe);
notif0 NT2 (Addr, Abus, Probe);
```

第一个实例中，当 Strobe 为 0 时，bufif1 门 BF1 驱动输出 Dbus 为高阻；否则，MemData 被传输至 Dbus。在第二个实例语句中，当 Probe 为 1 时，Addr 为高阻；否则，Abus 的非被传输到 Addr。

4. 上拉、下拉电阻

上拉电阻和下拉电阻包括 pullup 和 pulldown。这类门设备没有输入只有输出。上拉电阻将输出置为 1。下拉电阻将输出置为 0。门实例语句形式如下：

```
pull_gate[instance_name] (OutputA);
```

门实例的端口表只包含 1 个输出。例如：

```
pullup PUP (Pwr);
```

此上拉电阻实例名为 PUP，输出 Pwr 置为高电平 1。

5. MOS 开关

MOS 开关包括 cmos、pmos、nmos、rcmos、rpmos 和 rnmos。这类门用于为单向开关建模。即数据从输入流向输出，并且可以通过设置合适的控制输入关闭数据流。

pmos（PMOS 管）、nmos（NMOS 管），rnmos（r 代表电阻）和 rpmos 开关有一个输出、一个输入和一个控制输入。实例的基本语法如下：

```
gate_type[instance_name] (OutputA, InputB, ControlC);
```

第一个端口为输出,第二个端口是输入,第三个端口是控制输入端。当 nmos 和 rnmos 开关的控制输入为 0 时(pmos 和 rpmos 开关的控制为 1 时),开关关闭,即输出为 z;当控制为 1 时,输入数据传输至输出。与 nmos 和 pmos 相比,rnmos 和 rpmos 在输入引线和输出引线之间存在高阻抗(电阻)。因此,当数据从输入传输至输出时,对于 rpmos 和 rmos 存在数据信号强度衰减。

例如:

```
pmos P1 (BigBus, SmallBus, GateControl);
rnmos RN1 (ControlBit, ReadyBit, Hold);
```

第一个实例为一个实例名为 P1 的 pmos 开关。开关的输入为 SmallBus,输出为 BigBus,控制信号为 GateControl。

这两个开关实例语句的语法形式如下:

```
(r)cmos [instance_name] (OutputA, InputB, Ncontrol, Pcontrol);
```

第一个端口为输出端口,第二个端口为输入端口,第三个端口为 N 通道控制输入,第四个端口为是 P 通道控制输入。cmos(rcmos)开关行为与带有公共输入、输出的 pmos(rpmos)和 nmos(rnmos)开关组合十分相似。

6. 双向开关

双向开关包括 tran、tranif0、tranif1、rtran、rtranif0 和 rtranif1。这些开关是双向的,即数据可以双向流动,并且当数据在开关中传播时没有时延。tranif0、rtranif0、tranif1、rtranif1 开关能够通过设置合适的控制信号来关闭,tran 和 rtran 开关不能被关闭。

tran 或 rtran(tran 的高阻态版本)开关实例语句的语法如下:

```
(r)tran [instance_name] (SignalA,SignalB );
```

端口表只有两个端口,并且无条件地双向流动,即从 SignalA 至 SignalB;反之亦然。其他双向开关的实例语句的语法如下:

```
gate_type [instance_name] (SignalA, SignalB, ControlC);
```

前两个端口是双向端口,即数据从 SignalA 流向 SignalB;反之亦然。第三个端口是控制信号。如果对 tranif0 和 tranif0,ControlC 是 1;对 tranif1 和 rtranif1,ControlC 是 0;反之禁止双向数据流动。对于 rtran、rtranif0 和 rtranif1,当信号通过开关传输时,信号强度减弱。

7. 门时延

可以使用门时延定义门从任何输入到其输出的信号传输时延。门时延可以在门自身实例语句中定义。带有时延定义的门实例语句的语法如下:

```
gate_type [delay][instance_name](terminal_list);
```

时延规定了门时延,即从门的任意输入到输出的传输时延。当没有强调门时延时,默认的时延值为 0。

门时延由三类时延值组成,即上升时延、下降时延和截止时延。

门时延定义可以包含 0 个、1 个、2 个或 3 个时延值。表 3-13 为不同个数时延值说明条件下,各种具体的时延取值。

表 3-13 各种具体的时延取值

时延属性	无时延	1 个时延(d)	2 个时延(d1,d2)	3 个时延(dA,dB,dC)
上升	0	d	d1	dA
下降	0	d	d2	dB
to_x	0	d	min(d1, d2)	min(dA, dB, dC)
截止	0	d	min(d1, d2)	dC

注意:转换到 x 的时延(to_x)不但被明确地定义,还可以通过其他定义的值决定。

下面是一些具体实例。注意 Verilog HDL 模型中的所有时延都以单位时间表示。单位时间与实际时间的关联可以通过'timescale'编译器指令实现。

例如,非门

```
not N1 (Qbar, Q);
```

因为在非门 N1 中没有定义时延,门时延为 0。

例如,与非门

```
nand #6 (Out, In1, In2);
```

在该与非门实例中,所有时延均为 6,即上升时延和下降时延都是 6。因为输出绝不会是高阻态,截止时延不适用于与非门,转换到 x 的时延也是 6。

例如,与门

```
and#(3,5) (Out, In1, In2, In3);
```

在与门实例中,上升时延被定义为 3,下降时延为 5,转换到 x 的时延是 3 和 5 中间的最小值,即 3。

例如,三态门

```
notif1#(2,8,6) (Dout, Din1, Din2);
```

在三态门实例中,上升时延为 2,下降时延为 8,截止时延为 6,转换到 x 的时延是 2、8 和 6 中的最小值,即 2。

对多输入门(如与门和非门)和多输出门(如缓冲门和非门)总共只能够定义 2 个时延(因为输出绝不会是 z)。三态门共有 3 个时延,并且上拉电阻和下拉电阻实例门不能有任何时延。时延定义形式如下:

min:typ:max

门时延也可采用 min:typ:max 形式定义：

minimum: typical: maximum

最小值、典型值和最大值必须是常数表达式。下面是使用这种形式的实例：

nand#(2:3:4, 5:6:7) (Pout, Pin1, Pin2);

选择使用哪种时延通常作为模拟运行中的一个选项。例如，如果执行最大时延模拟，与非门单元使用上升时延 4 和下降时延 7。

此外，程序块也能够定义门时延。

3.4.2　数据流建模

用数据流建模最基本的机制就是使用连续赋值语句。在连续赋值语句中，某个值被赋给线网变量。连续赋值语句的语法为

wire[位宽说明] 变量名 1,变量名 2,…,变量名 n;
assign [delay]变量名 = 表达式;

右边表达式使用的操作数无论何时发生变化，右边表达式都重新计算，并且在指定的时延后变化值被赋予左边表达式的线网变量。时延定义了右边表达式操作数变化与赋值给左边表达式之间的持续时间。如果没有定义时延值，默认时延为 0。

注意：在 assign 语句中，左边变量的数据类型必须是 wire 型。

下面的例子是使用数据流建模对 2-4 解码器电路建模的实例模型：

```
`timescale 1ns /1ns
module Decoder2x4 (A, B, EN, Z);
    input A, B, EN;
    output [0:3] Z;
    wire Abar, Bbar;
        assign #1 Abar = ~ A;                    //语句 1
        assign #1 Bbar = ~ B;                    //语句 2
        assign #2 Z[0] = ~ (Abar & Bbar & EN) ;  //语句 3
        assign #2 Z[1] = ~ (Abar & B & EN) ;     //语句 4
        assign #2 Z[2] = ~ (A & Bbar & EN) ;     //语句 5
        assign #2 Z[3] = ~ (A & B & EN) ;        //语句 6
endmodule
```

以反引号""开始的第一条语句是编译器指令，编译器指令`timescale 将模块中所有时延的单位设置为 1ns,时间精度为 1ns。例如，在连续赋值语句中时延值 #1 和 #2 分别对应时延 1ns 和 2ns。

模块 Decoder2×4 有 3 个输入端口和 1 个 4 位输出端口。线网类型说明了两个连线

型变量 Abar 和 Bbar(连线类型是线网类型的一种)。此外,模块包含 6 个连续赋值语句。

当 EN 在 5ns 时变化,语句 3、4、5 和 6 执行。这是因为 EN 是这些连续赋值语句中右边表达式的操作数。Z[0]在第 7ns 时被赋予新值 0。当 A 在 15ns 时变化,语句 1、5 和 6 执行。执行语句 5 和 6 不影响 Z[0]和 Z[1]的取值。执行语句 5 导致 Z[2]值在 17ns 时变为 0。执行语句 1 导致 Abar 在 16ns 时被重新赋值。由于 Abar 的改变,反过来又导致 Z[0]值在 18ns 时变为 1。

注意连续赋值语句对电路的数据流行为建模的方式,该建模方式是隐式而非显式的。此外,连续赋值语句是并发执行的,也就是说各语句的执行顺序与其在描述中出现的顺序无关。

3.4.3 行为级建模

行为级建模用于描述数字逻辑电路的功能和算法。在 Verilog HDL 中,行为级建模主要使用由关键词 initial 或 always 定义的两种结构类型的描述语句。

(1) initial 语句:此语句只执行一次。initial 语句主要是一条面向仿真的过程语句,不能用来描述硬件逻辑电路的功能。

(2) always 语句:此语句总是循环执行,或者说此语句重复执行。

只有寄存器类型数据能够在这两种语句中被赋值。寄存器类型数据在被赋新值前保持原有值不变。所有的初始化语句和 always 语句在 0 时刻并发执行。

下例应用 always 语句对 1 位全加器电路进行建模:

```verilog
module FA_Seq (A, B, Cin, Sum, Cout);
    input A, B, Cin;
    output Sum, Cout;
    reg Sum, Cout;
    reg T1, T2, T3;
    always@( A or B or Cin )
        begin
          Sum = (A ^ B) ^ Cin;
          T1 = A & Cin;
          T2 = B & Cin;
          T3 = A & B;
          Cout = (T1| T2) | T3;
        end
endmodule
```

模块 FA_Seq 有三个输入和两个输出。由于 Sum、Cout、T1、T2 和 T3 在 always 语句中被赋值,它们被声明为 reg 类型(reg 是寄存器数据类型的一种)。always 语句中有一个与事件控制(紧跟在字符@后面的表达式)相关联的顺序过程(begin-end 对)。这意味着只要 A、B 或 Cin 上发生事件,即 A、B 或 Cin 之一的值发生变化,顺序过程就执行。在顺序过程中的语句顺序执行,并且在顺序过程执行结束后被挂起。顺序过程执行完成后,always 语句再次等待 A、B 或 Cin 上发生的事件。

在顺序过程中出现的语句是过程赋值模块化的实例。模块化过程赋值在下一条语句执行前完成执行。过程赋值可以有一个可选的时延。

时延可以分两种类型：语句间时延，描述时延语句执行的时延；语句内时延，描述右边表达式数值计算与左边表达式赋值间的时延。

下面是语句间时延的示例：

```
Sum = (A ^ B) ^ Cin;
#4 T1 = A & Cin;
```

在第二条语句中的时延规定赋值时延 4 个时间单位执行。也就是说，在第一条语句执行后等待 4 个时间单位，然后执行第二条语句。下面是语句内时延的示例：

```
Sum = #3 (A^ B) ^ Cin;
```

这个赋值中的时延意味着：首先计算右边表达式的值，等待 3 个时间单位，然后赋值给 Sum。

如果在过程赋值中未定义时延，默认值为 0 时延，也就是说，赋值立即发生。

下面是 initial 语句的示例：

```
`timescale 1ns / 1ns
module Test (Pop, Pid);
    output Pop, Pid;
    reg Pop, Pid;
    initial
    begin
        Pop = 0;              // 语句 1
        Pid = 0;              // 语句 2
        Pop = #5 1;           // 语句 3
        Pid = #3 1;           // 语句 4
        Pop = #6 0;           // 语句 5
        Pid = #2 0;           // 语句 6
    end
endmodule
```

initial 语句包含一个顺序过程。这一顺序过程在 0ns 时开始执行，并且在顺序过程中所有语句全部执行完毕后，initial 语句永久挂起。这一顺序过程包含带有定义语句内时延的分组过程赋值的实例。语句 1 和 2 在 0ns 时执行。语句 3 也在 0 时刻执行，导致 Pop 在 5ns 时被赋值。语句 4 在 5ns 执行，并且 Pid 在 8ns 时被赋值。同样，Pop 在 14ns 时被赋值 0，Pid 在 16ns 时被赋值 0。语句 6 执行后，initial 语句永久被挂起。

3.4.4　结构化建模

在 Verilog HDL 中可使用如下方式描述结构：

（1）内置门基本元件（门级）；

（2）开关级基本元件（晶体管级）；

（3）用户定义的基本元件（门级）；

（4）模块实例（创建层次结构）。

各种基本元件通过线网实现相互连接，构成一个逻辑功能单元。下面的实例使用内置门基本元件描述全加器电路的结构，如图 3-6 所示。

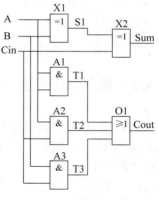

```
module FA_Str (A, B, Cin, Sum, Cout);
    input A, B, Cin;
    output Sum, Cout;
    wire S1, T1, T2, T3;
        xor X1 (S1, A, B), X2 (Sum, S1, Cin);
        and A1 (T3, A, B),A2 (T2, B, Cin),A3 (T1, A, Cin);
        or  O1 (Cout, T1, T2, T3);
endmodule
```

图 3-6　全加器电路

在这一实例中，模块包含门的实例语句，也就是说包含内置门 xor、and 和 or 的实例语句。门实例由线网类型变量 S1、T1、T2 和 T3 互连。由于没有指定顺序，门实例语句可以以任何顺序出现；对电路功能以纯结构的方式进行描述，xor、and 和 or 是内置门原语；X1、X2、A1 等是实例名称。紧跟在每个门后的信号列表是它的互连；列表中的第一个是门输出，余下的是输入。例如，S1 与 xor 门实例 X1 的输出连接，而 A 和 B 与实例 X1 的输入连接。

4 位全加器可以使用 4 个 1 位全加器模块描述。下面是 4 位全加器的结构描述形式：

```
module FourBitFA (FA, FB, FCin, FSum,FCout );
    parameter SIZE = 4;
    input [SIZE:1] FA, FB;
    output [SIZE:1] FSum
    input FCin;
    input FCout;
    wire [ 1: SIZE − 1] FTemp;
    FA_Str
    FA1( .A (FA[1]), .B(FB[1]), .Cin(FCin),.Sum(FSum[1]), .Cout(FTemp[1]));
    FA2( .A (FA[2]), .B(FB[2]), .Cin(FTemp[1]),.Sum(FSum[2]), .Cout(FTemp[2]));
    FA3(FA[3], FB[3], FTemp[2], FSum[3], FTemp[3]);
    FA4(FA[4], FB[4], FTemp[3], FSum[4], FCout);
endmodule
```

在这一实例中，模块 FourBitFA 引用由模块 FA_Str 定义的实例部件 FA，FourBitFA 是上层模块，模块 FA_Str 称为子模块。在实例部件 FA 中，带"."表示被引用模块的端口，名称必须与被引用模块 FA_Str 的端口定义一致，小括号中表示在本模块中与之连接的线路。在模块实例语句中，端口可以与名称或位置关联。前两个实例 FA1 和 FA2 使用命名关联方式，也就是说，端口的名称和它连接的线网被显式描述。最后两个实例语句,实例 FA3 和 FA4 使用位置关联方式将端口与线网关联。这里关联的顺序很重要,例如,在实例 FA4 中,第一个 FA[4] 与 FA_Str 的端口 A 连接,第二个 FB[4] 与 FA_Str 的端口 B 连接,余下的以此类推。

3.4.5　混合设计描述方式

在模块中,结构化描述和行为描述可以自由混合使用。也就是说,模块描述中可以包含实例化的门、模块实例化语句、连续赋值语句以及 always 语句和 initial 语句的混合。它们之间可以相互包含。来自 always 语句和 initial 语句(只有寄存器类型数据可以在这两种语句中赋值)的值能够驱动门或开关,而来自门或连续赋值语句(只能驱动线网)的值能够反过来用于触发 always 语句和 initial 语句。

下面是混合设计方式的 1 位全加器实例:

```
module FA_Mix (A, B, Cin, Sum, Cout);
    inputA,B, Cin;
    output Sum, Cout;
    reg Cout;
    reg T1, T2, T3;
    wire S1;
        xor X1(S1, A, B);                //门实例语句
    always@( A or B or Cin )
    begin
      T1 = A & Cin;
      T2 = B & Cin;
      T3 = A & B;
      Cout = (T1| T2) | T3;
    end
      assign Sum = S1^ Cin;              //连续赋值语句
endmodule
```

只要 A 或 B 上有事件发生,就执行门实例语句。只要 A、B 或 Cin 上有事件发生,就执行 always 语句,并且只要 S1 或 Cin 上有事件发生,就执行连续赋值语句。

3.5　基于 Verilog HDL 的数字电路基本设计

3.5.1　简单组合逻辑设计

下例是一个可综合的数据比较器,很容易看出它的功能是比较数据 a 与数据 b,若两个数据相同,则给出结果 1,否则给出结果 0。在 Verilog HDL 中,描述组合逻辑时常使用 assign 结构。注意 equal=(a==b)?1:0,这是一种在组合逻辑实现分支判断时常用的格式。

```
//-------------- compare.v --------------
module compare(equal,a,b);
```

```
    input a,b;
    output equal;
    reg equal;
    initial
    begin
        assign equal = (a == b)?1:0;        //a 等于 b 时,equal 输出为 1; a 不等于 b 时,
                                            //equal 输出为 0
    end
endmodule
```

测试模块用于检测模块设计得正确与否,它给出模块的输入信号,观察模块的内部信号和输出信号,若发现结果与预期的有所偏差,则要对设计模块进行修改。

测试模块源代码:

```
`timescale 1ns /1ns        //定义时间单位
`include". /compare. v"     //包含模块文件,在有的仿真调试环境中并不需要此语句,
                           //而需要从调试环境的菜单中输入有关模块文件的路径和名称

module compare_test;
    reg a,b;
    wire equal;
    initial                 //initial 常用于在仿真时给出信号
        begin
            a = 0;
            b = 0;
            #100 a = 0; b = 1;
            #100 a = 1; b = 1;
            #100 a = 1; b = 0;
            #100 $ stop;                    //系统任务,暂停仿真以便观察仿真波形
        end
    compare compare1(.equal(equal),.a(a),.b(b));    //调用模块
endmodule
```

比较器仿真波形(部分)如图 3-7 所示。

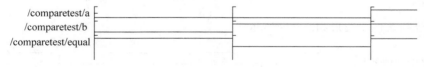

图 3-7   比较器仿真波形(部分)

3.5.2   简单时序逻辑电路的设计

在 Verilog HDL 中,相对于组合逻辑电路,时序逻辑电路也有规定的表述方式。在可综合的 Verilog HDL 模型中,通常使用 always 块和@(posedge clk)或@(negedge clk)的结构来表述时序逻辑。下面是 1/2 分频器的可综合模型:

```
//-------------- half_clk.v -----------------
module half_clk(reset,clk_in,clk_out);
```

```
    input clk_in, reset;
    output clk_out;
    reg clk_out;
    always@(posedge clk_in)
    begin
        if(!reset) clk_out = 0;
        else clk_out = ~clk_out;
    end
    endmodule
```

在 always 块中,被赋值的信号都必须定义为 reg 型,这是由时序逻辑电路的特点决定的。对于 reg 型数据,如果未对它进行赋值,仿真工具会认为它是不定态。为了能正确地观察到仿真结果,在可综合的模块中通常定义一个复位信号 reset,当 reset 为低电平时,对电路中的寄存器进行复位。

测试模块的源代码:

```
//-------------- test half_clk clk_Top.v -----------------
`timescale 1ns/100ps
`define clk_cycle 50
module clk_test_Top
    reg clk, reset;
    wire clk_out;
    always #`clk_cycle clk = ~clk;
    initial
    begin
        clk = 0;
        reset = 1;
        #100 reset = 0;
        #100 reset = 1;
        #10000 $ stop;
    end
    half_clk half_clk(.reset(reset),.clk_in(clk),.clk_out(clk_out));
endmodule
```

1/2 分频器仿真波形如图 3-8 所示。

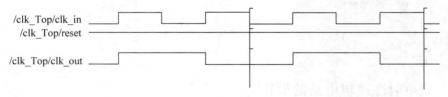

图 3-8 1/2 分频器仿真波形

3.5.3 利用条件语句实现较复杂的时序逻辑电路

与常用的高级程序语言一样,为了描述较为复杂的时序关系,Verilog HDL 提供了条件语句供分支判断时使用。在可综合的 Verilog HDL 模型中常用的条件语句有 if…else

和 case…endcase 两种结构,用法与 C 程序语言中类似。二者比较而言,if…else 用于不太复杂的分支关系,实际编写可综合的模块,特别是用状态机构成的模块时,更常用的是 case…endcase 风格的代码。下面给出有关 if…else 的范例。

范例设计的是一个可综合的分频器,能够将 10MHz 的时钟分频为 500kHz 的时钟。其基本原理与 1/2 分频器是一样的,但是需要定义一个计数器,以便准确获得 1/20 分频模块。具体如下:

```verilog
//-------------- fdivision.v ------------------
module fdivision(RESET,F10M,F500K);
    input F10M,RESET;
    output F500K;
    reg F500K;
    reg [7:0]j;
always@(posedge F10M)
        if(!RESET)                      //低电平复位
            begin
                F500K <= 0;
                j <= 0;
            end
        else
begin
    if(j == 19)                         //对计数器进行判断,以确定 F500K 信号是否反转
        begin
            j <= 0;
            F500K <= ～F500K;
        end
    else
        j <= j+1;
    end
endmodule
```

测试模块源代码:

```verilog
//-------------- fdivision_Top.v ------------------
`timescale 1ns/100ps
`define clk_cycle 50
module division_Top;
    reg F10M_clk,RESET;
    wire F500K_clk;
    always #`clk_cycle F10M_clk = ～ F10M_clk;
    initial
    begin
        RESET = 1;
        F10M = 0;
        #100 RESET = 0;
        #100 RESET = 1;
        #10000 $ stop;
    end
```

```
        fdivision fdivision(.RESET(RESET),.F10M(F10M_clk),.F500K(F500K_clk));
    endmodule
```

10MHz 信号 2 分频器的仿真波形如图 3-9 所示。

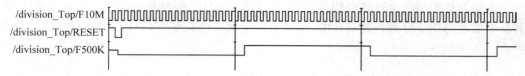

图 3-9　10MHz 信号 2 分频器的仿真波形

3.5.4　设计时序逻辑时采用阻塞赋值与非阻塞赋值的区别

在 always 块中,阻塞赋值可以理解为赋值语句是顺序执行的,而非阻塞赋值可以理解为赋值语句是并发执行的。实际的时序逻辑设计中,一般情况下更多地使用非阻塞赋值语句,有时为了在同一周期实现相互关联的操作,也使用阻塞赋值语句。需要注意,在实现组合逻辑的 assign 结构中都必须采用阻塞赋值语句。下例通过分别采用阻塞赋值语句和非阻塞赋值语句的看上去非常相似的两个模块 blocking. v 和 non_blocking. v 来阐明两者之间的区别:

```
//-------------- blocking.v ------------------
module blocking(clk,a,b,c);
    output [3:0]b,c;
    input [3:0] a;
    input clk;
    reg [3:0]b,c;
    always@(posedge clk)
    begin
        b = a;
        c = b;
        $ display("Blocking: a = % d, b = % d, c = % d.",a,b,c);
    end
endmodule
//-------------- non_blocking.v ------------------
module non_blocking(clk,a,b,c);
    output [3:0]b,c;
    input [3:0] a;
    input clk;
    reg [3:0]b,c;
    always@(posedge clk)
    begin
        b <= a;
        c <= b;
        $ display("Non_Blocking: a = % d, b = % d, c = % d.",a,b,c);
    end
```

```
endmodule
```

测试模块源代码：

```
// -------------- compareTop.v -----------------
`timescale 1ns/100ps
`include"./blocking.v"
`include"./non_blocking.v"
module compareTop;
    wire [3:0] b1,c1,b2,c2;
    reg [3:0] a;
    reg clk;
    initial
    begin
        clk = 0;
        forever #50 clk = ~clk;
    end
    initial
    begin
        a = 4'h3;
        $display("_____");
        # 100 a = 4'h7;
        $display("_____");
        # 100 a = 4'hf;
        $display("_____");
        # 100 a = 4'ha;
        $display("_____");
        # 100 a = 4'h2;
        $display("_____");
        # 100
        $display("_____");
        $stop;
    end
    non_blocking non_blocking(clk,a,b2,c2);
    blocking blocking(clk,a,b1,c1);
endmodule
```

两种赋值方式的程序的仿真波形比较如图 3-10 所示。

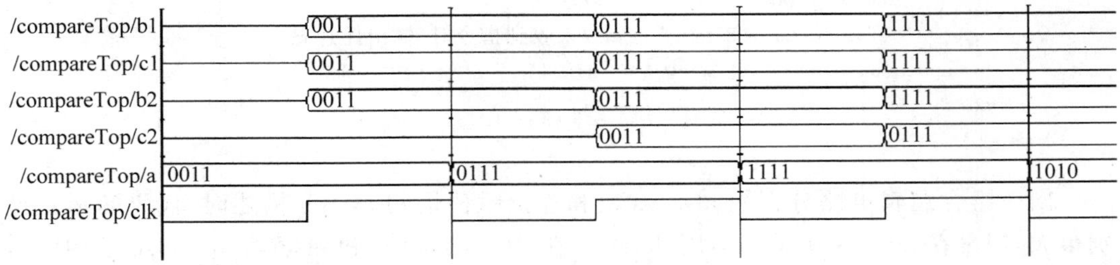

图 3-10　两种赋值方式的程序的仿真波形比较

3.5.5　用 always 块实现较复杂的组合逻辑电路

　　仅使用 assign 结构来实现组合逻辑电路,在设计中会发现很多地方会显得冗长且效率低下。而适当地采用 always 块来设计组合逻辑,往往会更具实效。

　　下面是一个简单的指令译码电路的设计示例。该电路通过对指令的判断,对输入数据执行相应的操作,包括加、减、与、或和求反,并且无论是指令作用的数据还是指令本身发生变化,结果都要做出及时的反应。显然,这是一个较为复杂的组合逻辑电路,采用 assign 语句表达非常复杂。示例中使用了电平敏感的 always 块,电平敏感的触发条件是指在@后的括号内电平列表中的任何一个电平发生变化(与时序逻辑不同,它在@后的括号内没有边沿敏感关键字,如 posedge 或 negedge)就能触发 always 块的动作,并且运用了 case 结构来进行分支判断,不但设计思想得到直观的体现,而且代码看起来非常整齐、便于理解。

```
// -------------- alu.v -----------------
`define plus 3'd0
`define minus 3'd1
`define band 3'd2
`define bor 3'd3
`define unegate 3'd4
module alu(out,opcode,a,b);
    output[7:0] out;
    reg[7:0] out;
    input[2:0] opcode;
    input[7:0] a,b;                //操作数
    always@(opcode or a or b)      //电平敏感的 always 块
    begin
        case(opcode)
            `plus: out = a + b;        //加操作
            `minus: out = a − b;       //减操作
            `band: out = a&b;          //求与
            `bor: out = a|b;           //求或
            `unegate: out = ~a;        //求反
            default: out = 8'hx;       //未收到指令时,输出任意态
        endcase
    end
endmodule
```

　　同一组合逻辑电路分别用 always 块和连续赋值语句 assign 描述时,代码的形式差别很大,但是在 always 中适当运用 default(在 case 结构中)和 else(在 if…else 结构中),通常可以综合为纯组合逻辑,尽管被赋值的变量一定要定义为 reg 型。不过,若不使用 default 或 else 对默认项进行说明,则易生成意想不到的锁存器,这一点应注意。

3.5.6 在 Verilog HDL 中使用函数

与一般的程序设计语言一样，Verilog HDL 也可使用函数以适应对不同变量采取同一运算的操作。Verilog HDL 函数在综合时被理解成具有独立运算功能的电路，每调用一次函数相当于改变这部分电路的输入以得到相应的计算结果。

下例是函数调用的一个简单示范，采用同步时钟触发运算的执行，每个 clk 时钟周期都会执行一次运算。并且在测试模块中，通过调用系统任务 $display 在时钟的下降沿显示每次计算的结果。

```verilog
module tryfunct(clk, n, result, reset);
    output[31:0] result;
    input[3:0] n;
    inputreset, clk;
    reg[31:0] result;
    always @(posedge clk)                //clk 的上沿触发同步运算
    begin
        if(!reset)                       //reset 为低时复位
        result <= 0;
        else
            begin
            result <= n * factorial(n)/((n * 2) + 1);
            end
    end
    function [31:0] factorial;           //函数定义
    input [3:0] operand;
    reg [3:0] index;
    begin
        factorial = operand ? 1 : 0;
        for(index = 2; index <= operand; index = index + 1)
        factorial = index * factorial;
    end
    endfunction
endmodule
```

测试模块源代码如下：

```verilog
`include"./step6.v"
`timescale 1ns/100ps
`define clk_cycle 50
module tryfuctTop;
reg[3:0] n, i;
reg reset, clk;
wire[31:0] result;
initial
    begin
            n = 0;
```

```
            reset = 1;
            clk = 0;
            #100 reset = 0;
            #100 reset = 1;
            for(i = 0; i <= 15; i = i + 1)
            begin
                #200 n = i;
            end
            #100 $ stop;
        end
        always #`clk_cycle clk = ~clk;
        tryfunct tryfunct(.clk(clk),.n(n),.result(result),.reset(reset));
    endmodule
```

上例中函数 factorial(n)实际上就是阶乘运算。应注意的是,在实际的设计中,不希望设计中的运算过于复杂,以免在综合后带来不可预测的后果。经常的情况是,把复杂的运算分成几个步骤,分别在不同的时钟周期完成。

阶乘运算器仿真波形如图 3-11 所示。

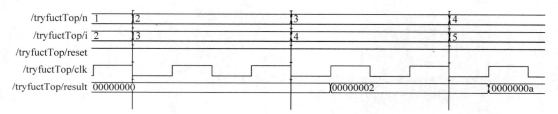

图 3-11   阶乘运算器仿真波形

3.5.7   在 Verilog HDL 中使用任务

仅有函数并不能完全满足 Verilog HDL 中的运算需求。当希望能够将一些信号进行运算并输出多个结果时,采用函数结构会非常不方便,而任务结构在这方面的优势十分突出。任务本身并不返回计算值,但是它通过类似 C 语言中形参与实参的数据交换,非常快捷地实现运算结果的调用。此外,还可利用任务来帮助实现结构化的模块设计,将批量的操作以任务的形式独立出来,使设计的目的非常清楚。

下面是一个利用 task 和电平敏感的 always 块设计比较后重组信号的组合逻辑的实例。可以看到,利用 task 非常方便地实现了数据之间的交换,如果要用函数实现相同的功能是非常复杂的;另外,task 也避免了直接用一般语句来描述所引起的不易理解和综合时产生冗余逻辑等问题。

模块源代码如下:

```
//-------------- sort4.v ----------------
module sort4(ra, rb, rc, rd, a, b, c, d);
    output[3:0] ra, rb, rc, rd;
```

```
        input[3:0] a,b,c,d;
        reg[3:0] ra,rb,rc,rd;
        reg[3:0] va,vb,vc,vd;
        always @ (a or b or c or d)
        begin
            {va,vb,vc,vd} = {a,b,c,d};
            sort2(va,vc);                  //va 与 vc 互换
            sort2(vb,vd);                  //vb 与 vd 互换
            sort2(va,vb);                  //va 与 vb 互换
            sort2(vc,vd);                  //vc 与 vd 互换
            sort2(vb,vc);                  //vb 与 vc 互换
            {ra,rb,rc,rd} = {va,vb,vc,vd};
    end
    task sort2;
        inout[3:0] x,y;
        reg[3:0] tmp;
        if(x>y)
        begin
            tmp = x;                 //x 与 y 变量的内容互换,要求顺序执行,所以采用阻塞赋值方式
                x = y;
                y = tmp;
        end
    endtask
    endmodule
```

应注意的是,task 中的变量定义与模块中的变量定义不尽相同,它们并不受输入、输出类型的限制。如此例,x 与 y 对于 task sort2 来说虽然是 inout 型,但实际上它们对应的是 always 块中变量,都是 reg 型变量。

测试模块源代码如下:

```
~timescale 1ns/100ps
~include "sort4.v"
module task_Top;
    reg[3:0] a,b,c,d;
    wire[3:0] ra,rb,rc,rd;
    initial
    begin
                a = 0;b = 0;c = 0;d = 0;
                repeat(5)
                begin
                    #100 a = { $ random} % 15;
                    b = { $ random} % 15;
                    c = { $ random} % 15;
                    d = { $ random} % 15;
                end
        end
        #100 $ stop;
    sort4 sort4(.a(a),.b(b),.c(c),.d(d), .ra(ra),.rb(rb),.rc(rc),.rd(rd));
endmodule
```

信号重组模块仿真波形如图 3-12 所示。

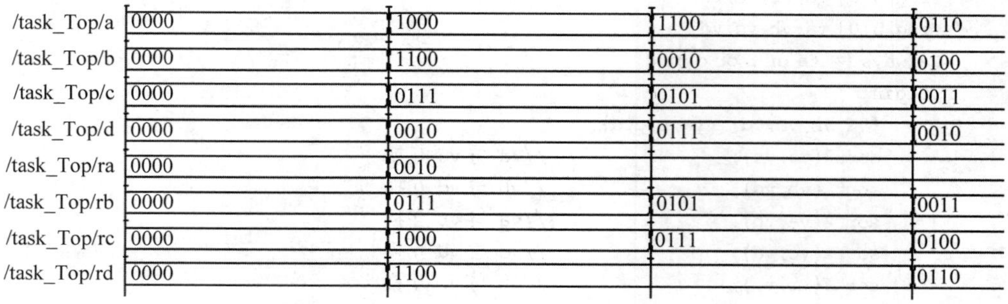

/task_Top/a	0000	1000	1100	0110
/task_Top/b	0000	1100	0010	0100
/task_Top/c	0000	0111	0101	0011
/task_Top/d	0000	0010	0111	0010
/task_Top/ra	0000	0010		
/task_Top/rb	0000	0111	0101	0011
/task_Top/rc	0000	1000	0111	0100
/task_Top/rd	0000	1100		0110

图 3-12　信号重组模块仿真波形

3.5.8　利用有限状态机进行复杂时序逻辑的设计

在数字电路中已经学习过通过建立有限状态机来进行数字逻辑的设计,而在 Verilog HDL 硬件描述语言中,这种设计方法得到进一步发展。通过 Verilog HDL 提供的语句,可以直观地设计出适合更为复杂的时序逻辑的电路。

下例是一个简单的状态机设计,功能是检测一个 5 位二进制序列"10010"。考虑到序列重叠的可能,有限状态机共提供 8 个状态(包括初始状态 IDLE)。

模块源代码如下:

```
//seqdet.v
module seqdet(x,z,clk,rst,state);
    inputx,clk,rst;
    output z;
    output[2:0] state;
    reg[2:0] state;
    wire z;
    parameter IDLE = 'd0, A = 'd1, B = 'd2,C = 'd3,
                    D = 'd4,E = 'd5, F = 'd6,G = 'd7;
    assign z = ( state == E && x == 0 )? 1 : 0;   //输出为 1 的条件为(state = E 同时 x = 0 )
    always@(posedge clk)
    if(!rst)
      begin
          state <= IDLE;
      end
    else
    casex(state)
      IDLE : if(x == 1)
          begin
              state <= A;
          end
      A: if(x == 0)
          begin
```

```
                   state < = B;
            end
B: if(x == 0)
        begin
            state < = C;
        end
    else
        begin
            state < = F;
        end
C: if(x == 1)
        begin
            state < = D;
        end
    else
        begin
            state < = G;
        end
D: if(x == 0)
        begin
            state < = E;
        end
    else
        begin
            state < = A;
        end
E: if(x == 0)
        begin
            state < = C;
        end
    else
        begin
            state < = A;
        end
F: if(x == 1)
        begin
            state < = A;
        end
    else
        begin
            state < = B;
        end
G: if(x == 1)
        begin
            state < = F;
        end
default:state = IDLE;              //默认状态为初始状态
endcase
```

```
endmodule
```

测试模块源代码如下：

```
// -------------- seqdet.v ------------------
`timescale 1ns/1ns
`include"./seqdet.v"
module seqdet_Top;
    regclk,rst;
    reg[23:0] data;
    wire[2:0] state;
    wirez,x;
    assign x = data[23];
    always #10 clk = ~clk;
    always@(posedge clk)
    data = {data[22:0],data[23]};
    initial
    begin
            clk = 0;
            rst = 1;
            #2 rst = 0;
            #30 rst = 1;
            data = 'b1100_1001_0000_1001_0100;
            #500 $ stop;
    end
    seqdet m(x,z,clk,rst,state);
endmodule
```

序列检测器仿真波形如图 3-13 所示。

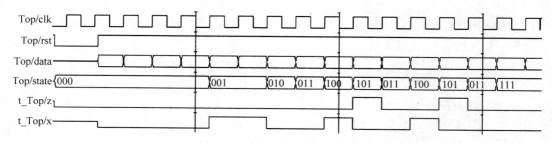

图 3-13　序列检测器仿真波形

3.5.9　利用状态机的嵌套实现层次结构化设计

上一个例子学习了如何使用状态机。实际上，单个有限状态机控制整个逻辑电路的运转在实际设计中是不多见的，往往是状态机套用状态机，从而形成树状的控制核心。这一点也与提倡的层次化、结构化的自顶而下的设计方法相符，下面将提供一个这样的示例以供大家学习。

该例是一个简化的紫外线可擦除只读存储器(EPROM)的串行写入器。事实上,它是由一个 EPROM 读写器设计中实现写功能的部分做删节得到的,去除了 EPROM 的启动、结束和 EPROM 控制字的写入等功能,只具备这样一个雏形。工作步骤:①地址的串行写入;②数据的串行写入;③给信号源应答,信号源给出下一个操作对象;④结束写操作。通过移位指令并行数据得以一位一位输出。

模块源代码如下:

```verilog
module writing(reset,clk,address,data,sda,ack);
    inputreset,clk;
    input[7:0] data,address;
    output sda,ack;                    //sda 负责串行数据输出;
                                       //ack 是一个对象操作完毕后,模块给出的应答信号
    reg link_write;                    //link_write 决定何时输出
    reg[3:0] state;                    //主状态机的状态字
    reg[4:0] sh8out_state;             //从状态机的状态字
    reg[7:0] sh8out_buf;               //输入数据缓冲
    reg finish_F;                      //用以判断是否处理完一个操作对象
    reg ack;
    parameter idle = 0,addr_write = 1,data_write = 2,stop_ack = 3;
    parameter bit0 = 1,bit1 = 2,bit2 = 3,bit3 = 4,bit4 = 5,bit5 = 6,bit6 = 7,bit7 = 8;
    assign sda = link_write? sh8out_buf[7] : 1'bz;
    always@(posedge clk)
    begin
      if(!reset)                       //复位
          begin
              link_write <= 0;
              state <= idle;
              finish_F <= 0;
              sh8out_state <= idle;
              ack <= 0;
              sh8out_buf <= 0;
          end
      else
          case(state)
          idle:
              begin
                  link_write <= 0;
                  state <= idle;
                  finish_F <= 0;
                  sh8out_state <= idle;
                  ack <= 0;
                  sh8out_buf <= address;
                  state <= addr_write;
              end
      addr_write:                      //地址输入
          begin
              if(finish_F == 0)
```

```
                begin shift8_out; end
            else
                begin
                    sh8out_state <= idle;
                    sh8out_buf <= data;
                    state <= data_write;
                    finish_F <= 0;
                end
        end
data_write:                    //数据写入
    begin
        if(finish_F == 0)
            begin shift8_out; end
        else
            begin
                link_write <= 0;
                state <= stop_ack;
                finish_F <= 0;
                ack <= 1;
            end
    end
stop_ack:                      //完成应答
    begin
        ack <= 0;
        state <= idle;
    end
endcase
end
task shift8_out;               //串行写入
    begin
    case(sh8out_state)
    idle:
        begin
            link_write <= 1;
            sh8out_state <= bit0;
        end
    bit0:
        begin
            link_write <= 1;
            sh8out_state <= bit1;
            sh8out_buf <= sh8out_buf << 1;
        end
    bit1:
        begin
            sh8out_state <= bit2;
            sh8out_buf <= sh8out_buf << 1;
        end
    bit2:
```

```
                    begin
                        sh8out_state <= bit3;
                        sh8out_buf <= sh8out_buf << 1;
                    end
                bit3:
                    begin
                        sh8out_state <= bit4;
                        sh8out_buf <= sh8out_buf << 1;
                    end
                bit4:
                    begin
                        sh8out_state <= bit5;
                        sh8out_buf <= sh8out_buf << 1;
                    end
                bit5:
                    begin
                        sh8out_state <= bit6;
                        sh8out_buf <= sh8out_buf << 1;
                    end
                bit6:
                    begin
                        sh8out_state <= bit7;
                        sh8out_buf <= sh8out_buf << 1;
                    end
                bit7:
                    begin
                        link_write <= 0;
                        finish_F <= finish_F + 1;
                    end
                endcase
        end
endtask
endmodule
```

测试模块源代码如下:

```
`timescale 1ns/100ps
`define clk_cycle 50
module writingTop;
    reg reset, clk;
    reg[7:0] data, address;
    wire ack, sda;
    always #`clk_cycle clk = ~clk;
    initial
    begin
        clk = 0;
        reset = 1;
        data = 0;
        address = 0;
```

```
        #(2 * clk_cycle) reset = 0;
        #(2 * clk_cycle) reset = 1;
        #(100 * clk_cycle) $ stop;
    end
always @(posedge ack)                    //接收到应答信号后,给出下一个处理对象
    begin
        data = data + 1;
        address = address + 1;
    end
    writing writing(.reset(reset),.clk(clk),.data(data),.address(address),.ack(ack),.
sda(sda));
endmodule
```

简易 EPROM 串行写入器仿真波形如图 3-14 所示。

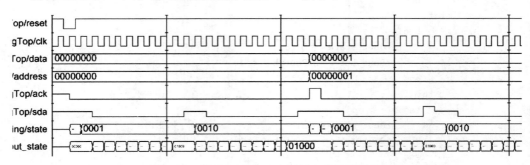

图 3-14　简易 EPROM 串行写入器仿真波形

3.5.10　通过模块之间的调用实现自顶向下的设计

　　现代硬件系统的设计过程与软件系统的开发相似,设计一个大规模的集成电路往往由模块多层次的引用和组合构成。层次化、结构化的设计过程,能使复杂的系统容易控制和调试。在 Verilog HDL 中,上层模块引用下层模块与 C 语言中程序调用有些类似,被引用的子模块在综合时作为其父模块的一部分被综合,形成相应的电路结构。在进行模块实例引用时,必须注意模块之间对应的端口,即子模块的端口与父模块的内部信号必须明确无误地一一对应,否则容易产生意想不到的后果。

　　下面给出的例子是设计中遇到的一个实例,其功能是将并行数据转化为串行数据送至外部电路编码,并将解码后得到的串行数据转化为并行数据交由 CPU 处理。显而易见,这实际上是两个独立的逻辑功能,分别设计为独立的模块,然后再合并为一个模块显得目的明确、层次清晰。

```
//-------------- p_to_s.v ----------------
module p_to_s(D_in,T0,data,SEND,ESC,ADD_100);
    output D_in,T0;                    // D_in 是串行输出,T0 是移位时钟并触发
                                       // CPU 中断,以确定何时给出下一个数据
    input [7:0] data;                  //并行输入数据
```

```
    input SEND,ESC,ADD_100;              //SEND、ESC 共同决定是否进行并串数据
                                         //转化,ADD_100 决定何时置数

    wire D_in,T0;
    reg [7:0] DATA_Q,DATA_Q_buf;
    assign T0 = ! (SEND & ESC);          //形成移位时钟
    assign D_in = DATA_Q[7];             //给出串行数据
    always @(posedge T0 or negedge ADD_100)   //ADD_100 下沿置数,T0 上沿移位
       begin
           if(!ADD_100)
                  DATA_Q = data;
           else
             begin
                  DATA_Q_buf = DATA_Q << 1;        //DATA_Q_buf 作为中介,以使综合
                  DATA_Q = DATA_Q_buf;  //器能识别
             end
       end
endmodule
```

在 p_to_s.v 中,由于移位运算虽然可综合,但并不是简单的 RTL 级描述,直接用 DATA_Q<=DATA_Q<<1 的写法在综合时会使综合器不易识别。另外,在该设计中,由于时钟 T0 的频率较低,所以没有像以往那样采用低电平置数,而是采用 ADD_100 的下降沿置数。

```
//-------------- s_to_p.v ----------------
module s_to_p(T1, data, D_out,DSC,TAKE,ADD_101);
    output T1;                          //触发 CPU 中断,以确定 CPU 何时取变换
                                        //得到的并行数据

    output [7:0] data;
    input D_out, DSC, TAKE, ADD_101;    //D_out 提供输入串行数据.DSC、TAKE
                                        //共同决定何时取数

    wire [7:0] data;
    wire T1,clk2;
    reg [7:0] data_latch, data_latch_buf;
    assign clk2 = DSC & TAKE ;          //提供移位时钟
    assign T1 = !clk2;
    assign data = (!ADD_101) ? data_latch : 8'bz;
    always@(posedge clk2)
      begin
          data_latch_buf = data_latch << 1;//data_latch_buf 作缓冲,使综合器
          data_latch = data_latch_buf;//能够识别
          data_latch[0] = D_out;
      end
endmodule
```

将上面的两个模块合并起来的 sys.v 的源代码如下:

```
//-------------- sys.v ----------------
`include"./p_to_s.v"
`include"./s_to_p.v"
modulesys(D_in,T0,T1, data, D_out,SEND,ESC,DSC,TAKE,ADD_100,ADD_101);
    input D_out,SEND,ESC,DSC,TAKE,ADD_100,ADD_101;
```

```
        inout [7:0] data;
        output D_in, T0, T1;
        p_to_s p_to_s(.D_in(D_in), .T0(T0), .data(data),
                      .SEND(SEND), .ESC(ESC), .ADD_100(ADD_100));
        s_to_p s_to_p(.T1(T1), .data(data), .D_out(D_out),
                      .DSC(DSC), .TAKE(TAKE), .ADD_101(ADD_101));
    endmodule
```

测试模块源代码如下：

```
//-------------- Top test file for sys.v ------------------
`timescale 1ns/100ps
`include"./sys.v"
module Top;
    reg D_out, SEND, ESC, DSC, TAKE, ADD_100, ADD_101;
    reg[7:0] data_buf;
    wire [7:0] data;
    wire clk2;
    assign data = (ADD_101) ? data_buf : 8'bz;   //data 在 sys 中是 inout 型变量, ADD_101
                                 //控制 data 是作为输入还是进行输出
    assign clk2 = DSC && TAKE;
    initial
      begin
          SEND = 0;
          ESC = 0;
          DSC = 1;
          TAKE = 1;
          ADD_100 = 1;
          ADD_101 = 1;
      end
    initial
      begin
          data_buf = 8'b10000001;
          #90 ADD_100 = 0;
          #100 ADD_100 = 1;
      end
    always
      begin
          #50;
          SEND = ~SEND;
          ESC = ~ESC;
      end
    initial
      begin
          #1500 ;
          SEND = 0;
          ESC = 0;
          DSC = 1;
          TAKE = 1;
```

```
            ADD_100 = 1;
            ADD_101 = 1;
            D_out = 0;
            #1150 ADD_101 = 0;
            #100 ADD_101  = 1;
            #100  $ stop;
        end
always
        begin
            #50 ;
            DSC = ～DSC;
            TAKE = ～TAKE;
        end
always@(negedge clk2) D_out = ～D_out;
sys sys(.D_in(D_in),.T0(T0),.T1(T1),.data(data),.D_out(D_out),
        .ADD_101(ADD_101), .SEND(SEND),.ESC(ESC),.DSC(DSC),
        .TAKE(TAKE),.ADD_100(ADD_100));
endmodule
```

数据串/并双向转换模块仿真波形如图 3-15 所示。

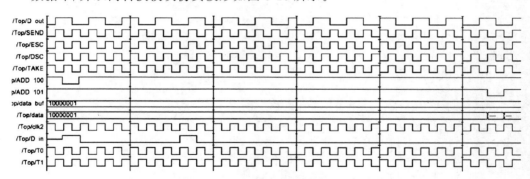

图 3-15　数据串/并双向转换模块仿真波形

第 4 章

嵌入式系统硬件基础

FPGA/CPLD、DSP 和 CPU 被称为未来数字电路系统的三块基石,也是目前硬件设计研究的热点。与传统电路设计方法相比,FPGA/CPLD 具有功能强大、开发过程投资小、周期短、可反复编程修改、保密性能好以及开发工具智能化等特点,特别是随着电子工艺的不断改进,低成本 FPGA/CPLD 器件推陈出新,这一切促使 FPGA/CPLD 成为当今硬件设计的首选方式之一。可以说,FPGA/CPLD 设计技术是当今高级硬件工程师与 IC 工程师的必备技能。

4.1 嵌入式器件及开发技术发展趋势

可编程逻辑器件随着微电子制造工艺的发展取得了长足进步。从早期的只能存储少量数据,完成简单逻辑功能的可编程只读存储器、紫外线可擦除只读存储器和电可擦除只读存储器,发展到能完成中大规模的数字逻辑功能的可编程阵列逻辑(PAL)和通用阵列逻辑(GAL),目前已经发展成为可以完成大规模的复杂组合逻辑与时序逻辑的复杂可编程逻辑器件(CPLD)和现场可编程逻辑器件。随着工艺技术的发展与市场的需要,超大规模、高速、低功耗的新型 FPGA/CPLD 不断推陈出新。新一代的 FPGA 甚至集成了中央处理器(CPU)或数字处理器(DSP)内核,在一片 FPGA 上进行软、硬件协同设计,为实现可编程片上系统提供强大的硬件支持。

4.1.1 FPGA 与 CPLD 的比较

FPGA/CPLD 既继承了 ASIC 的大规模、高集成度、高可靠性的优点,又克服了普通 ASIC 设计周期长、投资大、灵活性差的缺点,逐步成为复杂数字硬件电路设计的理想首选。二者的特点如下:

(1) 芯片规模不断增大。随着 VLSI 工艺不断提高,单一工艺足以容纳上百万个晶体管,FPGA 芯片的规模越来越大。单片逻辑门数已达千万,如 Altera Stratix Ⅱ 的 EP2S180 已经达到千万门的规模。芯片的规模越大,所能实现的功能就越强,同时也更适于实现片上系统。

(2) 可节省开发过程投资。FPGA/CPLD 芯片在出厂之前都做过严格测试,而且 FPGA/CPLD 设计灵活,发现错误时可直接更改设计,减少了投片风险,节省了许多潜在的花费。所以不但许多复杂系统使用 FPGA 完成,甚至设计 ASIC 时也要把实现 FPGA 功能样机作为必需的步骤。

(3) FPGA/CPLD 有助于提高开发速度。一般可以反复多次编程、擦除。在不改变外围电路的情况下,设计不同片内逻辑就能实现不同的电路功能。所以,用 FPGA/CPLD 试制功能样机,能以最快的速度占领市场。甚至在有些领域,因为相关标准协议发展太快,设计 ASIC 跟不上技术的更新速度,只能首先由 FPGA/CPLD 完成系统的研制和开发。

(4) FPGA/CPLD 开发工具智能化,功能强大。现在,FPGA/CPLD 开发工具种类繁多、智能化程度高、功能强大。应用各种工具可以完成从输入、综合、实现到配置芯片等一系列功能。还有很多工具可以完成对设计的仿真、优化、约束、在线调试等功能。这些工具易学易用,使设计人员更能集中精力进行电路设计,快速将产品推向市场。

(5) 新型 FPGA 内嵌 CPU 或 DSP 内核,支持软、硬件协同设计,可以作为可编程片上系统的硬件平台。

(6) 新型 FPGA 内部内嵌高性能 ASIC 的硬核。通过这些 Hard IP 可以完成某些高速复杂设计(如 SPI4.2、PCI Express、Fibre-Channel 等通信领域成熟标准和接口等),提高系统的工作频率与交通,减轻工程师任务量,规避了研发风险,加速了研发进程。FPGA 与 CPLD 的区别及联系见表 4-1。

表 4-1　FPGA 与 CPLD 的区别及联系

项　　目	FPGA	CPLD	备　　注
结构工艺	多为 LUT 加寄存器结构,实现工艺多为 SRAM,也包含 Flash、Anti-Fuse 等工艺	多为乘积项,工艺多为 E^2CMOS,也包含 E^2PROM、Flash、Anti-Fuse 等不同工艺	
触发器数量	多	少	FPGA 更适合实现时序逻辑,CPLD 多用于实现组合逻辑
Pin to Pin 时延	不可预测	固定	对 FPGA 而言,时序约束和仿真非常重要
规模与逻辑复杂度	规模大,逻辑复杂度高,新型器件高达千万门级	规模小,逻辑复杂度低	FPGA 用来实现复杂设计,CPLD 用来实现简单设计

4.1.2　下一代可编程逻辑设计技术展望

可编程逻辑设计技术正处于高速发展阶段。新型的 FPGA/CPLD 规模越来越大,成本越来越低。高性价比使可编程逻辑器件在硬件设计领域扮演着日益重要的角色。低端的 CPLD 已经逐步取代了 74 系列等传统的数字元件,高端的 FPGA 也在不断夺取 ASIC 的市场份额,特别是目前大规模 FPGA 多数支持可编程片上系统,与 CPU 或 DSP 内核的有机结合使 FPGA 已经不仅仅是传统的硬件电路设计手段,而是逐步升华为系统级实现工具。

FPGA 硬件的发展趋势主要包括四个方面:一是最先进的 ASIC 生产工艺将被更广泛地应用于以 FPGA 为代表的可编程逻辑器件;二是越来越多的高端 FPGA 产品将包含 DSP 或 CPU 等处理器内核,使得 FPGA 将由传统的硬件设计手段逐步过渡为系统级设计平台;三是 FPGA 将包含功能越来越丰富的硬核,与传统 ASIC 进一步融合,并通过结构化 ASIC 技术加快占领部分 ASIC 市场;四是低成本 FPGA 的密度越来越高,价格越来越合理,将成为 FPGA 发展的中坚力量。即归纳为先进工艺、处理器内核、硬件与结构化 ASIC、低成本器件。

1. 先进工艺

FPGA 本身是一款 IC 产品。从最早的数字逻辑功能的可编程阵列逻辑和通用阵列逻辑发展到复杂可编程逻辑器件,直至今日可以完成超大规模的复杂组合逻辑与时序逻辑的现场可编程逻辑器件只用了几十年时间。一方面可编程逻辑器件的应用场合越来越广泛,客户对 FPGA 等可编程逻辑器件提出了更苛刻的要求,希望 FPGA/CPLD 的封装越来越小,速度越来越快,器件密度越来越高,有丰富的可编程单元可供使用,并要求基础功能强大的 ASIC 硬核,以便实现复杂系统的单片解决方案。另一方面,FPGA、CPLD 等可编程逻辑器件的可观利润又要求生产商不断降低器件成本,从而在激烈的市场竞争中立于不败之地。这一切就要求可编程器件生产商不断将最新、最尖端的 IC 设计方法与制造工艺运用于 FPGA/CPLD 的新产品中。

在工艺上第一个显著的进步是 90nm CMOS 芯片加工工艺越来越广泛地应用于 FPGA 产品。目前比较成熟的 CMOS 加工工艺为 $0.35\mu m$、$0.25\mu m$、$0.18\mu m$、$0.13\mu m$ 等。在 2004 年,90nm 工艺才逐步成熟并大规模应用。该工艺主要面临的挑战包括工艺复杂度、漏电电流造成的功耗扩散、器件密度、噪声干扰、可靠性、时钟频率以及可生产性等。通过采用新的加工工艺,FPGA 主要取得了以下进步:

(1) 器件密度提高。与 $0.13\mu m$ 工艺相比,在相同的尺寸的晶元上可以多集成近 1 倍的晶体管,为制造大规模的 FPGA 提供了技术可能。目前市场上最大的 FPGA 已经包含超过 11 万个 4 输入 LUT 和 Register,其等效系统门数超过 1000 万门。而且随着工艺的不断发展,会出现规模更加庞大的 FPGA,在这类超大规模 FPGA 上可以完成复杂系统的设计,强有力地支持了 FPGA 的系统应用。

(2) 工作频率提高。90nm 工艺因电子的跃迁距离变短而在一定程度上使 FPGA 的工作频率更高。结合目前的许多其他 IC 设计技术,如低介电常数和全铜层等工艺,使 FPGA 的工作频率提升 30% 以上。Altera、Lattice 和 Xilinx 这三家主流可编程器件生产商都采用了上述先进设计工艺,某些高端 FPGA 的最高工作频率可达到 500MHz。高的工作频率,配合高速 I/O,使 FPGA 除了能适应传统的数字系统设计需求外,也能适用于高速数字系统设计,为 FPGA 在高速领域中取代传统 ASIC 提供了技术支持。

(3) 器件价格降低。采用 90nm 工艺生产的 FPGA 在系统门数相同的情况下,所用晶元的尺寸比采用传统 130nm 工艺要小得多,在保证良率的前提下,FPGA 的生产成本将大幅降低。随着器件价格降低,FPGA 将会由高端数字系统应用逐渐渗透到数字电路的高、中、低端各个领域。

2. 处理器内核

电路设计主要有两种应用:偏硬的应用,即数字硬件电路,其特点是要求信号实时或高速处理,处理调度相对简单,前面已经提到 FPGA/CPLD 已经逐步取代传统数字硬件电路,成为偏硬部分的主要设计手段;偏软的应用,即数字运算电路,其特点是电路处理速度要求相对较低,允许一定的时延,但是处理调度相对复杂,其主要设计手段是 CPU 或 DSP。偏硬电路的核心特点是实时性要求高,偏软电路的核心特点是调试复杂。

偏硬和偏软两种应用的分类不是绝对的,例如,目前有一些高速 DSP,其工作频率达到吉赫级,高速的运算速度使时延与传统硬件并行处理方式可以比拟。而在 FPGA 内部也可以用 Register 和 LUT 实现微处理器以完成比较复杂的调度运算,但是将消耗很多的逻辑资源。所以目前有一个市场趋势,即 FPGA 和 DSP(或 CPU)互相抢夺应用领域,如在 3G(第 3 代移动通信)领域,有三种解决方案,分别为纯 ASIC 或 FPGA、FPGA(或 ASIC)加 DSP、纯 DSP。其实用户最终选择哪种方案,关键取决于系统灵活性、实时性等指标的要求。

目前很多高端 FPGA 产品都集成了 DSP 或 CPU 的运算模块,例如,Altera 的 Stratix/Stratix GX/Stratix Ⅱ 系列 FPGA 集成了 DSP 内核,配合通用逻辑资源可以实现 Nios 等微处理器功能。此外,Altera 公司还曾与 ARM 公司积极合作,在其 FPGA 上实现了 ARM7 处理器的功能。Altera 的 SOC 设计工具为 DSP Builder 和 SOPC Builder;其他厂商,如 Lattice、Xilinx 公司生产的 FPGA 也都集成了相应的硬件核心和处理器模块,并有相应的开发工具。

需要注意的是,这类内嵌在 FPGA 中的 DSP 或 CPU 处理模块的硬件主要由一些加、乘、快速进位链、Pipelining 和 Mux 等结构组成,加上用逻辑资源和块 ARM 实现的软核部分,就组成了功能较强大的软计算中心。但是由于其不完全具备传统 DSP 和 CPU 的各种译码机制、复杂的通信总线、灵活的中断和调度机制等硬件结构,所以还不是真正意义上的 DSP 或 CPU,如果要实现完整的 Nios、ARM、Power PC 和 Micro Blaze 等处理器核心,还需要消耗大量的 FPGA 逻辑资源。在应用这类 DSP 或 CPU 模块时应该注意其结构特点,扬长避短,选择合适的应用场合。这种 DSP 或 CPU 模块比较适合实现 FIR 滤波器、编码解码、快速傅里叶变换等运算。对于某些应用,通过在 FPGA 内部实现多个 DSP 或 CPU 运算单元并行运算,其工作效率可以达到传统 DSP 和 CPU 的几倍。

FPGA 内部嵌入 CPU 或 DSP 等处理器,使 FPGA 在一定程度上具备了实现软、硬件联合系统的能力,FPGA 正逐步成为 SOC 的高效设计平台。

3. 硬核与结构化 ASIC

高端 FPGA 的另一个重要特点是集成了功能丰富的 Hard IP Core(硬件知识产权核)。这些 Hard IP Core 一般完成高速、复杂的设计标准。通过这些 Hard IP Core,FPGA 正在逐步进入一些过去只有 ASIC 才能完成的设计领域。

FPGA 一般采用同步时钟设计,ASIC 有时采用异步逻辑设计;FPGA 一般采用全局时钟驱动,ASIC 一般采用门控时钟树驱动;FPGA 一般采用时序驱动方式在各级专用布线资源上灵活布线,而 ASIC 一旦设计完成后,其布线固定。正是因为这些显著区别,ASIC 设计与 FPGA 设计相比有以下优势。

(1)功耗更低。由于 ASIC 门控时钟结构和异步电路设计方式,功耗非常低。这点对于一些简单设计并不明显,但是对于大规模器件和复杂设计就变得十分重要。目前,有些网络处理器 ASIC 的功耗在数十瓦,如果用超大规模 FPGA 完成这类 FPGA 设计,其功耗将很大。

(2)能完成高速设计。ASIC 适用的设计频率范围比 FPGA 广泛得多。目前 FPGA 的工作频率一般低于 500MHz,而对于大规模器件,资源利用率高一些的设计想达到 250MHz 都是非常困难的,而很多数字 ASIC 的工作频率在 10GHz 以上。

(3)设计密度大。由于 FPGA 的底层硬件结构一致,在实现用户设计时会有大量单元不能充分利用,所以 FPGA 的设计效率并不高。与 ASIC 相比,FPGA 的等效系统门和 ASIC 门的设计效率比约为 1∶10。

ASIC 与 FPGA 相比的这三个显著势将传统 FPGA 排除在很多高速、复杂、高功耗设计领域之外。而 FPGA 与 ASIC 相比的优点又十分明显:

(1)FPGA 设计周期比 ASIC 短。FPGA 的设计流程比 ASIC 简化许多,而且 FPGA 可以重复开发,其设计与调试周期比传统 ASIC 设计显著缩短。

(2)FPGA 开发成本比 ASIC 低。ASIC 的 NRE 费用非常高,而且一旦 NRE 失败,必须耗巨资重新设计。加之 ASIC 开发周期长,人力成本激增。所以 FPGA 开发成本比 ASIC 低。

(3)FPGA 设计比 ASIC 灵活。因为 FPGA 易于修改,可重复编程,所以 FPGA 更适用于那些不断演进的标准。

FPGA 与 ASIC 的联合使用方式主要有两种:一是在 FPGA 中内嵌模块,以完成高速、大功耗、复杂的设计部分,而对于其他低速、低功耗、相对简单的电路则由传统的 FPGA 逻辑资源完成;二是在 ASIC 中集成部分可编程的灵活配置资源,或者继承成熟的 FPGA 设计,将之转换为 ASIC,这种思路是 ASIC 向 FPGA 的融合,称为结构化 ASIC。

FPGA 内嵌 Hard IP Core 大大扩展了 FPGA 的应用范围,降低了设计者的设计难度,缩短了开发周期。例如,串并转换收发器(SERDES)、SONET/SDH、3G、PCI 和 ATCA 等多种标准应用单元以及 QDR/DDR 控制器等通用典型硬件单元。

结构化 ASIC 的形式多种多样。与 FPGA 相关的主要有两种:一是 Altera 公司的 HardCopy 和 Xilinx 公司的 EasyPath 的设计方法,即将其中没有用到的时钟资源、布线资源、专用 Hard IP Core、Block RAM 等资源简化,使 FPGA 成为满足设计需求的最小配置,从而降低芯片面积,简化芯片设计,节约生产成本;二是 Lattice 公司的 MACO 设计方法,即将成熟的 Soft IP Core 转换为 ASIC 的 Hard IP Core,在 FPGA 的某些层专门划分出空白的 ASIC 区域,调试完成后,将设计中所用到的 Soft IP Core 对应的 Hard IP Core 适配到 MACO 块中,从而减少了通用逻辑资源的消耗,可以选取规模较小的 FPGA 完成较复杂的高速设计。FPGA 设计与 ASIC 设计技术进一步融合,FPGA 通过 Hard IP Core 和结构化 ASIC 之路加快占领传统 ASIC 市场份额。

4. 器件成本低

目前应用最广泛的是中低端 FPGA,从功能上简化了高端 FPGA 的许多专用和高性能电路,器件的密度一般从几千个 LE(1 个 LUT4(或 8)+1 个 Register)到数万个 LE,器件的内嵌 RAM 容量较小,I/O 仅支持最通用的一些电路系统,器件 PLL 或 DLL 的适用范围较窄,器件工作频率较低。但是,这些低端 FPGA 器件已经能够满足绝大多数市场需求。Altera 公司的低端 FPGA 主要有 3 个系列,分别为传统的 Cyclone 系列、改进后的低成本高性能 Cyclone Ⅱ系列以及 Max Ⅱ系列(采用 4 输入 LUT 和寄存器结构,既可以看作规模非常小的 FPGA,也看作中高端 CPLD)。Lattice 公司的低端 FPGA 主要有三个系列,即 EC 系列、ECP 系列(低成本 FPGA 加硬件 DSP 模块)以及 XP 系列(SRAM加 Flash 工艺,内嵌程序存储空间);Xilinx 公司的低端 FPGA 主要有三个系统,即传统的 Spartan 系列(Spartan、Spartan XL 等)、Spartan 2 系列(包括 Spartan 2E 器件族等)以及新推出的 Spartan 3 系列。目前低端市场竞争非常激烈,随着低成本器件的不断推陈出新,FPGA 将渗透到数字电路的各个领域,特别是消费电子、汽车电路、有线电视以及信息化军事装备等领域。通过 FPGA 的应用,电路设计将逐步走向归一化,一般电路系统将由 FPGA/CPLD 作为主要器件构成。

4.1.3 EDA 设计方法发展趋势

EDA 设计方法不断发展,总的趋势表现在以下几个方面:
(1) 支持更新更多的可编程器件;
(2) 人性化以及易用性不断增强;
(3) 设计优化效果不断提高;
(4) 仿真软件的速度以及仿真精度越来越高;
(5) 综合软件、分析验证、布局布线的效率和优化效果不断提高。

1. 高级设计语言

目前常用的设计方法是 HDL 设计方法,除了业界流行的 Verilog HDL 和 VHDL。在其基础上又发展出了许多抽象程序更高的硬件描述语言,如 SystemVerilog、Superlog、SystemC 以及 CoWare C 等,这些高级 HDL 的语法结构更加丰富,更适合做系统级、功能级等高层次的设计描述和仿真。

高级语言是系统级设计方法和软、硬件联合设计的有力工具。系统级设计方法是指在系统层次进行设计和仿真,运用系统级综合工具将代码综合为门级网表,然后进行布局布线的设计流程。系统级设计有利于自顶向下进行系统设计,抽象层次高,仿真和结构描述代码一致,优化效果好,缩短了设计周期。系统级设计中,结构代码和仿真代码完全一致,理想的系统级设计方式为在系统级构建仿真模型,然后即可直接综合,并布局布线,从而简化了复杂设计,大大缩短了设计周期。系统级的另一个显著特点是,支持软、硬件联合设计,前面提到过新一代 FPGA 将集成功能越来越强大的 DSP 或 CPU 软核,目前的这种器件的设计方法是用 HDL 描述电路硬件结构,并在传统的 FPGA 逻辑资源中实现;同时用 C 语言或汇编语言描述软件功能,然后在 DSP 或 CPU Core 中运行,但两者很难高效、有机地结合起来,特别是编译或综合过程不能统一以及设计过程不能统一。而系统级设计方法对软件和硬件结构统一用类似 C 语言的高级语言描述,用统一的编译和综合软件优化,并由软件自动区分所需的 FPGA 硬件资源,并自动高效适配到 FPGA 中,在调试中两者也是完全协调统一的。

系统级设计方法除了需要用高级 HDL 描述外,更重要的是要得到系统级仿真、综合工具的强有力支持。目前高级 HDL 迅猛发展,并逐步完善。

2. 系统级仿真和系统级综合化方法

系统级设计方法关键的技术难点是系统级仿真、系统级综合工具的交互。系统级仿真要求传统的功能、时序仿真工具能够直接支持对系统级模型的仿真,从而实现自系统级而下,一直到门级的仿真与验证。这就对仿真工具的编译机制和仿真库提出了新的要求。系统级综合工具是指能直接对系统代码进行编译,抽象出系统级模型,然后进行综合优化,并得到门级网表的高级综合工具。

目前,综合工具主要有门级综合工具和行为级综合工具两个层次。早期的综合技术主要是基于门级的,如 Synopsys 早期的综合工具,它将用 HDL 代码描述的电路展开到门级,用与或非门逻辑和一些最基本的触发器、锁存器等基本单元表示,然后将这些门级网表适配到不同类型的 FPGA 底层结构上。这种门级综合方式在 ASIC 和早期 FPGA 设计中应用广泛,其特点是忠于原设计。但因为 FPGA 的底层是由固定结构的触发器和 LUT 基本单元,以及一些固定结构的硬件原语,如 PLL、DLL、RAM 块等构成的,所以采用门级综合技术相当于将 RTL 电路描述转换到门级,然后组合到 FPGA 的底层硬件原语,有一个从高抽象层次(寄存器传送级)转换到低抽象层次(门级),再返回到另一个较高抽象层次(FPGA 的硬件原语描述)的过程,这无疑在综合效率上是不怎么合理的。于是,新的综合思路——行为级综合技术应运而生。行为级提取技术的核心是将 RTL 级 HDL 描述的电路结构不再直接转换到门级并适配到 FPGA,而是将综合结构抽象成一级行为级标准模块,根据 FPGA 厂商(Vendor)提供的大量 FPGA 底层硬件原语和基本可编程逻辑单元形态的数据库,将行为级提取的模块直接适配到 FPGA 底层单元中。行为级综合技术适配到 FPGA 的层次不再是门级而是行为级,更高的综合层次大大节省了综合时间,并有效地提高了综合效率,使优化效果更加显著。典型的行为级综合工具是 Syncplicity 公司的 Syncplify、Syncplify Pro、Amplify 等综合工具。

系统级综合工具的抽象层次比行为级综合工具还要高,它要求综合工具直接从系统级结构代码抽象出系统级模型,从更高层次上优化时序和面积,然后再根据系统级库将优化后的结构适配到 FPGA 的底层模块中。

目前还没有非常成熟的系统级综合与系统级仿真工具,系统级设计方法的演进还需相当长的一段时间。

3. 团队协同设计与模块化设计方法

随着可编程器件的发展,越来越多复杂系统的核心电路利用 FPGA 设计完成,这些复杂系统经常需要使用百万门以上的大规模 FPGA 来设计。另外,为了对市场需求做出最迅速的反映,就要求这些电子产品的设计周期尽量缩短,只有第一时间推出成熟稳定的产品,才能获得更大的市场份额。于是一方面需要百万门以上的大规模 FPGA 以满足设计需要,另一方面需要在最短的时间内高质量地完成设计以满足市场需求,这两者出现了矛盾。解决这个矛盾的方法之一是投入更多的人力,进行并行工作、协同设计。FPGA 的团队协同设计方法——模块化设计方法,其核心是将大规模复杂系统按照一定规则划分成若干模块,然后对每个模块进行设计输入、综合,并将实现结果约束在预先设置好的区域内,最后将所有模块的实现结果有机地组织起来,完成整个系统的设计。目前主流 FPGA 厂商的设计平台都支持模块化设计方法,例如,Altera 公司的模块化设计工具是 LogicLock,Xilinx 公司的模块化设计工具是 Modular Design,Lattice 公司通过 Floorplanner 也可以完成模块化设计。模块化设计的优势表现在如下三个方面:

(1) 团队式并行工作、协同设计,即所有设计小组成员可以在最大程度上互不干扰地设计自己的子模块,从而加速了项目进度。

(2) 每个子模块可以有独立的优化目标,便于灵活使用综合和实现工具以达到更好的优化结果。

(3) 调试、更改某个有缺陷的子模块时,并不会影响其他模块的实现结果,从而保证了设计的稳定性与可靠性。

最新 EDA 工具的另一个特点是支持增量式设计,这是一种能在小范围改动情况下节约综合、实现时间并继承以往设计成果的设计手段。增量式设计包含增量综合与增量实现两个层面的含义。增量式设计方法主要应用于下列三种情况:

(1) 在实验室调试时需要对设计进行一些局部的修改。

(2) 在仿真时需要对设计进行一些局部的修改。

(3) 因设计的局部不满足时序要求而需要做一些小范围的修改以改进时序。

合理运用增量式设计具有以下优点:

(1) 能够减少综合、实现过程(特别是布局布线过程)的耗时。当仅对某个大型设计的局部加以细微改动时,增量综合、实现工具仅对改动部分重新编译,如果改动模块的接口设计恰当,将不会影响其余部分的综合与实现结果,在布局布线时只需以上次的实现结果作为指引即可,从而节约了整个编译、布局布线与优化的耗时。

(2) 能够继承未修改区域的实现成果,这里的实现成果主要指在时序和面积两个方面。如果一个设计经过多次调试,附加合适的约束,设置恰当的参数达到了最佳实现成果,特别是满足比较苛刻时序要求,但是因为对某个细节进行了代码修改,就必须全部重新综合、布局布线,可能前功尽弃。可采用增量式设计方法解决这个问题。增量实现时,综合工具仅对细微修改的模块重新综合得到新的网表,而对这个模块与其余部分的接口尽量不变动,其余部分的综合结果也保持一致。在增量实现时,其余模块的实现结果将被继承下来,仅对新改动的网表进行布局布线,从而保证在最大程度上继承以往的实现结果。

模块化设计方法和增量设计式方法已经逐步成熟,Altera 公司的模块化设计方法、增量式设计方法和 LogicLock 工具的详细介绍参见相关文献。

4.2 FPGA 系统设计基础

Altera 公司可编程逻辑单元通常称为 LE(Logic Element,逻辑单元),由一个 Register 加一个 LUT 构成。Altera 公司大多数 FPGA 将 10 个 LE 有机地组合起来,构成更大功能单元——逻辑阵列模块(Logic Array Block,LAB),LAB 中除了 LE 外还包含 LE 间的进位链、LAB 控制信号,局部互联线资源,LUT 级联链,寄存器级联链等连线与控制资源。Xilinx 公司可编程逻辑单元称为 Slice,它由上下两个部分构成,每个部分都由一个 Register 加一个 LUT 组成,称为 LC(Logic Cell,逻辑单元),两个 LC 之间有一些共用逻辑,可以完成 LC 之间的配合与级联。Lattice 公司的底层逻辑单元称为可编程功能单元(Programmable Function Unit,PFU),它由 8 个 LUT 和 8 个或 9 个 Register 构成。这些可编程单元的配置结构随着器件的发展也在不断更新,最新的一些可编程逻辑器件常根据设计需求推出一些新的 LUT 和 Register 的配置比率,并优化其内部的连接构造。

学习底层配置单元的 LUT 和 Register 配置比率的一个重要意义是器件造型和规模估算。目前,器件手册上用器件的 ASIC 门数或等效的系统门数表示器件的规模。但是,由于目前 FPGA 内部除了基本可编程逻辑单元外,还包含有丰富的嵌入式 RAM、PLL 或 DLL,专用 Hard IP Core 等。这些功能模块也会等效出一定规模的系统门,所以用系统门权衡基本可编程逻辑器件的资源数量是不准确的,常常混淆设计者。比较简单科学的方法是用器件的 Register 或 LUT 的数量衡量(一般来说两者比率为 1∶1)。器件造型是一个综合性问题,需要将设计的需求、成本压力、规模、速度等级、时钟资源、I/O 特性、封装、专用功能模块等因素综合考虑。

内容地址储存器(CAM)在每个存储单元都包含了一个内嵌的比较逻辑,写入 CAM 的数据会与内部存储的每一个数据进行比较,并返回与端口数据相同的所有内部数据地址。概括地讲,RAM 是一种根据地址读、写数据的存储单元;而 CAM 和 RAM 恰恰相反,它返回的是与端口数据相匹配的内部地址。CAM 的应用也非常广泛,如在路由器中的地址交换表等。

4.2.1 Altera FPGA/CPLD 的结构

目前,各种设计所包含的功能越来越复杂,性能要求也越来越高,这就要求我们充分理解所用的 FPGA/CPLD 器件的结构特点,合理地使用其内部的功能模块和布线资源。

目前,FPGA 早已不仅是传统意义上的通用可编程逻辑,而是越来越像一个片上可编程系统。可编程逻辑器件内部硬的功能模块越来越丰富。如片内 RAM、锁相环、数字信号处理模块、专用高速电路甚至嵌入式 CPU,都需要用户去充分理解其结构特点和工作原理,掌握其使用方法,才能最大限度地发挥它们在系统中的作用,从而使用户的设计达到最优化。

本节主要介绍 Altera 公司主流 PLD 器件的基本结构特点和应用场合。Altera 公司的可编程逻辑产品可分为高密度 FPGA、低成本 FPGA 和 CPLD 三类,每个产品类别在不同时期都有其主流产品。在 Altera 公司近几年的产品系列中,高密度 FPGA 有 APEX 系列和 Stratix 系列,低成本 FPGA 有 ACEX 和 Cyclone 系列,CPLD 有 MAX7000B、MAX3000A 和 MAX Ⅱ。

Altera 公司的低成本 FPGA 继 ACEX 之后,推出了 Cyclone(飓风)系列,之后还有基于 90nm 工艺的 Cyclone Ⅱ。低成本 FPGA 主要定位在数量大且对成本敏感的设计中,如数字终端、手持设备等。另外,在 PC、消费类产品和工业控制领域,FPGA 还不是特别普及,主要原因是以前成本较高。随着 FPGA 厂商的工艺改进,制造成本的降低,FPGA 会被越来越多地接受。

1. Cyclone FPGA

1) 器件概述

Cyclone FPGA 是基于 Stratix 的工艺构架,Altera 公司针对其应用,经过市场调研,重新定义它的特性和规格,使其从设计初期就定位为一款低成本的 FPGA。Cyclone FPGA 的应用主要是定位在终端市场,如消费类电子、计算机、工业和汽车等领域。

Cyclone FPGA 采用 $0.13\mu m$ 的工艺制造,其内部有锁相环、RAM 块,逻辑容量是 $2910\sim20060$ 个 LE。Cyclone 系列 FPGA 特性见表 4-2。

表 4-2　Cyclone 系列 FPGA 特性

特性	EP1C3	EP1C4	EP1C6	EP1C12	EP1C20
LE	2910	4000	5980	12060	20060
M4K RAM	13	17	20	52	64
锁相环	1	2	2	2	2
最大用户 I/O	104	301	185	249	301

2) 平面布局和基本功能块

Cyclone FPGA 的平面布局如图 4-1 所示。

Cyclone FPGA 的 LAB 和 LE 在行列走线资源方面,其内部只有 R4 和 C4 走线,它们的跨度分别为 4 个 LAB 的宽度和高度。

Cyclone FPGA 内部的 RAM 块只有 M4K 一种,它可以实现真正双端口,简单双端口和单端口的 RAM,可以支持移位寄存器和 ROM 方式。

Cyclone FPGA 内部有 8 个内部全局时钟网络,可以由全局时钟管理 CLK0~3、复用的时钟管理 DPCLK0~7、锁相环或者是内部逻辑来驱动。

Cyclone FPGA 的 PLL 只能由全局时钟管理 CLK0~3 来驱动,CLK0 和 CLK1 可作

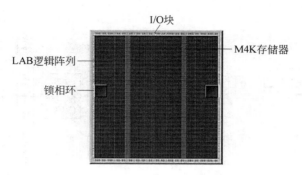

图 4-1 Cyclone FPGA 的平面布局

为 PLL1 的两个可选的时钟输入端,也可作为一对差分 LVDS 的时钟输入引脚,CLK0 作为正端输入(LVDSCLK1p),而 CLK1 作为负端输入(LVDSCLK1n)。同样,CLK2 和 CLK3 可作为 PLL2 的两个可选的时钟输入端,也可以作为一对差分 LVDS 的时钟引脚,如图 4-2 所示。

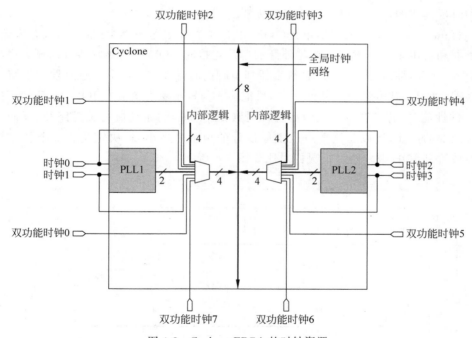

图 4-2 Cyclone FPGA 的时钟资源

一个 PLL 的输出可以驱动两个内部全局时钟网络和一个(或一对)I/O 引脚,如图 4-3 所示。

Cyclone FPGA 的 PLL 支持以下三种反馈模式:

(1) 正常反馈模式:内部被补偿的时钟网络的末端相位与时钟输入引脚同相位。

(2) 0 时延驱动器反馈模式:PLL 外部的被补偿的时钟专用输出引脚的相位与时钟输入引脚同相位。这时的 FPGA 内部的 PLL 就好像是一个 0 时延的锁相环电路。

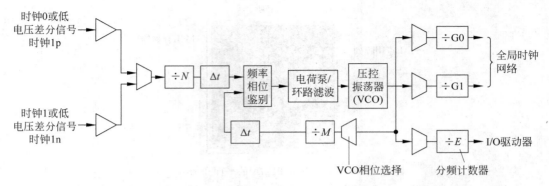

图 4-3　Cyclone FPGA 的锁相环结构

（3）无补偿模式：反馈回路中没有任何补偿时延电路，内部时钟和输入时钟的相位关系就是由 PLL 的基本特性决定的。

Cyclone FPGA 的 PLL 没有外部反馈输入引脚，不支持外部反馈模式。关于以上所述各种时延模式的详细解释可参见相关文献。

Cyclone FPGA 的输入输出单元(IOE)中有 3 个 IOE 触发器，分别是输入触发器、输出触发器和输出全能触发器。在与外部的芯片连接时，IOE 中的触发器可以显著提高设计的输入与输出性能，因为从 IOE 触发器到引脚的时延要比 LE 中的触发器到引脚的时延小很多。但是，凡事都有其两面性，如果把输入与输出触发器放在 IOE 中，虽然可以提高 I/O 的性能，但有时会导致从内部逻辑到 IOE 触发器的路径成为关键路径，反而影响 FPGA 内部的性能，所以建议用户从整体设计的角度考虑出发，决定是否需要将主输出触发器放置到 IOE 中。两种情况的对比如图 4-4 所示。

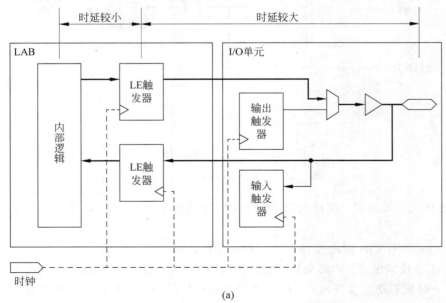

(a)

图 4-4　IOE 触发器使用情况的对比分析

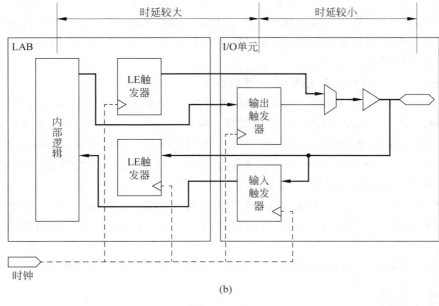

(b)

图 4-4 （续）

在实际的设计中，如果 I/O 的时序和内部逻辑的性能都比较紧张，一般建议首先根据外部芯片的情况为 FPGA 引脚设置约束，也就是建立和保持时间的约束。让布线工具根据设计的具体情况来自动决定是否将输入与输出触发器放至 IOE 中。

Cyclone FPGA 的引脚可以支持单端和差分 LVDS 的接口电平，支持 PCI 总线标准，其 IOE 内部示意图如图 4-5 所示。引脚上有可编程的上拉电阻，可选的 PCI 钳位二极管和总线保持电路。输出驱动器可以控制驱动电流强度、翻转斜率（SLEW）和漏极开路输出。

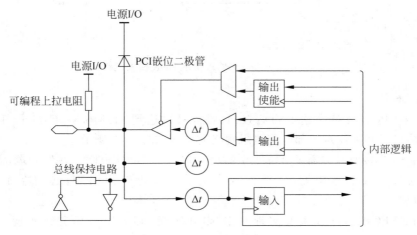

图 4-5 Cyclone FPGA 的 IOE 结构

Altera 公司为 Cyclone FPGA 的低成本方案专门设计了一种低成本串行加载芯片，有 EPCS1 和 EPCS2 两款。这种加载方式成为主动串行模式。Cyclone FPGA 在加载时主动发出加载时钟和其他控制信号，数据从串行加载中读出。Cyclone FPGA 还支持配置文件的压缩模式。

3）在 Cyclone FPGA 中支持 DDR 存储器接口

在 Cyclone FPGA 的 IOE 中没有支持 DDR 的触发器，所以用户如果要实现 DDR 接口，就必须使用邻近引脚的 LAB 中的触发器。同时，Cyclone FPGA 中还有可以复用为通用 I/O 脚的 DQS 和 DQ 信号组，可以支持外部的 DDR 存储器。Cyclone FPGA 的 DQS 输入引脚可以根据需要相对于输入 DQ 总线延迟 72° 或 90°，保证在数据采样时，DQS 的边沿在 DQ 数据的中间。

这里要注意，Cyclone FPGA 中 DQS 输入信号在器件内部没有专用的 DQS 总线，DQS 信号在内部使用全局时钟网络。所以用户设计 DDR 接口时，要考虑内部的全局时钟网络是否足够。

Cyclone FPGA 实现 DDR 输入电路和输出电路如图 4-6 和图 4-7 所示。

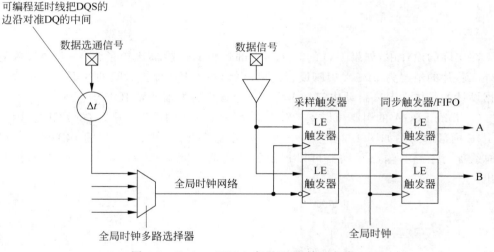

图 4-6　Cyclone FPGA 实现 DDR 输入电路

4）LVDS 接口

Cyclone FPGA 支持高速 LVDS 接口，性能可以达到 311Mb/s。Cyclone FPGA 支持 LVDS 接口时必须注意外部匹配电阻网络的接法，如图 4-8 所示。

在图 4-8 中，接收端只需要在靠近引脚处并联一个 100Ω 电阻。在发送端，需要有一个由 3 个电阻组成的电阻网络，要保证它们非常靠近输出引脚，必须在 1in（1in＝2.54cm）以内。

Cyclone FPGA 内部如果要实现并串/串并转换，必须用内部逻辑实现。Cyclone FPGA 的 LVDS 接口需要的 I/O 电压为 2.5V。

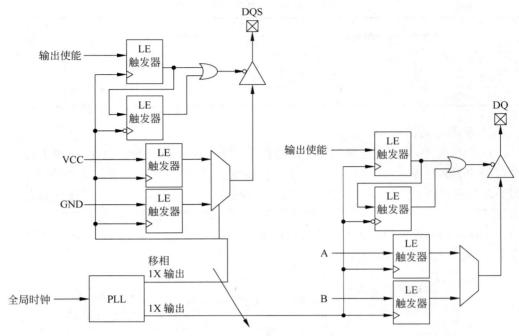

图 4-7　Cyclone FPGA 实现 DDR 输出电路

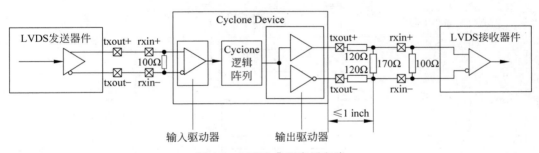

图 4-8　LVDS 典型应用电路

2. Cyclone Ⅱ FPGA

Cyclone Ⅱ FPGA 是基于 Stratix Ⅱ 的 90nm 工艺推出的低成本 FPGA。最大的 Cyclone Ⅱ FPGA 的规模将是 Cyclone FPGA 的 3 倍,其增加了硬件的 DSP 模块,在芯片总体性能上要优于 Cyclone FPGA 并且延续了低成本的优势。

1)器件概述

Cyclone Ⅱ FPGA 采用 90nm 工艺制造,它延续了 Cyclone 的低成本定位,在逻辑容量、PLL、乘法器和 I/O 数量上都较 Cyclone FPGA 有了很大提高。其性能见表 4-3。

表 4-3　Cyclone Ⅱ 系列 FPGA 的特性

特性	EP2C5	EP2C8	EP2C20	EP2C35	EP2C50	EP2C70
LE	4608	8256	18752	33216	50528	68416
M4K RAM	26	36	52	105	129	250
锁相环	2	2	4	4	4	4
乘法器模块	13	18	26	35	86	150

2）平面布局和基本功能块

在 FPGA 中，互连线资源起着关键的作用。FPGA 可编程的灵活性，在很大程度上都应归功于其内部丰富的互连线资源。互连线资源缺乏会导致设计无法布通，降低 FPGA 的可用性。而且，随着 FPGA 工艺的不断改进，设计中的走线延时往往超过逻辑时延，FPGA 内部的走线资源的长短与快慢对整个设计性能起着决定性的作用。

Altera FPGA 一般采用行列走线的结构，在行列走线之间就是 LAB 块、RAM 块或者 DSP 块等功能模块，如图 4-9 所示。

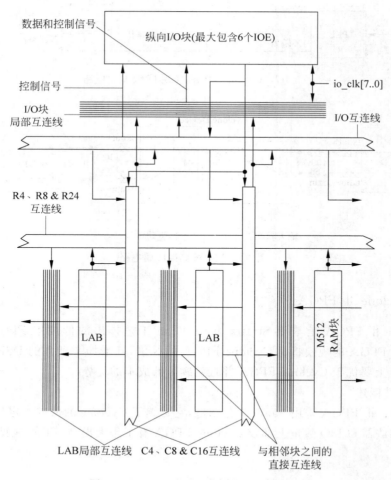

图 4-9　Stratix FPGA 内部的互边线资源

Cyclone Ⅱ EP2C20 平面布局如图 4-10 所示。

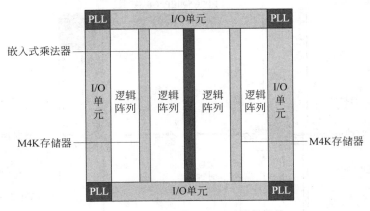

图 4-10　Cyclone Ⅱ EP2C20 器件结构

图 4-10 中,周围是 IOE(I/O 单元),四个角上是 PLL。中间白色部分是逻辑阵列,灰色部分为 M4K 的 RAM 块,中间黑色部分是内嵌的乘法器模块。

在 Cyclone Ⅱ FPGA 中,一个 LAB 中有 16 个 LE,如图 4-11 所示。与 Cyclone FPGA 相比,增加了乘法器模块,因此,大大增强了 DSP 处理的能力。

3) 时钟网络和 PLL

在小规模的 Cyclone Ⅱ FPGA 中(EP2C5 和 EP2C8),有两个 PLL 和 8 个全局时钟网络,如图 4-12 所示。

另外,图中有两个时钟控制块(Clock Control Block),用来控制全局时钟网络的选择和使用。

在大规模的 Cyclone Ⅱ FPGA(EP2C20、EP2C35、EP2C50 和 EP2C70)中有 4 个 PLL、4 个时钟控制块、16 个全局时钟网络。PLL 的输出、CLK 引脚、DPCLK 输入引脚和 CDPCLK 引脚都可以直接驱动全局网络,如图 4-13 所示。

4) 乘法器

在 Cyclone Ⅱ FPGA 中的乘法器模块中,是一个 18×18 的乘法器,而在输入和输出接口上有内嵌的寄存器级,如图 4-14 所示。

这个 18×18 的乘法器可以分成两个 9×9 的乘法器使用,如图 4-15 所示。

5) 高速存储器接口和高速差分接口

与 Cyclone FPGA 类似,Cyclone Ⅱ FPGA 中也有用于实现高速存储器接口的 DQ/DQS 时延电

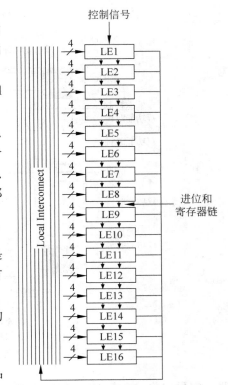

图 4-11　Cyclone Ⅱ FPGA 的 LAB 结构

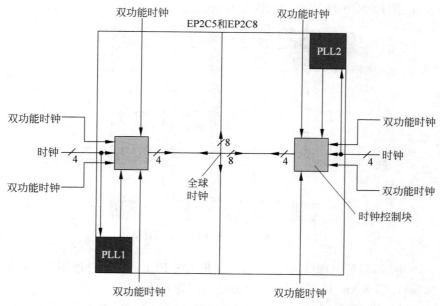

图 4-12　小规模 Cyclone Ⅱ FPGA 的时钟结构

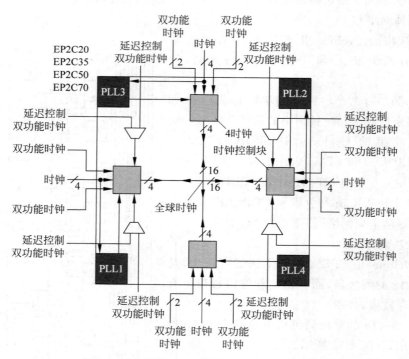

图 4-13　大规模 Cyclone Ⅱ FPGA 的时钟结构

路。它可以将输入的 DQS 信号相对于 DQ 延迟 90°，通过全局时钟网络去采样 DQ 信号，这样可以保证第一个级采样正确。图 4-16 是 DDR SDRAM 数据接口示意图。

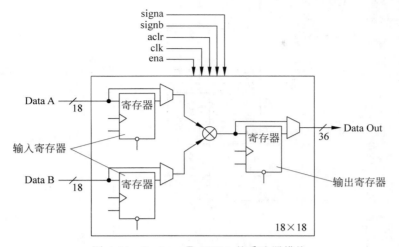

图 4-14 Cyclone Ⅱ FPGA 的乘法器模块

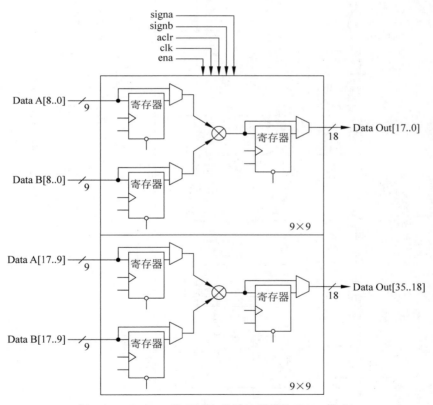

图 4-15 Cyclone Ⅱ FPGA 的乘法器模块(9×9 模式)

在支持高速差分接口方面,Cyclone Ⅱ FPGA 也有较大的改善,其 LVDS 发送端的数据速率可以支持 622Mb/s,而接收端的数据速率可以支持 805Mb/s。

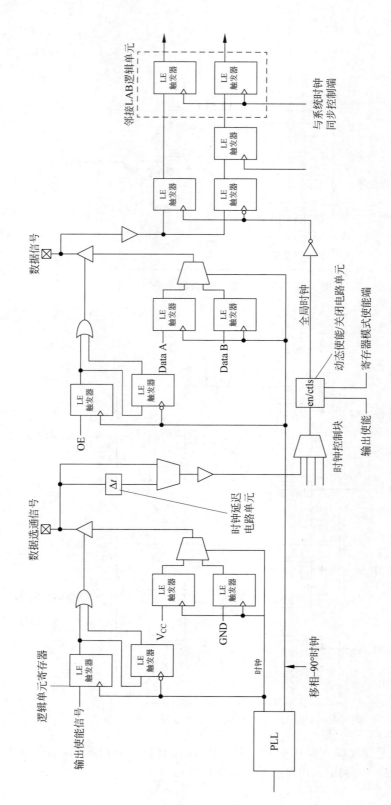

图 4-16 DDR SDRAM 数据接口示意图

4.2.2 FPGA 设计工具

Quartus Ⅱ中集成的 EDA 开发工具包括两类,一类是 Altera 公司提供的软件工具;另一类统称为第三方工具,即其他 EDA 厂商提供的软件工具。

1. Altera 提供的 FPGA/CPLD 开发工具

- Text Editor——文本编辑器;
- Memory Editor——内存编辑器;
- MegaWizard——IP 核生成器;
- Schematic Editor——原理图编辑器;
- Quartus Ⅱ内嵌综合工具;
- RTL Viewer——寄存器传输级视图查看器;
- Assignment Editor——分配和约束编辑器;
- LogicLock——逻辑锁定工具;
- PowerFit Fitter——布局布线器;
- Timing Analyzer——时序分析器;
- Floorplan Editor——布局规划器;
- Chip Editor——底层编辑器;
- Design Space Explorer——设计空间管理器;
- Design Assistant——检查设计可靠性;
- Assembler——编程文件生成工具;
- Programmer——下载配置工具;
- PowerGauge——功耗仿真器;
- SignalTap Ⅱ——在线逻辑分析仪;
- SignalProbe——信号测量探头;
- SOPC Builder——可编程片上系统设计环境;
- DSP Builder——内嵌工 DSP 设计环境;
- Software Builder——软件开发环境。

2. 第三方软件

EDA 工具生产商提供的设计工具,Quartus Ⅱ可以通过软件接口直接调用这些工具。需要注意的是,这些集成工具的某些功能可能受到限制,需要相应的 License 授权后才能使用其全部功能。

- Syncplify/Syncplify Pro——综合工具;
- Amplify——综合工具;
- Mentor Precision RTL——综合工具;

- Mentor LeonardoSpectrum——综合工具；
- Synopsys FPGA Compiler Ⅱ——综合工具；
- Mentor ModelSim——仿真工具；
- Cadence Verilog-XL——仿真工具；
- Cadence NC-Verilog/VHDL——仿真工具；
- Aldec ActiveHDL——仿真工具；
- Synopsys VCS/VSS——仿真工具；
- Synopsys Prime——静态时序分析工具；
- Mentor Tau——板级仿真验证工具；
- Synopsys HSPICE——板级仿真验证工具；
- Innoveda BLAST——板级仿真验证工具。

4.2.3　FPGA 设计流程

一般来说，完整的 FPGA 设计流程包括电路设计与输入、功能仿真、综合优化、综合后仿真、实现与布局布线、时序仿真与验证、板级仿真与验证、调试与加载配置等主要步骤，如图 4-17 所示。

1. 电路设计与输入

电路设计与输入是指通过某些规范的描述方式，将工程师电路构思输入给 EDA 工具。常用的设计输入方法有硬件描述语言和原理图设计输入方法等。原理图设计输入法在早期应用得比较广泛，它根据设计要求，选用器件、绘制原理图、完成输入过程。这种方法的优点是直观、便于理解、元器件库资源丰富。但是，在大型设计中，可维护性较差，不利于模块构造与重用。更主要的缺点是当所选用芯片升级换代后，所有的原理图都要做相应的改动。目前进行大型工程设计时，常用的设计方法是 HDL 设计输入法，其中影响最为广泛的 HDL 是 VHDL 和 Verilog HDL。它们的共同特点是利于自顶向下设计，利于模块的划分与复用，可移植性和通用性好，设计不受芯片的工艺与结构影响，更有利于向 ASIC 移植。

两种常用的辅助设计输入方法是波形输入和状态机输入方法。使用波形输入方法时，需要绘制出激励波形和输出波形，由 EDA 软件根据响应关系进行设计。使用状态机输入法时，设计者只需要画出状态转移图，由 EDA 软件生成相应的 HDL 代码或者原理图，使用十分方便。但这两种方法只能在某些特殊情况下缓解设计者的工作量，并不适用于所有设计。

2. 功能仿真

电路设计完成后，要用专用的仿真工具对设计进行功能仿真，验证电路功能是否符合设计要求。功能仿真也称为前仿真，常用的仿真工具有 Model Tech 公司的

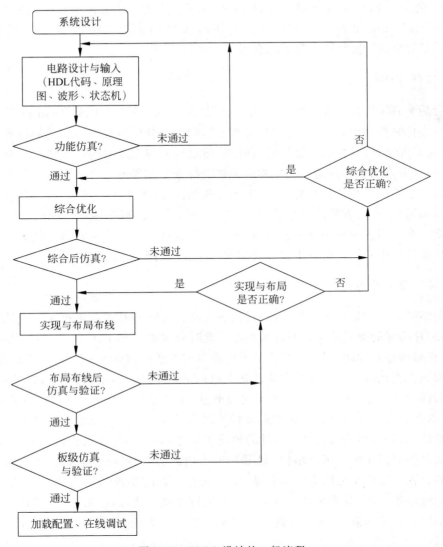

图 4-17　FPGA 设计的一般流程

ModelSim、Synopsys 公司的 VCS、Cadence 公司的 NC-Verilog 和 NC-VHDL、Aldec 公司的 Active HDL VHDL/Verilog HDL 等。通过仿真能及时发现设计中的错误，加快设计进度，提高设计的可靠性。

3. 综合优化

综合优化是指将 HDL、原理图等设计输入翻译成由与、或、非门、RAM、触发器等基本逻辑单元组成的逻辑连接（网表），并根据目标与要求（约束条件）优化所生成的逻辑连接，输出 edf 和 edn 等标准格式的网表文件，供 FPGA/CPLD 厂家的布局布线器进行实验。常用专业综合优化工具有 Syncplicity 公司的 Syncplify/Syncplify Pro、Amplify，

Synopsys 公司的 FPGA Compiler Ⅱ，Mentor 公司旗下的 Exemplar Logic 公司出品的 Leonardo Spectrum 和 Mentor Graphics 公司出品的 Precision RTL 等。另外，FPGA/CPLD 厂商的集成开发环境也自带综合工具。

4. 综合后仿真

综合后仿真主要检查综合结果是否与原设计一致。将综合生成的标准时延文件反标注到综合仿真模型中，可估计门时延带来的影响。综合后仿真虽然比功能仿真更精确一些，但是只能估计门时延，不能估计线时延，仿真结果与布线后的实际情况还有一定的差距，并不十分准确。这种仿真的主要目的在于检查综合器的综合结果是否与设计输入一致。目前主流的综合工具日益成熟，对于一般性设计，若设计者确信自己表述明确，没有综合歧义发生，则可省略综合后仿真步骤。但是，若在布局布线后仿真时发现有电路结构与设计意图不符的现象，则需要回溯到综合后仿真以确认是否是综合歧义造成的问题。在功能仿真中介绍的仿真工具一般都支持综合后仿真功能。

5. 实现与布局布线

综合结果的本质是一些由与、或、非门、触发器、RAM 等基本逻辑单元组成的逻辑网表，它与芯片实际的配置情况还有较大差距。此时应该使用 FPGA/CPLD 厂商提供的软件工具，根据所选芯片的型号，将综合输出的逻辑网表适配到具体 FPGA/CPLD 器件上，这个过程叫作实现过程。因为只有器件开发商最了解器件的内部结构，所以实现步骤必须选用器件开发商提供的工具。在实现过程中最主要的过程是布局布线（Place and Route，PAR）。布局是将逻辑网表中的硬件原语或者底层单元合理地适配到 FPGA 内部的固有硬件结构上，布局的优劣对设计的最终实现结果（在速度和面积两个方面）影响很大。布线是指根据布局的拓扑结构，利用 FPGA 内部的各种连线资源，合理正确连接各个元件的过程。FPGA 的结构相对复杂，为了获得更好的实现结果，特别是保证能够满足设计的时序条件，一般采用时序驱动的引擎进行布局布线，所以对于不同的设计输入，特别是不同的时序约束，获得的布局布线结果一般有较大的差异。CPLD 结构相对简单得多，其资源有限而且布线资源一般为交叉连接矩阵，故 CPLD 的布局布线过程相对简单明了得多，一般称为适配过程。一般情况下，用户可以通过设置参数指定的布局布线的优化准则，总的来说优化目标主要有面积和速度两个方面。一般根据设计的主要矛盾，选择面积或速度或者平衡两者等优化目标。但是，当两者冲突时，一般满足时序约束要求更重要，此时选择速度或时序优化目标效果更佳。

6. 时序仿真与验证

将布局布线的时延信息反标注到设计网表中，所进行的仿真就称为时序仿真或布局布线后仿真，简称后仿真。布局布线之后生成的仿真时延文件包含的时延信息最全，不仅包含门时延，还包含实际布线时延，所以布线后仿真最准确，能较好地反映芯片的实际工作情况。一般来说，布线后仿真步骤必须进行，通过布局布线后仿真能检查设计时序与 FPGA 实际运行情况是否一致,确保设计的可靠性和稳定性。布局布线后仿真的主要目的在于发现时序违规,即不满足时序约束条件或者特定的时序规则(建立时间、保持时间等)的情况。在功能仿真中介绍的仿真工具一般都支持布局布线后仿真功能。

以上介绍了 FPGA/CPLD 设计流程中三个不同阶段的仿真,功能仿真的主要目的在于验证语言设计的电路结构和功能是否和设计者意图相符;综合后仿真的主要目的在于验证综合后的电路结构是否与设计者意图相符,是否存在歧义综合结果;布局布线后仿真,即时序仿真的主要目的在于验证是否存在时序违规。这些阶段不同层次的仿真配合使用,能够更好地确保设计的正确性,明确问题定位,预约调试时间。

有时为了保证设计的可靠性,在时序仿真后还要做一些验证。验证的手段比较丰富,可以用 Quartus Ⅱ 内嵌时序分析工具完成静态时序分析(Static Timing Analyzer,STA),也可以用第三方验证工具(如 Synopsys 的 Formality 验证工具、PrimeTime 静态时序分析工具等),也可以用 Quartus Ⅱ 内嵌的 Chip Editor 分析芯片内部的连接与配置情况。

7. 板级仿真与验证

在有些高速设计情况下还需要使用第三方的板级验证工具进行仿真与验证,如 Mentor Tau、Forte Design-Timing Designer、Mentor Hyperlynx、Mentor ICX、Cadence SPECCTRAQuest、Synopsys HSPICE。这些工具通过对设计的 IBIS、HSPICE 等模型的仿真,能较好地分析高速设计的信号完整性(SI)、电磁干扰(EMI)等电路特性等。

8. 调试与加载配置

设计开发的最后步骤就是在线调试或者将生成的配置文件写入芯片中进行测试。示波器和逻辑分析仪(Logic Analyzer,LA)是逻辑设计的主要调试工具。传统的逻辑功能板级验证手段是用逻辑分析仪分析信号,设计时要求 FPGA 和 PCB 设计人员保留一定数量 FPGA 引脚作为测试引脚,编写 FPGA 代码时将需要观察的信号作为模块的输出信号,在综合实现时再把这些输出信号锁定到测试引脚上,然后连接逻辑分析仪的探头到这些测试引脚,设定触发条件,进行观测。逻辑分析的特点是专业、高速、触发逻辑可以相对复杂。缺点是价格高(好一些的 LA 需要几十万甚至上百万元人民币),灵活性差。PCB 布线后测试引脚的数量就固定了,不能灵活增加,测试引脚不足时会影响测试,测试引脚太多又会影响 PCB 布局布线。

对于相对简单一些的设计,使用 Quartus Ⅱ 内嵌的 SignalTap Ⅱ 对设计进行在线逻辑分析可以较好地解决上述矛盾。SignalTap Ⅱ 是一种 FPGA 在线信号分析工具,它的主要功能是通过 JTAG 口,在线、实时地读出 FPGA 的内部信号。其基本原理是利用 FPGA 中未使用的 RAM 块,根据用户设定的触发条件将信号实时地保存到这些 RAM 块中,然后通过 JTAG 口传送到计算机,最后在计算机屏幕上显示出时序波形。

任何仿真或验证步骤出现问题,都需要根据错误的定位返回到相应的步骤更改或者重新设计。

4.2.4 FPGA 与其他嵌入式处理器的协同处理系统设计

FPGA 内部的并行结构是实现高性能数字信号处理的利器。Altera 公司在 FPGA 内部也增加了专用的 DSP 块，以实现高性能、低成本的 DSP 功能。

在一些复杂的系统中，如 IP 上的语音（Voice over IP）、CDMA 2000 以及高清电视（HDTV），通常需要带宽很高的 DSP 功能（主要是乘加运算）来处理高速数据。如果用传统的 DSP 来实现这些功能，性能上很难满足设计要求，而且成本非常高。

一个 DSP 块包括输入级寄存器（Input Register）、乘法器、流水线寄存器（Pipeline Register）、加/减/累加（Add/Sub/Acc）单元、求总和（Summation）单元、输出多路器（Output Mux）和输出级寄存器（Output Register）。

在 DSP 块中的输入级、流水线和输出级触发器都是可以旁路掉的，用户可以根据自己的需要选择使用。

DSP 块的乘法器部分由 4 个 18×18 的乘法器构成，可以支持有符号数和无符号数操作。每个 18×18 的乘法器块的输入数据可以是并行输入的数据 Data A 和 Data B，也可以是由移位寄存器移位输入的，这样可以非常方便地实现需要数据移位的有限冲击响应滤波器（FIR）等功能，同时节省了 DSP 块周围的布线资源。

乘法器部分可以用作 4 个 18×18 的乘法器，或者分拆成 8 个 9×9 的乘法器。如果用上 DSP 块中的 2 个加法单元和 1 个求总和单元，也可以实现成 1 个 36×36 的乘法器。

加/减/累加（Add/Sub/Acc）单元可以支持全精度的加法，来实现两个 18×18 结果的相加，也可以分成两块来支持 9×9 结果相加的方式。该单元同样支持无符号数和有符号数的操作，而且可由 addsub 信号控制来动态地在加和减操作之间切换。输出级寄存器有反馈路径到累加单元的输入，以此实现累加功能，用作累加模式时最大可以支持输出 52 位累加结果。

DSP 块可以工作为几种模式，如简单的乘法器模式、乘累加模式以及乘加模式。

18×18 的简单乘法器模式与 9×9 的方式类似，在这种方式下，加/减/累加单元与求总和单元变成不可用。

如果实现 36×36 方式，需要用到乘法部分和加法部分的功能。把两个操作数的高 18 位和低 18 位分别交叉相乘，再把相乘的结果相加得到最后的相乘结果。

在实现乘累加模式下，数据相乘的结果和上一拍反馈回的结果相加，实现累加功能。在累加模式下，由于累加结果占用的数据输出位数比较宽，因此相邻的乘法器变得不可用；同时，"求总和单元"也变为不可用。

DSP 块也可以实现乘加模式，可以实现 2 个相乘的结果相加，也可以实现 4 个相乘的结果相加。

另外，在 Stratix Ⅱ 器件的 DSP 块中也增加了饱和（Saturation）及舍入（Rounding）功能。而在 Cyclone Ⅱ 的 DSP 块中只含有乘法器和输入/输出寄存器功能，没有加法单元。

用户可以通过 Quartus Ⅱ 中的 MegaWizard 工具来定制需要的乘法功能模块。要实现简单的乘法功能，可以使用系统提供的可配置参数模块 LPM_MULT，LPM_MULT

可以选择用专用的乘法电路(如 DSP 块)或者用 LE 来实现乘法功能。

与此类似,可以使用 ALTMULT_ADD 来实现乘加功能,可以用 ALTMULT_ACCUM 来实现乘累加功能,还可以用 ALTFP_MULT 来实现浮点乘法功能。

4.3 嵌入式系统电路板设计

在数字系统设计中,逻辑工程师通常只关心逻辑功能正确与否,而对一些系统级的实现问题没有足够的重视,也缺乏相应的知识。

系统级的问题主要体现在信号完整性、电源完整性(PI)、热设计和高速系统设计等方面。

在高速数字设计中,信号完整性是一个需要工程师认真研究和注意的问题。事实上,信号完整性问题无处不在,影响巨大。电源供电的质量对系统的信号质量来说也非常关键。电源分配系统设计的主要任务是使得电源分配系统对各种频率的噪声表现出足够的低阻抗。

随着芯片工艺的不断改进,芯片功耗成为一个非常关键的问题。理解芯片热设计的原理,合理地选用芯片散热装置,已成为系统设计的关键一步。

高速系统应用主要集中在电子通信领域,与 FPGA 多项基本功能模块密切相关,特别是许多高端可编程逻辑器件都内嵌了 SERDES 模块,大大扩展了 FPGA 的系统带宽,使 FPGA 在高速系统应用中扮演着日益重要的角色。

本章力求给读者一个系统设计的概念,让读者对信号完整性、电源设计以及热设计有一个感性的认识,并重点举例了一些基于 SERDES 的高速系统应用,以拓展读者的思路。

4.3.1 信号完整性

本节主要讨论信号完整性以及常用 I/O 的电平标准和匹配方式。

在高速数字设计领域,信号完整性概念已经被提出来很多年。而对可编程逻辑器件的设计工程师来说,往往对这个概念没有引起足够的重视。设计工程师在设计过程中如果没有对 SI 足够的重视,会造成设计不稳定,也有可能导致部分功能无法实现,需要重新设计 PCB 的案例非常多。下面介绍 SI 的一些相关概念,通过对 SI 的理解尽可能地避免 PCB 设计实现上的问题。

信号完整性是要使信号具有良好的物理特性(高低电平的域值以及跳变沿的特性),防止其产生信号畸变,导致接收端无法识别。

在实际的系统中存在许多关于信号完整性的问题,如反射、振铃、开关噪声、地弹、衰减、串扰、容性负载等。可以把这些问题归纳成四类,即单一网络的信号质量、电源和地噪声、不同信号线之间的串扰、系统的电磁干扰(EMI)。

下面将介绍几种导致 SI 问题的现象。

1. 传输线效应

信号传输系统对输入信号的响应情况取决于传输线长度与电气信号的频率。

在传统的低速电路设计中,由于其传输的时间与信号的电压变化时间相比很小,PCB走线可以看作一个理想的电气连接点,可以认为在所有连通点看到的信号变化一致。

但是在高速系统中,这种理想的互连线已经不复存在。在一个信号的传输过程中,若信号的边沿时间足够快,低于$\frac{1}{6}$倍的信号传导时延,则在信号的传输过程中传输媒介会表现出传输线特性。

信号在媒介上传输就像波浪在水中传送一样,会产生波动和反射等现象。任何从信号源输出到走线上的电流都会返回到源端。因此,信号不仅是在信号线上传输,而且是在参考平面(回路)上传输,在信号路径和回路上的电流大小相等、方向相反。

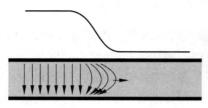

图 4-18　信号在信号路径和回路之间传输

信号在走线上传导的同时,信号线和参考平面之间的电场也在逐步建立。如图 4-18 所示,一个从 0 到 1 的信号跳变在传输,信号的跳变沿(波前)传输到哪里,哪里的电场就开始建立,信号传输的快与慢实际上取决于电场建立的速度。

信号的传输过程中,在信号沿到达的地方,信号线和参考平面之间由于电场(图中直线箭头)的建立,就会产生一个瞬间的电流。若传输线是各向同性的,只要信号在传输,就会始终存在一个电流 I(图中弧线箭头示意);若信号的输出电平为 V,则在信号传输过程中(注意是传输过程中),传输线就会等效成一个电阻,大小为 V/I,这个等效的电阻值称为传输线的特征阻抗 Z_0。要注意的是,这个特征阻抗是对交流(AC)信号而言的,对直流(DC)信号,传输线的电阻并不是 Z_0,而是远小于这个值。

传输线特征阻抗的值与信号线和回路的特性都密切相关。

信号在传输过程中,如果传输路径上的特征阻抗发生变化,信号就会在阻抗不连续的节点产生反射,如图 4-19 所示。

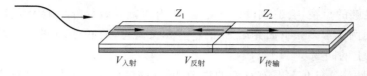

图 4-19　阻抗不连续导致反射

传输线的宽度变化导致两段走线的阻抗不一样,在连接点处存在阻抗不连续的问题,使得入射信号在此产生反射现象。

在图 4-19 中,$V_{\text{入射}}$ 表示入射波的电压,$V_{\text{反射}}$ 表示反射波的电压,$V_{\text{传输}}$ 表示沿着传输线继续传送的信号电压幅度,Z_1 和 Z_2 是两段不同的走线的特征阻抗。$V_{\text{反射}}$ 和 $V_{\text{入射}}$ 的关系满足下式：

$$\frac{V_{反射}}{V_{入射}} = \frac{Z_2 - Z_1}{Z_2 + Z_1} = \rho$$

式中，ρ 为反射系数。从反射系数的定义可以分析出，如果 $Z_2 > Z_1$，$V_{反射}$ 是正值；反之，$V_{反射}$ 则为负值。设想一种极端情况，如果 Z_2 无穷大，即 Z_2 传输线后面是完全开路，这样的话，$\rho \approx 1$，也就是说入射信号被完全反射回来。

在实际系统中，一般来说，需要尽量减少信号在传输过程中的反射问题，因为信号在传输线上来回反射对其他电路单元会产生影响。

在实际系统中，也有利用反射机制的实例。例如，PCI 总线与其他的许多总线不同，它在总线的终端没有匹配电阻，而是利用射频机制实现其需要的时序。

在 PCB 设计过程中，造成传输线阻抗不连续的原因有很多，例如：线宽改变；走线与参考平面间距改变；信号换层，过孔（Via）；回路中存在缺口；连接器；走线分支、分叉、短线桩；走线末端。

导致阻抗不连续的原因很多，在设计 PCB 时，必须注意保持传输线自始至终阻抗尽量连续，不要出现较大的改变，通常所说的"阻抗控制"就是这个意思。

另外，在信号的终端，合理利用终端电阻吸收信号，防止其反射，也是 PCB 设计中一项非常重要的工作。将在后面的内容中介绍各种电平标准的终端匹配方法。

2. 串扰

串扰是指在两个相邻的信号走线之间，一条走线上的电流发生改变，同时会在另一条走线上耦合出一定的噪声电流。串扰只有在相邻走线上电流发生改变时才会发生，如在信号的上升或下降沿处，如图 4-20 所示。

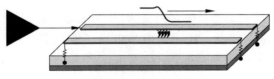

图 4-20　串扰的原理

当侵害网络上发生信号跳变时，在受害网络上就会产生一定的信号噪声。由于两个网络直接的容性耦合和感性耦合同时作用的结果，受害网络的前向串扰和反向串扰发生的噪声信号并不一样，前向噪声通常为负值，而反向噪声通常为正值，如图 4-21 所示。

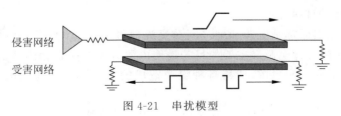

图 4-21　串扰模型

反向耦合噪声随着侵害网络上的信号传输不断地在时间上叠加,使其宽度增加;而前向噪声随着信号的传输在幅度上不断叠加,使其幅度倍增,如图 4-22 所示。

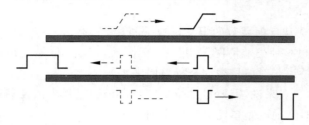

图 4-22   前向噪声和反向耦合噪声

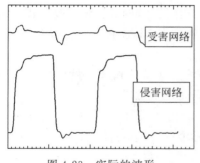

图 4-23   实际的波形

侵害网络上的信号翻转导致受害网络上的信号噪声,可以通过一个实际的信号波形看出来,如图 4-23 所示,其中受害网络处于静止态。

实际上,侵害和受害的角色并不是一定的,一条走线可能同时为侵害网络和受害网络。减小串扰的影响方法有许多,根本一点就是减小信号网络之间的耦合效应。例如,把同一层走线尽量离远,在相邻信号层的走线尽量不要平行,以减少信号线之间的耦合。另外,把信号走线与参考平面的间距减小,也有助于减小走线之间的耦合,只有这样,信号线才会更多地耦合到参考平面上而不是相邻的信号线上。

3. 电源的噪声

理想情况下认为供电电源都是恒定不变的,甚至大部分的 SI 仿真工具都将电源看作是稳定不变的,实际上远非如此。在系统中的电源和地经常受到外界和内部的噪声干扰,使得电源表现出一定的波动,这种波动有时会严重影响系统的可靠性,如图 4-24 所示。

在系统外部通常有一些低频的干扰信号,而在系统内部由于各数字芯片的开关噪声,或者可以称为同步开关噪声(SSN),会存在一些高频的干扰信号。不管是什么样的噪声源,电源和地信号的改变会影响整个芯片信号的发送和接收。

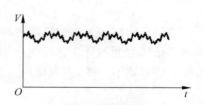

图 4-24   电源的波动

这些波动的原因通常是电源和地之间对交流信号存在着一定的阻抗,设计电源最主要的目的是使电源分配系统在相当宽的噪声频率范围内能够表现出较低的交流阻抗,使得各种噪声造成的电源地平面波动的幅度尽量减小,保持稳定的供电。

为了减小电源分配系统的阻抗,通常可以采用以下方法。

(1) 使电源平面和地平面之间的间距尽量减小,尽量采用薄的介质;

（2）采用低电感的去耦电容。

另外,在芯片的封装上采用更多、更短的电源和地线,增加片上电容,同样可以减小供电网络的阻抗。

4. 电磁干扰

实际上,电子系统中 EMI 无处不在。信号完整性与 EMI 关系密切,任何信号完整性问题都有可能成为 EMI 的噪声源,影响其他的电路和设备。

理解 EMI 就需要理解系统中的电磁场。例如,在一个系统中,如果一个信号线没有连续的回流路径,电流产生的电磁场就会散布到空间中,成为一个严重的 EMI 的噪声源;如果该信号线有一个很好的参考回流平面,那么信号线与参考平面之间建立的电磁场非常强,散布到空间中的 EMI 就相对小很多。

因此,在设计 PCB 时充分考虑 EMI 效应,同时做好设备的屏蔽工作。

1）单端标准

常用的单端 I/O 标准是 LVTTL 和 LVCMOS。

目前,业界绝大部分 FPGA/CPLD 器件的 LVCMOS 的 I/O 是由 CMOS 推挽驱动器构成的,这种结构是由上面的 PMOS 管和下面的 NMOS 管组成的。当 PMOS 关闭、NMOS 打开时,驱动器输出低电平;当 NMOS 关闭、PMOS 打开时,驱动器输出高电平。

CMOS 驱动器在从输出由高到低的转换过程中,关闭 PMOS,同时打开 NMOS,这样,输出信号线与参考地平面及负载输入构成的等效电容处于放电状态,直到输出为低。CMOS 驱动器在从输出低到高的转换过程中,关闭 NMOS,同时打开 PMOS,这样,输出信号线与参考地平面及负载输入构成的等效电容处于充电状态,直到输出为高。

LVCMOS 输出的结构如图 4-25 所示。

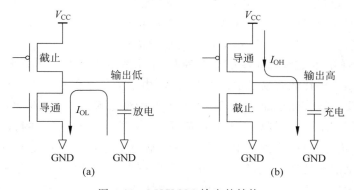

图 4-25　LVCMOS 输出的结构

这种输出驱动器的结构可以支持轨到轨的输出,也就是说输出可以为 $0 \sim V_{CC}$,所以它的摆幅最大,相应的噪声容限也较大。

也有些 MOS 工艺的器件中,为了实现类似 TTL 图腾柱结构的输出电平,上拉和下拉都采用 NMOS 管来实现,如图 4-26 所示。它的摆幅与 LVCMOS 相比有所降低,因此翻转速度要高一点,噪声容限没有那么大。

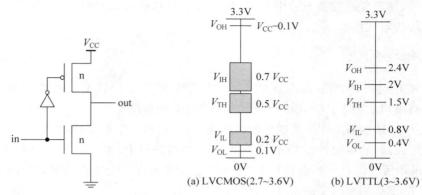

图 4-26　LVTTL 输出结构　　　图 4-27　LVCMOS 和 LVTTL 的电平域值

LVCMOS 和 LVTTL 的电平域值如图 4-27 所示,在电路中,要求输出高电平高于 V_{OH},输出低电平低于 V_{OL};要求输入能接收高于 V_{IH} 的高电平信号,能接收低于 V_{IL} 的低电平信号。

总的来说,LVTTL/LVCMOS 驱动器的特点是静态电流非常小,因此其静态功耗非常低。驱动器的输出摆幅较大,在翻转过程中的瞬态电流比较大,这种瞬时的大电流必然会给系统引入噪声,对系统的可靠性造成一定的影响。LVTTL/LVCMOS 驱动器的动态功耗随着时钟频率的增加而呈指数增加,所以不适合应用在高速的电路中。一般来说,时钟频率在 150MHz 以上就很少采用这种驱动器作为输入和输出。

在设计 LVTTL/LVCMOS 的信号走线时,如果 PCB 走线长到需要被作为传输线来考虑,用户就应该根据自己的需要选择合适的匹配方式。

匹配的根本要求是保持信号在传输线上的阻抗连续,而防止信号在传输线上来回反射,造成接收端信号反射和振铃,影响信号的正确接收。

满足传输线的阻抗连续有许多方法,各种方法的使用场合并不一样,需要用户自己选择。

并行匹配是一种比较容易理解的匹配方式,由于信号在传输线上传输时遇到的特征阻抗 Z_0,只需要在接收端增加一个同等大小的匹配电阻 R_T 到交流地(GND 和 V_{CC}),就可以把信号在接收端完全吸收,不产生任何反射,如图 4-28 所示。并行匹配方式缺点也非常明显,在直流时,可以看到在电源穿过输出驱动器的内阻和匹配电阻 R_T,和地之间直接构成一个低阻抗的通路,消耗的直流电流比较大,严重时电流可能超过源端器件所能承受的最大输出电流(I_{OH} 或 I_{OL}),以至于损坏器件。因此,一般不推荐使用并行匹配方式。

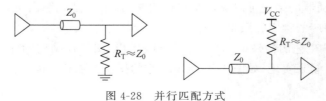

图 4-28　并行匹配方式

　　戴维南匹配实际上是另一种并行匹配方式,它在接收端采用电阻上拉和下拉处理,保证 R_{TH} 和 R_{TL} 的并联电阻等于 Z_0,也就做到了末端到交流地的阻抗等于传输线的特征阻抗,如图 4-29 所示。

　　与并行匹配相比,交流匹配方式并没有直流功耗输出,这种方式在接收端由一个 R_T 和一个 C_T 构成。R_T 等于传输线的特征阻抗 Z_0,而 C_T 的值需要根据实际的时钟频率选择,太小则匹配的效果不好,太大则会使信号的边沿变缓,影响信号质量,如图 4-30 所示。这种匹配方式一般只适合于直流平衡的信号,如时钟等,这样可以避免 C_T 上的电荷的过度积累影响信号偏置电平。

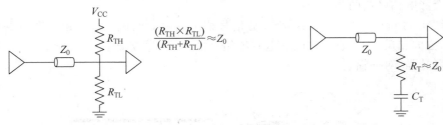

图 4-29　戴维南匹配方式　　　　　　　图 4-30　交流匹配方式

　　串行匹配是一种比较特殊的匹配方式,同时也是非常行之有效的方式。在串行匹配方式下,用户需要在输出驱动器源端加上一个串阻 R_T,使得输出驱动器的输出阻抗 R_D 加上 R_T 的阻抗恒等于传输线的特征阻抗。这样,在信号的波前经过 R_D 和 R_T 后,入射到 Z_0 时,信号幅度被削减到原来的一半(可以理解为 R_D+R_T 和 Z_0 之间分压的结果),沿着传输线继续传输,由于末端没有加任何匹配,输入端芯片的输入阻抗可以看作无穷大。因此,当信号的波前到达传输线的末端时,产生全反射,在接收端瞬间将电平提高 1 倍,达到正常水平,保证信号的正确输入电平。反射回来的信号再一次沿着传输线传到源端,出于 $R_D+R_T=Z_0$,信号在源端将被完全吸收,不会再一次产生反射。串行匹配方式如图 4-31 所示。

　　不管采用哪一种匹配方式,为了保证匹配的效果,在 PCB 设计时,需要做到源端串阻尽量靠近驱动器引脚,而末端匹配电阻尽量靠近接收端引脚,从而尽量减小匹配电阻造成的短线影响信号质量。如果在一些特殊的情况下,不方便将终端电阻放置在靠近引脚的地方(如 BGA 封装的器件),也可以采用飞过的方式加电阻,如图 4-32 所示。

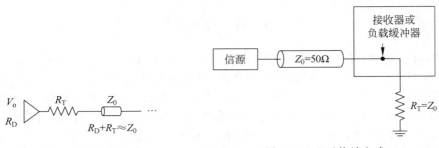

图 4-31　串行匹配方式　　　　　　　图 4-32　飞过终端方式

2）差分标准

与单端 I/O 不同的是，差分电平使用两根信号线来传送信号，这两根信号线在传输过程中如果遇到同样的噪声源（共模噪声）干扰，在接收端，这样的共模噪声会在两个信号相减时消除，并不会给接收电平造成影响。

在单端信号的传输过程中，信号往往以电源平面或地平面作参考平面，而在差分电平中，由于两根线的电流方向相反，因此两者产生的电磁场相互抵消。向外辐射的电磁波更少，也就是减小了 EMI，同样也减小了对参考平面的依赖，在传输过程中，两根电流大小一样、方向相反的信号线互为参考。不过，信号线与电源平面或地平面之间的距离等因素会影响信号线的差分阻抗。

从图 4-33 可以明显地看到两个差分信号线之间建立的电磁场。由于两者的电流大小相等、方向相反，于是它们之间的电磁场相互抵消，同时减少了对外的辐射。两者之间的电磁场越强，对外辐射也就越小。

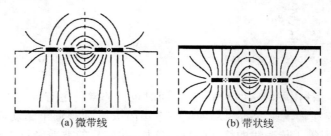

(a) 微带线   (b) 带状线

图 4-33　差分信号和参考平面之间的电磁场

LVDS 是一种比较常见的差分电平，其结构如图 4-34 所示。

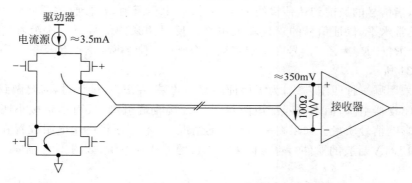

图 4-34　电源的波动

在 LVDS 的驱动器中，采用一个恒流源（约 3.5mA）输出，由于输入端的输入阻抗非常高，绝大部分的驱动电流都流经 100Ω 电阻，因此在接收器的输入端两个信号线之间产生了一个 $100 \times 3.5 = 350(\text{mV})$ 的输入电压。当驱动器的输入电平翻转时，流经 100Ω 电阻的电流方向就发生了变化，于是就会在电阻两端形成"0"和"1"两种逻辑状态。

从以上分析可见，与 LVTTL/LVCMOS 标准直接输出电压幅度信号不同的是，LVDS 的驱动器输出的是电流信号，由电流信号在接收端的差分匹配电阻上产生一个合适的电压幅度信号，作为接收器的判决电平。因此，这种驱动方式也称为电流模式。

电压模式的驱动器在静态时可以认为其输出的电流为 0,而信号在翻转时会产生较大的瞬态电流 I_{CC},I_{CC} 的大小随着时钟频率的增加而呈指数增加,会给系统引入较大的开关噪声,在信号的边沿比较陡时这种问题尤其严重。电流模式的驱动器就不存在这种问题,LVDS 的驱动器从电源汲取的电流值是恒定的,约为 3.5mA,无论信号如何翻转,这个电流值始终不变,只是其在传输信号上的方向不同。而且 LVDS 的信号边沿相对比较缓,对保持信号完整性也是有好处的。

单端标准的信号一般是以地作参考,输出一定幅度的电压信号。而差分信号的输出有一个固定的共模输出电压 V_{ocm},例如,LVDS 是 1.2V,正端和负端的信号都是在这个共模电压的上下摆动的。在差分输入端,信号的输入共模电压允许在一定的范围之内,例如,LVDS 的信号输入的电平允许的值是 0～2.4V,这样即使信号在传输过程中出现较大的共模干扰,也会在接收端相互抵消掉,如图 4-35 所示。

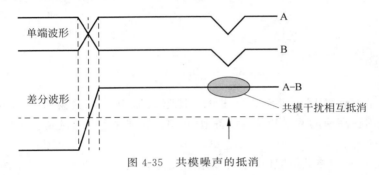

图 4-35　共模噪声的抵消

图 4-36 为几种差分电平标准的共模输出电压和输出幅度。

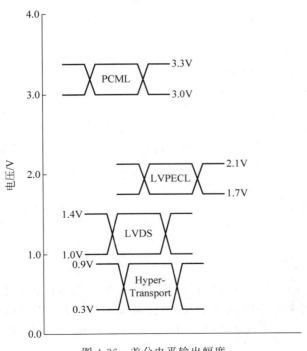

图 4-36　差分电平输出幅度

与 LVDS 相比,LVPECL 电平的输出结构是一对射极跟随器,它的特点是翻转速度很快,但是直流电流较大,约为 14mA。LVPECL 的驱动器的输出阻抗很小,因此其驱动能力非常强,如图 4-37 所示。

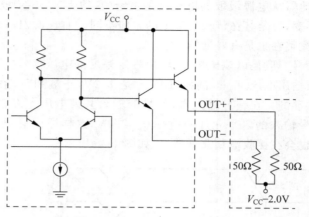

图 4-37　LVPECL 驱动器结构

CML 也是一种常用的差分电平标准,其驱动器由一个共射极差分对直接输出。CML 电平常用在高速的网络和通信设备中,其串行数据速率可以做到非常高,如 10Gb/s,如图 4-38 所示。

在对差分信号加终端电阻时,也可以采用飞过方式布 PCB 线,以尽量减少由于匹配电阻造成的短线,影响信号质量,如图 4-39 所示。

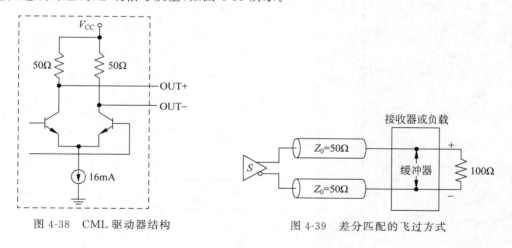

图 4-38　CML 驱动器结构　　　　　图 4-39　差分匹配的飞过方式

3. 片上终端电阻

Altera 公司的 FPGA 作为可编程的逻辑器件,可支持多数业界主流的信号电平。

在 Stratix Ⅳ 系列的 FPGA 中,I/O 引脚带有片上终端电阻(On-Chip Termination,OCT),可以减少 PCB 上过多的分立电阻,影响 PCB 布线。所支持的 OCT 有两种:一种是输出端的源端串阻,可以用作 SSTL 电平的源端串阻或者 LVTTL/LVCMOS 的源端阻抗匹配电阻;另一种是差分匹配电阻,可以作为 LVDS、HyperTransport 的标准的接收端匹配电阻,如图 4-40 所示。

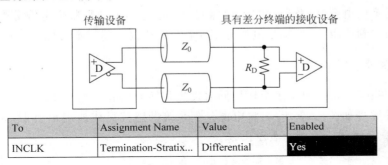

To	Assignment Name	Value	Enabled
INCLK	Termination-Stratix...	Differential	Yes

图 4-40　Altera FPGA 的片上匹配以及在 Quartus Ⅱ 中的设置

在具体使用时,只需在 Quartus Ⅱ 工具的 Assignment Editor 中增加引脚匹配方式的约束即可。图 4-40 显示了具体的设置方法。

4.3.2　电源完整性设计

电源完整性属于信号完整性的研究范畴,本节将简单介绍电源完整性的基本原理以及保持供电系统的完整性的实现方法。

1. 电源完整性

前面已经简单介绍了电源波动对信号完整性的影响。

由于芯片工艺不断改进,从 $0.35\mu m$、$0.18\mu m$、$0.13\mu m$ 到目前的 40nm 甚至 28nm,芯片的内核电压也在不断降低,从 3.3V、1.8V、1.5V 到 40nm 器件的 0.9V,芯片对电源的波动越来越敏感。

与信号完整性相比,电源完整性是一个比较新的概念,实际上电源完整性也属于信号完整性研究的范畴,它和信号完整性之间的关系非常密切。

保持电源完整性就是保持电源的稳定供电。在实际系统中,要做到这一点并不容易,因为系统中总是存在着不同频率的噪声。

首先需要把电源分配系统与外界隔离开来,电源系统与外界主要的连接途径是电压调整模块(VRM),通常需要在 VRM 附近使用 T 型或 π 型滤波网络,以阻止低频噪声串入。同时,大电容也提供了一个电荷的蓄水池,及时为电源提供补给电流。

另外,系统内部的一些元件会产生高频的电源噪声,例如,数字逻辑门在翻转的时候,瞬间会从电源平面汲取一定的电流。电流值虽然不是很大,但是速度很快,如果是由于电源分配系统的阻抗,电源平面不能及时提供这些电流,就会在这里产生翻转噪声。如果 PCB 去耦处理不当,这个电源噪声就会波及整个电源地平面。

与此类似,当信号线穿过一个过孔,切换信号的参考平面时,例如,由地平面切换到电源平面,相应地会在过孔附近的电源平面和地平面之间形成一个回路电流,这个回路电流同样会成为系统噪声,波及整个电源分布系统。

后面将重点描述几种典型的噪声来源以及如何处理。同时讨论如何利用电源和地平面之间的平面电容,以及分立的各种容值的去耦电容来使得整个电源分配系统在尽量宽的频率内达到低阻抗,这也是电源分配系统(PDS)设计的根本目标。

2. 同步开关噪声

同步开关噪声是指由于多个输出同时发生翻转而引起的感应噪声。

SSN 的原理如图 4-41 所示,将电源分配系统的感抗显式地表示出来,同时也把硅片到 PCB 电源之间的连线电感表示出来。

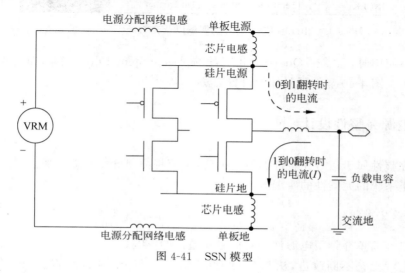

图 4-41　SSN 模型

1) 芯片级 SSN

从芯片级来考虑,如果多个 I/O 同时由"1"到"0"翻转,会在地引脚上产生较大的变化电流(如图 4-41 中的实线箭头方向),由于芯片电感的存在,而电感的特性是产生一个反向电势来抵抗电流的变化,因此在硅片内部的地平面和 PCB 地之间将形成一定的电压波动。这种现象又称为地弹。

要知道 PCB 地和硅片地之间的电压差的关系,首先要分析输出信号的电压变化。当输出信号由"1"翻转到"0"时,在输出驱动器的下拉 MOS 管和芯片电感上特产生一个相应的电流变化 I,这个电流满足 $I = -C\dfrac{\mathrm{d}V}{\mathrm{d}t}$,这里的负号表示电流方向(灌电流)。如图 4-42 所示 I 的变化情况,首先由 0 变为最大值,然后回到 0。

这样的电流变化会在"芯片电感"两端产生一个电压的波动($V_{L_{\mathrm{die}}}$),根据电感的特性,这个电压值可以表示为 $V_{L_{\mathrm{die}}} = L_{\mathrm{die}}\dfrac{\mathrm{d}I}{\mathrm{d}t}$,如图 4-42 所示。

因此,在硅片地和 PCB 地之间就有一个 $V_{L_{\mathrm{die}}}$ 的电压差,假设 PCB 地保持不变,硅片

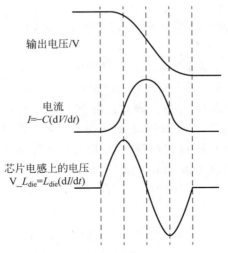

图 4-42　SSN 产生原理

地上就有一个相应的噪声信号,这个噪声信号会对输出 0 的静态信号造成影响,也有可能使得输入信号误采样,如图 4-43 所示。

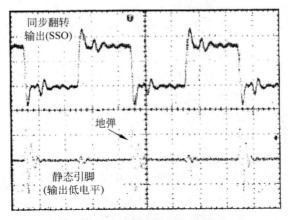

图 4-43　SSN 对输出低信号的影响

2) 单板级 SSN

从单板级来看,芯片中多个逻辑门同时翻转时,将从单板电源和地平面瞬间汲取较大的电流。任何电源分配系统都存在着阻抗,特别是感抗,导致在短时间内 VRM 来不及供应这些电流,从而在单板电源和地之间出现感应噪声,波及整个电源分配系统。

3. 减小 SSN 的影响

SSN 这种现象的起因非常多,有时候表现得令人难以捉摸,可以通过其产生的原理来减小它的影响。由于 $V = L \dfrac{\mathrm{d}I}{\mathrm{d}t}$,要减小前者,就需要减缓电流的瞬间变化幅度($\mathrm{d}I/\mathrm{d}t$),同时减小电流流过路径的电感 L。

在设计 FPGA 时,要减小芯片级 SSN,首先可以考虑如何减小硅片到 PCB 地的连接电感 L。

(1)用剩余的 I/O 做可编程 V_{CC}/GND,增加电源和地的连接点,可以有效地减小电感。把可编程 V_{CC}/GND 放在同步翻转输出(SSO)引脚的附近。

(2)把同步翻转输出(SSO)尽量散布开。由于在 FPGA 中一对电源地线通常支持部分的 I/O,可以把 SSO 引脚尽量分散开,最好是分布到不同的 I/O Bank 中。

(3)把 SSO 尽量靠近 V_{CC}/GND 对同样可以有效地减小电流回路的电感。

(4)在器件选择上,尽量考虑 Flip-Chip(倒装)的封装。它比 Wire-Bond(打金线)的器件具有更短的连线,而且有更好的参考面和更小的感抗值。图 4-44(a)为 Wire-Bond,图(b)为 Flip-Chip。

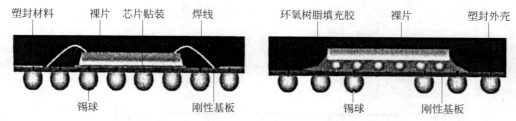

图 4-44　Wire-Bond 和 Flip-Chip 的封装

也可以通过减小 dI/dt 来减小 SSN。

(1)在 FPGA 内部的一些 I/O 标准中,用户可以自己设置输出的电流强度。把输出的电流设置得越小,dI/dt 也就越小,但同时会降低 I/O 的性能。

(2)用户可以把翻转率设置为慢速方式,这样可以显著减小 dV/dt,因此也可以减小dI/dt,如图 4-45 所示。

(3)减少 SSO 的数量是最直接的减小 SSN 的方法。

(4)用户也可以通过一些方法使得 SSO 在不同的时间翻转来减小同一时间所消耗的电流。例如,用户可以利用 IOE 中的时延单元来把 SSO 的输出时间错开,甚至可以用PLL 分出相位略有差异的不同的时钟域,分别驱动部分 SSO。当然,这样做需要在保证系统时序的前提之下。

(5)如果用户使用加源端串阻的 I/O 标准,使得输出电流或信号输出幅度减小,同样可以达到减小 dI/dt 的目的。

如果需要减小 SSN 在 PCB 上的影响,用户需要在 SSN 的起源处加去耦电容,也就是在 V_{CC}/GND 引脚处加容值较小的去耦电容。它相当于一个临时的小蓄水池,将满足SSO 需要的瞬态电流。

在 PCB 上加去耦电容需要注意把电容尽量放置在靠近 V_{CC}/GND 对的地方,同时电容的 PCB 引线尽量短,以减小电流环路的面积,也就是减小环路阻抗,如图 4-46 所示。

在单板上增加去耦电容,也是为了使电源系统对同步翻转噪声呈现低阻抗,这样SSN 就不会给电源系统带来较大的波动,这也是电源分配系统的设计者所追求的目标。

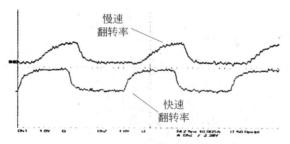

图 4-45　快速和慢速翻转率的波

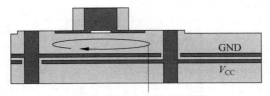

表面贴装电容的电流环路

图 4-46　去耦电容形成的电流环路

4. 非理想回路

在前面已经提过,任何注入系统中的电流最终都要回到源端。因此,信号不仅在信号走线上传播,而且在参考平面上传播,如图 4-47 所示。所以,保持参考平面的完整和低阻抗,与保持信号线的完整和低阻抗对系统同样重要。

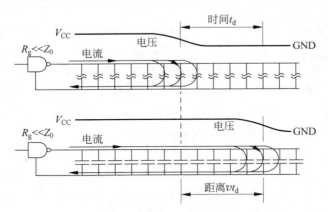

图 4-47　信号在信号线和参考平面上传送

在传统的低速设计中,系统中的回路电流沿着最小的电阻路径回流;在高速系统中,电流沿着最小的阻抗路径回流。在高频下,回路的电感表现出的感抗远大于其本身的电阻值,因此最小阻抗路径也就是最小电感的路径。

通常情况下,最小电感的路径就在信号线的正下方,如图 4-48 所示。

把提供给信号线回路电流的媒介称为参考平面。在实际的系统中,参考平面可以用

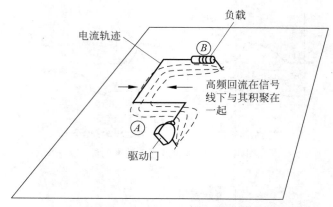

图 4-48　高频回流电流沿最小电感路径回流

V_{CC}，也可以用 GND，重要的是保证参考平面的连续性。

一对差分信号之间可以互为参考，它们对参考平面的依赖没那么强。

如果在 PCB 上信号的参考平面出现较大的不连续区域，如一条沟壑，那么信号的回路电流无法通过紧贴信号线下面的路径传送，而是必须绕开这条沟壑。这样就给回流路径增加了感抗，使得接收端信号的高频分量衰减严重，甚至出现台阶，如图 4-49 所示。

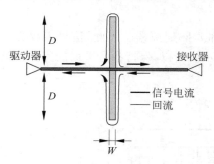

图 4-49　回路不连续

在设计中尽量不要让信号的回路中存在沟壑，若沟壑是不可避免的，则可以在沟壑的两端放置一些去耦电容，构成一个跨越沟壑的交流通路，提供给高速的回路电流。

另一种常见的回路不连续的情况是信号在不同参考平面之间切换，同样会给电源系统引入噪声。图 4-50 为 4 层 PCB 结构，信号首先在第 1 层传输，然后通过一个过孔转到第 4 层继续传输，第 2 和第 3 层为参考平面。当信号在第 1 层时，回路电流在信号路径对面的参考层（第 2 层）传播；当信号在第 4 层时，回路电流同样在信号路径对面的参考层（第 3 层）传输。图 4-50 没有标出回路电流换层的路径。

如果参考平面之间没有直流通路，回路电流只能通过两个平面之间的容性耦合传递。在图 4-51 中可以清楚地看到回路电流是如何从第 3 层耦合到第 2 层上的。

由于平面之间的耦合程度有限，回路电流在跃迁过程中将遇到较大的阻抗。因此，回路电流在这里将在两个平面上产生一个感应噪声，传播到系统的其他地方。由于这个噪声非常类似于地弹噪声，因此又将其称为回路地弹。

在考虑减小回路地弹噪声时，如果这两个平面具有同样的电势，如它们都是地平面，最直接有效的方法就是在信号过孔附近加上几个地过孔，直接连接这两个平面。如图 4-52 所示，使回流电流就近通过这几个地过孔，保持回路的连续性。

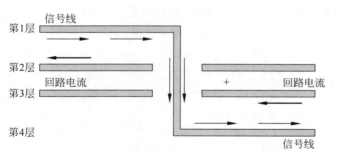

图 4-50　信号切换参考平面

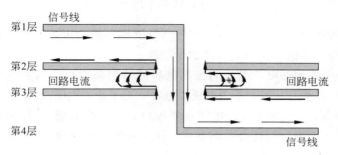

图 4-51　回路电流通过平面之间的容性耦合传递

如果这两个平面的电势不一样,如一个是 V_{CC} 层,另一个是 GND 层,那么要减弱这个回路地弹噪声对电源系统造成的影响,必须对其处理。与抑制 SSN 的方法类似,可以在信号过孔的附近,两个平面之间增加一些去耦电容,为回路电流提供一个低阻抗的瞬态交流回路。

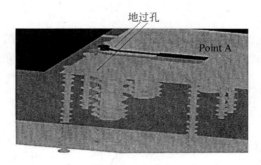

图 4-52　利用地过孔减小回路电感

5. 低阻抗电源分配系统

在流行的 PCB 设计方法中,电源和地都采用独立的平面实现,而且它们都是面对面放置的。理想情况下,两个平面之间构成一个纯粹的电容,平面之间对交流信号来说是短路的,平面之间的交流阻抗为 0,任何流经两个平面之间的瞬态电流都不会给电源地平面带来噪声波动。

事实上却不是这么简单,一对平面在低频下可以作为一个电容器来看,而在高频下其模型就复杂得多,看起来就像一个二维的传输线,如图 4-53 所示。

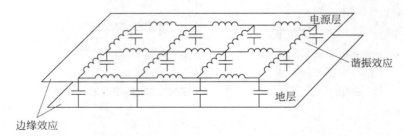

图 4-53　电源和地平面简化模型

与传输线特性一样,电源噪声波动在传到电源地平面的边缘时同样将发生反射的现象,反射回来的噪声可能会在平面内部发生谐振。

下面通过一个典型的电源平面和去耦电容的效果来说明如何实现一个低阻抗的电源分配系统。图 4-54 是由两个平面组成的电源和地平面对(pair),在平面的 B 点处是一个电压调整器(VRM),给单板提供电源;在 A 点处是一个观察点,用来观察频率响应特性。以下说明的频率响应特性曲线都是基于这个假想点得到的。

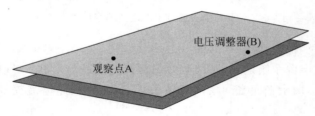

图 4-54　一个电源地平面

考虑一个特殊的电源地平面,其在 40MHz 以下阻抗与平面的电容值基本吻合,而在 40MHz 以上平面内部的固有谐振占据了主要因素,如图 4-55 所示。

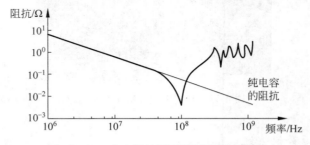

图 4-55　一个电源地平面的频率相应曲线

如果给该系统加入一个电压调整模块 VRM,由于 VRM 存在串联的电感,在较低频率处 VRM 串联电感与平面的固有电容可能会产生并联谐振尖峰,如图 4-56 所示。

选择一定数量的容值电容组合在一起,加到电源和地平面之间。一般来说,大电容

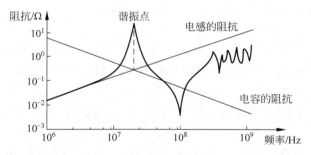

图 4-56 加入了 VRM 的电源地平面的频率响应

的数量较少,小电容的数量要多一些。例如,采用 1 个 2.2pF,2 个 0.47μF,…,4 个 33nF,8 个 10nF,16 个 2.7nF,24 个 1nF 的电容。目的是使整个电源分配系统在较宽的频率范围内呈现低阻抗。也就是说,在这些频率范围内的噪声,都只会在整个电源分配系统中引起小幅度的波动,不会造成大的影响。

从图 4-56 中可以看出一般的规律:

(1) 去耦电容在低频率范围有效地降低了系统阻抗;

(2) 有效地利用去耦电容,可以把平面的固有谐振频率点移到几百兆赫;

(3) 在非常高的频率范围,如 1GHz 左右,分立的电容起的作用不太明显,平面本身的固有谐振占主导地位。

需要说明的是,这里使用的电容组合并不是这个系统中最优化的,而且在其他系统中效果不一定一样,只是为了通过改变去耦电容的组合来分析其可能对电源分配系统造成的影响。实际上,在具体的实例中电源地平面和去耦电容所带来的效果不尽相同。

去耦电容的影响并不能定量地描述出来,简单系统可以通过直观的概念推论出来。而在负载的系统中,特别是多层电源和地,非常多的去耦电容,必须通过仿真和测试来确定去耦电容的实际效果。

4.3.3 功耗分析和热设计

在传统概念中,芯片工艺的改进将会带来性能的提高,由于芯片内核电压的降低,其所消耗的功耗也随之降低,这一点直到 0.13μm 时代也是正确的。但是,在工艺进入 90nm 并逐渐发展到 40nm 或更小时,芯片功耗将显著提高。这是因为芯片进入 40nm 时代后,阈值电压的降低以及晶体管尺寸的减小,都将会导致芯片的漏电流增加,而这个漏电流就成为芯片静态功耗的主要来源,有时甚至高于芯片工作的动态功耗。

功耗增加所带来的主要问题是芯片在工作中将产生更多的热量,如果这些热量不及时散播出去,芯片的温度将会升高,严重时有可能会导致芯片工作异常,甚至失效。

下面讨论 FPGA 的功耗组成部分以及相应的热设计考虑。

1. FPGA 的功耗

FPGA 的一个比较特别的现象是其上电瞬间的电流比较大,有时甚至大于芯片正常工作的电流,这是因为 FPGA 内部的逻辑和互连线资源(SRAM 工艺)在上电瞬间处于不确定状态,发生电流冲突的结果。

在设计时必须考虑到上电瞬间的大电流,若电源模块不能够提供足够的电流,芯片在上电过程中就会出现上电曲线不单调的问题,导致器件上电失败,以致芯片无法正常工作。一般在器件手册中会给出上电电流值。

FPGA 在正常工作中,其消耗的总功耗由器件的静态功耗、动态功耗和 I/O 功耗构成。

静态功耗也叫作待机功耗,是芯片处在上电状态,但是内部电路没有工作时消耗的功耗。动态功耗是指由于内部电路处于工作状态,如状态翻转、信号输出等所消耗的功耗。I/O 功耗是 I/O 在翻转时,对外部负载电容进行充放电所消耗的功耗。

1)静态功耗

它主要由芯片内部的漏电流产生。在高速的 40nm 器件中,芯片的静态功耗为主要的电源消耗,也称为漏电功耗。其显著特点是功耗与器件结温同向变化,控制结温可以有效地控制芯片的静态功耗。

2)动态功耗

动态功耗主要与内核的工作电压有关,随着内核电压的降低,芯片在工作时所消耗的动态功耗也相应降低。

3)I/O 功耗

一般来说,其电源与内核是分开的,所以它的功耗一般波动不大。

Altera 公司为了使用户能够准确地评估其芯片在工作时候的实际功耗,提供了一种功耗估计方法:

(1)功耗计算器。用户需要估算 FPGA 中的各种资源使用情况,包括 LE、RAM、PLL、DSP 块和 I/O 等,以及它们工作的时钟频率。同时,用户也需要估计各种资源工作过程中的翻转率,这对芯片的动态功耗影响非常大。对于某些特定芯片,由于其特性对功耗影响较大,因此还需要用户输入环境温度、表面风速和散热片类型等参数,用来估计芯片的实际待机功耗。Quartus II 的设计项目完成时,也可以输出一个功耗估计文件,将其载入估计表格中,就可以自动载入精确的器件资源使用情况。

(2)基于仿真的功耗估计。Quartus II 提供了一种功耗估计工具 PowerGauge。在使用 PowerGauge 之前,用户必须首先编译设计,然后根据设计的实际情况给设计加一些激励,再在 Quartus II 中对这个设计进行时序仿真。PowerGauge 可以在仿真过程中估算出芯片实际工作时的功耗,这种方法通常是在设计的后期精确估计芯片功耗时采用。与计算表格相比,它准确,但耗时。

2. 热设计

任何芯片要工作,必须满足一个温度范围,这个温度是指硅片上的温度,通常称为结温。

Altera 公司的 FPGA 分为商用级和工业级两种,商用级的芯片可以正常工作的结温为 0～85℃,工业级芯片的结温为 −40～100℃。在实际电路中,必须采取一定的方法使得芯片产生的热量迅速发散到环境中,保证芯片的结温在其可以承受的范围之内。

散热的主要方式有传导、对流和辐射。

芯片产生的热量主要传给芯片的外封装,若在封装上加装散热片,一般还需要在散热片和芯片封装外壳之间涂导热胶(或散热片胶),这样热量就可以散播到环境中。采用黑色散热片的效果要好一些,这是因为黑色物体容易向外辐射热量,而且散热片表面的风速越快,散热越好。

此外,也有一小部分热量经过芯片引脚传导到 PCB 中,再由 PCB 将热量散布到环境中,但这部分热量所占比例较少。

4.3.4 高速 PCB 设计注意事项

1. 微带布线和带状布线

微带线是 PCB 绝缘介质分隔的参考平面(GND 或 V_{CC})的外层上的信号布线,这样能使时延最小。带状线则在两个参考平面(GND 或 V_{CC})之间的内层信号层布线,这样能获得更大的容抗,更易于阻抗控制,使信号更干净。

2. 高速差分信号对布线

高速差分信号对布线常用方法有边沿耦合的微带(顶层)、边沿耦合的带状线(内嵌信号层,适合布高速 SERDES 差分信号对)和 Broadside 耦合微带等。边沿耦合布线中,差分信号对线与电源线一般呈垂直关系;而在 Broadside 耦合微带布线中,差分信号对线与电源线一般呈平行关系。

3. 旁路电容

旁路电容是一个串联阻抗非常低的小电容,主要用于滤除高速变换信号中的高频干扰。在 FPGA 系统中主要应用的旁路电容有三种:高速系统(100MHz～1GHz),常用旁路电容为 0.01～10nF,一般布在距离 V_{CC} 1cm 以内;中速系统(十几兆赫到 100MHz),常用旁路电容为 47～100nF 钽电容,一般布在距离 V_{CC} 3cm 以内;低速系统(十几兆赫以下),常用旁路电容为 470～3300nF,在 PCB 上布局比较自由。

4. 电容最佳布线

电容布线可遵循下列设计准则:

(1) 使用大尺寸过孔连接电容引脚的焊盘,以减少耦合容抗。

(2) 使用短而宽的线连接过孔和电容引脚的焊盘,或者直接将电容引脚的焊盘过孔相连接。

(3) 使用低串联阻抗(Low Effective Series Resistance,LESR)电容。

(4) 每个 GND 引脚或过孔应该连接到地平面。

5．高速系统时钟布线要点

（1）避免使用锯齿绕线，时钟布线要尽可能直。

（2）尽量在单一信号层布线。

（3）尽可能不使用过孔，因为过孔将带来强烈的反射和阻抗不匹配。

（4）尽量在顶层用微带布线，从而避免使用过孔且使信号时延最小。

（5）将地平面尽量布在时钟信号层旁，用以减少噪声和串扰。如果使用内部信号层布时钟线，可以使用两个地平面将时钟信号层夹在中间，以减少噪声和干扰，缩短信号时延。

（6）时钟信号应该正确阻抗匹配。

6．高速系统耦合与布线注意事项

（1）注意差分信号的阻抗匹配。

（2）注意差分信号线的宽度，使之可以承载 20％ 的信号上升或下降时间。

（3）使用合适的连接器，连接器的额定频率应该能满足设计的最高频率。

（4）差分信号对尽量使用 edge-couple 方式耦合，避免使用 broadside-couple 方式耦合，使用 3S 分隔法则，即线对间距为 S，则线对之间的距离必须大于 $2S$，线对与 TTL 信号的间距必须大于 $3S$；同时要避免过耦合或串扰。

7．高速系统噪声滤波注意事项

（1）减少电源噪声带来的低频干扰（1kHz 以下），在每个电源接入端如屏蔽或者滤波电路。

（2）在每处电源进入 PCB 的地方加 $100\mu F$ 的电解电容滤波。

（3）为了减少高频噪声，在每处 V_{CC} 和 GND 处尽可能多地布置去耦电容。

（4）将 V_{CC} 和 GND 平面平行布置，并用电介质（如 FR-4PCB）分隔，在其他层布置旁路电容。

8．高速系统地弹注意事项

（1）尽量在每处 V_{CC}/GND 信号对上添加去耦电容。

（2）在计数器等高速翻转信号的输出端加外部缓冲器，以减少驱动能力的要求。

（3）将未使用的用户 I/O 设置成输出为低电平的输出信号，这相当于虚拟的 GND，将这些低电平输出连接到地平面。

（4）对于速度要求不苛刻的输出信号设置为低上升斜率（Slow Slew）的模式。

（5）控制负载容抗。

（6）减少时钟不停翻转的信号，或者将这种信号尽量均匀地分布在芯片的四周。

（7）将翻转频繁的信号尽量靠近芯片的 GND 引脚布置。

（8）设计同步时序电路时应该尽量避免输出瞬时全部翻转。

（9）将电源和地线分层布置，这样可以起到在整体上中和电感的作用。

第5章

SOPC技术

5.1　SOPC 硬件开发环境及硬件开发流程

自 20 世纪 90 年代末以来,电子系统的设计方式发生了巨大改变。其中,基于模块的芯片设计成为电子系统设计的主流。Altera 公司也提出了基于 FPGA 的片上系统解决方案——SOPC 技术。该技术利用了计算机辅助设计技术,以嵌入式技术为核心,集软、硬件为一体,最大限度地优化系统,符合电子技术的发展趋势。本章主要介绍 SOPC 的相关技术。

Altera 公司的 SOPC 简单地说就是在可编程逻辑器件的基础上实现一个以 CPU 为核心的智能控制系统,是 Altera 公司提出的一种灵活、高效的 SOC 解决方案。在一个 SOPC 设计中,将所用到的微处理器、DSP 芯片、存储器件、I/O、控制逻辑、混合信号模块等集成到 FPGA 器件上,构建成一个可编程片上系统。可编程系统具有灵活的设计方式,可裁剪、可扩充、可升级,且具备软、硬件在系统可编程的功能。

FPGA 内部含有小容量的高速 RAM 资源。利用可供灵活选择的 IP 核资源,用户可以构成各种系统,如单处理器、多处理器系统。除了系统使用的资源外,还可以利用足够的可编程逻辑资源实现其他的附加逻辑。

SOPC 是 PLD 和 ASIC 技术融合的结果。它是一种特殊的嵌入式系统,具备软、硬件系统可编程的功能。近年来,FPGA 无论在逻辑门密度还是在运行频率等方面都取得了长足进步,已经可以把处理器软核、ASIC 硬核、数字信号处理器件及网络控制等各种数字逻辑控制器,以 IP 核的形式集成到 FPGA 芯片中,构成嵌入式系统。采用这种设计方式,能够使系统具有开发周期短和系统可修改等优点。因此,基于 FPGA 的嵌入式系统成为 SOPC 的热点。

2000 年,Altera 公司发布了 Nios 处理器,这是业界第一款可编程逻辑优化的可配置的软核处理器。它基于 RISC 技术,具有 16 位指令集、16 位/32 位数据通道和 5 级流水线,在一个时钟周期内完成一条指令的处理。Altera 公司把可编程逻辑的优势集成到嵌入处理器的开发流程中,设计者定义了处理器之后,再把 CPU 周边的专用硬件逻辑集成进去,构成可定制的 SOPC,随后就可以开展软件原型设计。

在 Nios II 系统设计的每个阶段,软件都能够进行测试,解决遇到的问题。另外,软件组可以对结构方面提出一些建议,改善代码效率和处理器性能,软件和硬件权衡可以在硬件设计过程中间完成。

在 Altera 公司的 Nios 嵌入式处理器中,设计者能够在 Nios 指令系统中增加自定义指令,以增强对实时软件算法的处理能力。用户自定义指令可以完成复杂的处理任务。另外,增加的用户自定义指令也可以访问存储器或 Nios 系统外的逻辑。设计者可以在 Avalon 互连架构中加入定制外设,这一特性可以用于数字信号处理、数据包处理及计算密集的地方。

传统的 SOC 设计方法需要用户把处理器以及外设手动连接起来,还需要用户手动去分配地址空间资源,这样既耗时又容易出错。针对这种情况,Altera 公司开发了一种智能的工具,帮助用户方便快捷地产生一个 SOPC,这个工具就是 SOPC Builder。SOPC Builder 是内嵌在 Quartus Ⅱ 设计工具中的,用户可以非常方便地用 SOPC Builder 产生完一个系统后,在 Quartus Ⅱ 中对其进行编译,并实现在目标器件中。SOPC Builder 开发工具具有直观的图形用户接口,便于设计者准确地添加和配置系统所需的外设,包括存储器,定制外设和 IP 模块。

Altera 公司还提供了软件开发工具,该开发工具支持 C/C++ 语言,并提供了常用的功能类库。开发者可以直接使用 C/C++ 语言进行系统软件开发,然后在线调试自行设计的 Nios 处理器和软件。当软件达到设计要求时,可通过该工具将执行代码下载到 Flash 或 FPGA 中,使所设计的系统独立运行。

SOPC Builder 最大的好处是使系统设计过程自动化,这也是 EDA 业界追求的目标。在 SOPC Builder 中,设计者只需要选择自己需要的处理器和外设类型,工具将自动根据 Avalon 总线的标准产生一些互连逻辑,将各个模块连接起来。这些互连逻辑功能包括数据通道复用、等待状态产生、中断控制和数据宽度匹配。同时,工具也可以自动分配外设的地址空间。用户也可以根据需要对连接关系进行调整,或者手动指定外设地址空间。

SOPC Builder 的输出文件包括定义所有模块的 HDL 描述,还有一个顶层的 HDL 描述文件,用来把所有的模块集成在一起。另外,在使用 SOPC Builder 定制系统的同时,所有的设置都放在扩展名为“.ptf”的文件中,这个文件可以作为归档文件。用户也可以直接修改这个文件,不过一般不建议用户这样做。

1. 定制界面

启动 SOPC Builder 即可在 Quartus Ⅱ 的菜单栏中选择 Tools|SOPC Builder 命令,然后指定需要产生的系统名称和 HDL 原语类型,就可以进入到系统定制界面中,如图 5-1 所示。

图 5-1 的左边是可供用户选择的模块资源池,包括处理器(Nios 和 Nios Ⅱ)和各种外设。这些模块的数量一直在增加,有 Altera 公司自己开发的模块,也包括第三方开发的模块。用户逻辑也可以加到资源池中,用户逻辑在第一次被定义之后,就可以将其放到模块资源池中,以后就将其当作普通模块一样使用。

图 5-1 右边的上方,需要用户选择目标单板、目标器件和系统时钟频率,右下方是用户自己增加的系统模块列表。图中的行列线以及交叉点指明了各个模块之间的连接关系,用户可以修改其连接关系。SOPC Builder 工具自动给这些模块分配了地址空间,确保不会冲突。用户也可以手动分配地址空间。

用户可以在图 5-1 的 More "cpu_0" Settings 中设置 CPU 的复位初始地址和异常处理地址。

需要注意的是,SOPC Builder 不仅可以作 Nios 处理器系统,同样可以生成没有处理器的系统,Avalon 总线只在各个模块之间起到互连的作用。

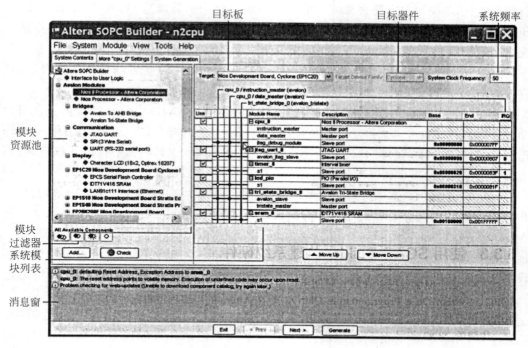

图 5-1　SOPC Builder 定制界面

2. 生成界面

用户定制完系统后,需要将其编译形成模块文件,用作功能仿真,系统生成界面如图 5-2 所示。

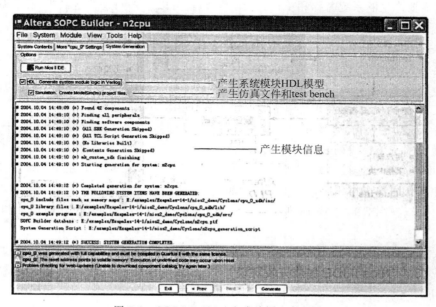

图 5-2　SOPC Builder 生成编译文件界面

单击 Generate 按钮,SOPC Builder 自动产生所需要的文件,并放在工程的根目录下面。

3. 系统开发流程

前面已经讨论了如何在 SOPC 中定制用户系统,并如何生成系统。那么 SOPC Builder 如何融合到整个系统的开发流程中?

图 5-3 为 SOPC Builder 开发全流程。

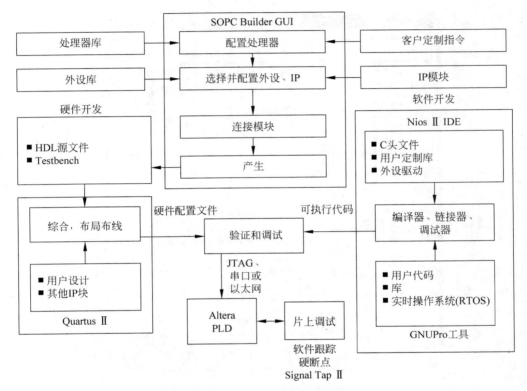

图 5-3　SOPC Builder 开发流程

用户首先利用 SOPC Builder 的图形界面定制系统,产生输出文件,然后进入传统的硬件开发流程,在 Quartus Ⅱ 中进行逻辑综合、布局布线。在软件开发流程中,用户可以利用 Nios Ⅱ IDE 环境,建立工程、编译设计和调试等。

5.2　Nios Ⅱ IDE 集成开发环境

前面简单介绍了使用 SOPC Builder 构建 Nios Ⅱ 系统的基本流程,而要开发基于 Nios Ⅱ 系统的应用程序,可以使用 Altera 公司为 Nios Ⅱ 系统定制的 Nios Ⅱ IDE 系统。

1. 集成开发环境

Nios Ⅱ IDE 是基于 Eclipse IDE 的集成开发环境,已经被许多软件工程师熟悉。用户可以在 Nios Ⅱ IDE 中为 Nios Ⅱ 系统开发模块驱动程序、板级支持包(BSP)以及用户应用程序,使用非常方便。

用户打开 Nios Ⅱ IDE 后,要新建应用程序,选择 File|New|C/C++ Application 命令,如图 5-4 所示。

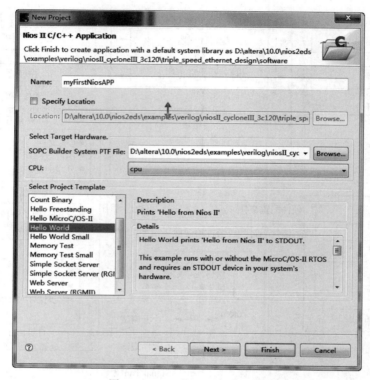

图 5-4 Nios Ⅱ IDE 新建工程

在新建工程窗口下,用户输入工程名,同时选择应用程序的目标硬件,也就是 SOPC Builder 产生的 Nios Ⅱ 系统 *.ptf 描述文件。Nios Ⅱ IDE 还提供了一些应用程序模板,用户也可以选择空模板或自己建立的模板。

如图 5-5 所示,在下一个配置页面中,用户需要选择新建系统库工程,还是利用已有的系统库工程。如果选择新建,该系统库工程就是基于目标硬件的 *.ptf 文件建立的,这个工程会自动命名,它实际上是一个硬件抽象层(Hardware Abstract Layer,HAL),它能够使上层应用程序像访问 C 程序库一样访问系统硬件和文件。在本节后面部分将介绍 HAL。

这样在 IDE 中就产生了上层应用程序工程和系统库工程。用户应用程序源文件应该加到上层应用工程中。

图 5-5　Nios Ⅱ IDE工程库建立选项

在上层应用程序工程上右击，在弹出的菜单中选择 Build Project 命令，就可以编译整个工程。

类似地，在 C/C++工程上右击，用户可以选择 Run As 或 Debug As(图 5-6)，Run As 是在硬件或者指令集仿真器(ISS)运行程序，Debug As 是在硬件或者指令集仿真器(ISS)调试程序。

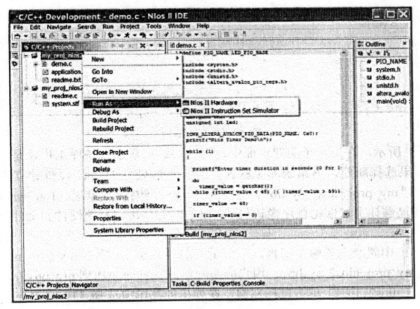

图 5-6　Nios Ⅱ工程运行及调试

对通用 IDE 中的软件运行和调试方法,软件工程师应该是非常熟悉的,这里不再介绍,感兴趣的读者可以参考 Nios Ⅱ 的相关资料文档。

2. 硬件抽象层

硬件抽象层是指在应用程序和系统硬件之间的一个系统库。软件工程师可以非常方便地使用这些系统库来与底层硬件通信,而无须关心底层硬件实现细节。这样,在上层应用程序和底层硬件之间就构成了一个明显的界限,底层驱动程序的修改不会对应用程序造成任何影响。

HAL API 集成了 ANSI C 的标准库,它允许应用程序使用类似 C 库函数的方式访问硬件和文件。实际上,HAL 的目的也是要使得软件工程师可以像以前的方式一样开发基于 Nios Ⅱ 的程序,使用类似的系统库。Nios Ⅱ 硬件抽象层如图 5-7 所示。

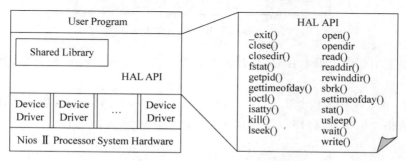

图 5-7　Nios Ⅱ 硬件抽象层

HAL 是 Nios Ⅱ IDE 根据系统具体的硬件配置来产生的,它包括硬件驱动、初始化软件、文件系统、stdio 和 stderr。

基于 HAL 的程序在启动时,首先运行一段启动程序_start(),用来初始化 Cache,建立堆栈等工作;然后调用 alt_main(),初始化操作系统,中断控制器,而且将调用 alt_sys_init()函数来初始化硬件驱动程序等;最后调用应用程序中的 main()函数,进入应用程序运行,如图 5-8 所示。

用户也可以通过自己定义 alt_main()来定制系统初始化过程,这样做比较麻烦。

用户可以采用 HAL 来初始化系统,也可以用独立的程序来做这个工作,不过 Altera 公司并不建议这样做,因为这样完全抛弃了 HAL 的好处。自己负责所有模块的初始化工作,是一项烦琐且容易出错的工作,若用户这样做是为了减小程序的空间,则可以采用 IDE 中的优化方法来优化程序空间。

有了 HAL,在 Nios Ⅱ 的系统开发过程中,软件工程师可以不用关心硬件的具体实现细节,而是按照以前习惯的方式工作,适应在 Nios Ⅱ 系统上开发应用程序;硬件工程师可以把主要精力放在实现系统结构和设计外设的驱动程序上。

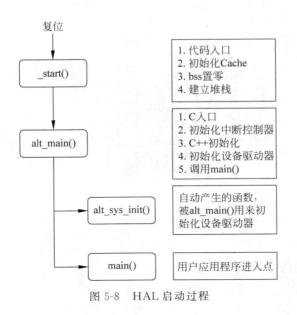

图 5-8　HAL 启动过程

3. RTOS 支持

实时操作系统(RTOS)在复杂的嵌入式软件设计中经常用到。Nios Ⅱ系统支持的 RTOS 包括 MicroC/OS-Ⅱ、Nucleus PLus、uCLinux 和 KROS,用户可以根据自己的需要选择。

MicroC/OS-Ⅱ是比较常用的一种,它的主要功能如下:

(1) 任务(线程)管理;

(2) 事件标记;

(3) 消息传递;

(4) 内存管理;

(5) 标志位;

(6) 时间管理。

MicroC/OS-Ⅱ内核工作在 HAL 的顶部。有了 HAL 这一层,基于 MicroC/OS-Ⅱ的程序具有更好的可移植性,而且不受底层硬件改变的影响,如图 5-9 所示。

4. Flash 编程器

许多用户设定的系统,采用 Flash 来存储数据,包括程序代码、程序数据、FPGA 配置文件或者其他数据。

Nios Ⅱ IDE 提供了一种叫作 Flash 编程器的工具,可以帮助用户在线把数据内容烧制到 Flash 中。支持的 Flash 必须是 CFI 接口,或是 Altera 公司的串行配置器件 EPCS 系列。

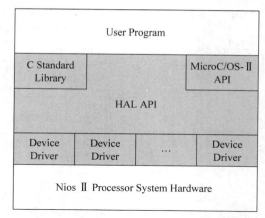

图 5-9　基于 MicroC/OS-Ⅱ的程序结构

使用 Flash 编程器必须完成两步：

（1）要产生一个 Flash 编程器的设计；

（2）由主机通过 IDE 中的 Flash 编程器把 Flash 的内容发送给板上运行的 FPGA，由 FPGA 中专用于烧制 Flash 的设计（Flash 编程器的设计）把内容烧制到 Flash 中。

Flash 编程器工作示意如图 5-10 所示。

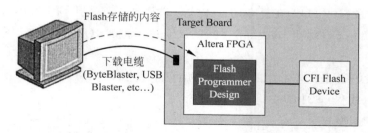

图 5-10　Flash 编程器工作示意图

Flash 编程器的设计包括以下内容：

（1）Nios Ⅱ CPU（一个 Nios Ⅱ 处理器）；

（2）JTAG UART（JTAG 串口）；

（3）Active serial memory interface（主动串行存储器接口）；

（4）Tri-state bridge（三态桥）；

（5）CFI—compatible flash interface（CFI 兼容的闪存接口）；

（6）System ID peripheral on-chip memory for formware and buffers（一个作为系统 ID 外设的片上存储器，用在固件和缓冲区上）。

用户需要在 SOPC Builder 中生成一个 Flash 编程器的设计，然后编译生成配置文件对板上的 FPGA 进行配置。

用户必须在主机上运行 IDE 中的 Flash 编程器，指定 Flash 的内容和地址空间，然后对 Flash 进行编程，如图 5-11 所示。

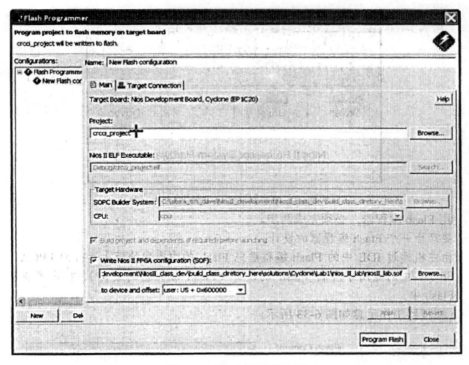

图 5-11　Flash 编程器界面

5.3　SOPC Builder 设计流程

采用 Nios 处理器设计 SOPC 嵌入式系统时,开发流程(图 5-12)如下:

(1) 定义 Nios Ⅱ 嵌入式处理器系统。使用 SOPC Builder 系统综合软件从处理器库中选取合适的 CPU。从外设库中选取合适的存储器及外围器件,选择定制指令,最后形成系统模块。

(2) 指定目标器件、连接各个模块,分配引脚、编译硬件。使用 Quartus Ⅱ 选取 Altera 器件系列,选择需要用的 IP 模块并设定参数,对 Nios Ⅱ 系统的各种 I/O 口分配引脚。由 SOPC Builder 编译后生成系统,也生成配置文件。

(3) 在上一步会生成网表文件、HDL 源文件和 Testbench 测试文件。用 SOPC Builder 生成的 HDL 设计文件进行综合和布局布线,进行硬件编译选项或时序约束的设置,生成网表文件。

(4) 硬件下载。使用 Quartus Ⅱ 软件和下载电缆,将配置文件下载到开发板上的 FPGA 中。当校验完当前硬件设计后,还可再次将新的配置文件下载到开发板上的非易失存储器中。

(5) 在使用 SOPC Builder 进行硬件设计的同时,就可以开始编码独立于器件的 C/C++软件,如算法或控制程序。用户可以使用现成的软件库和开放的操作系统内核来加快开发过程。

（6）在 Nios Ⅱ IDE 中建立新的软件工程，IDE 会根据 SOPC Builder 对系统的硬件配置自动生成一个定制 HAL 系统库。这个库能为程序和底层硬件的通信提供接口驱动程序。

（7）使用 Nios Ⅱ IDE 对软件工程进行编译、调试。

（8）将硬件设计下载到开发板后，就可以将软件下载到开发板上并在硬件上运行。

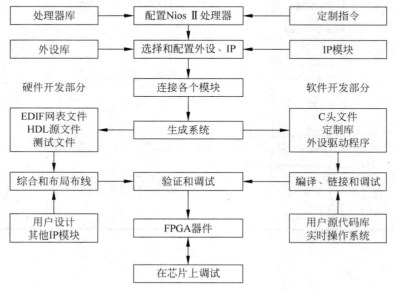

图 5-12　SOPC 系统开发流程

5.4　Nios Ⅱ 体系结构

Nios Ⅱ 是 Altera 公司特有的基于通用 FPGA 构架的 CPU 软内核。随着用户对系统可定制性和灵活性需求的逐步增加，Nios Ⅱ 被越来越多的用户接受。本节简单介绍基于 Nios Ⅱ 的嵌入式系统及其应用。

5.4.1　Nios Ⅱ 处理器系统

传统的设计模式是把各个芯片厂家的产品集成到一个 PCB 上完成相应的功能，这样产品的灵活性和性能都受到影响。而随着业界 IP 核的兴起，工程师逐渐把以前的由分立芯片实现的系统放在一个芯片中（片上系统），用户可以根据自己的具体需求来定制芯片的功能模块和规格。

当 SOC 的概念盛行时，许多专用芯片公司纷纷把嵌入式处理器内核放到自己的 ASIC 中，构建自己的片上系统，其中用户数较多的是 ARM 内核。ARM 不仅提供了嵌入式 CPU,也提供了 SOC 的解决方案,包括内部总线、外设等。

两大 PLD 供应商 Altera 公司和 Xilinx 公司也分别把 ARM 和 PowerPC 硬核放到了自己的 FPGA 中,然而这种看似性能强大的 FPGA 内嵌处理器并没有取得较大成功,而 Altera 公司的应用在中低端的 CPU 软内核 Nios 在客户中取得了不错的口碑。随着 Nios 的成功,Altera 公司的 SOPC 概念也被许多用户所接受。

2004 年 6 月,Altera 公司继在全球推出 Cyclone Ⅱ 和 Stratrix Ⅱ 器件系列后,又推出支持这些新款芯片的 Nios Ⅱ 嵌入式处理器。它是目前 SOPC 设计的主流产品,是 Altera 公司推出的第二代 32 位软核微处理器。它采用哈佛体系结构,除了需要购买 license 许可来开发 Nios Ⅱ 系统外,用户可以把 Nios Ⅱ 用在自己的产品中,不需要缴纳其他的版权费。

Nios Ⅱ 及所有外设都是以 HDL 代码的形式提供的,能够使用 Quartus Ⅱ 集成综合工具进行综合,并用于 Altera 公司所有的 FPGA 芯片。通过 Altera 公司提供的系统集成工具,能够快速生成包括 Nios Ⅱ 处理器、各种嵌入式外设及系统互连的所有 HDL 源代码。设计生成的 SOPC 系统设计文件,在 Quartus Ⅱ 软件中完成综合和布局布线操作后,在 FPGA 逻辑资源中实现,最终生成 FPGA 的编程文件。

在可编程逻辑器件中,用户使用 CPU 绝大部分并不是为了追求性能,而是为了 PLD 特有的灵活性和可定制性,同时也可以提高系统的集成度,这些正是 Nios 系统的内存特性,也是 Nios 受欢迎的原因。

Nios 是 Altera 公司开发的嵌入式 CPU 软内核,几乎可以用在 Altera 公司所有的 FPGA 内部。Nios 处理器及其外设都是用 HDL 编写的,在 FPGA 内部利用通用的逻辑资源实现,所以在 Altera 公司的 FPGA 内部实现嵌入式系统具有极大的灵活性。凭借不错的性能和非常灵活的配置,Nios 已被许多客户所接受。Nios 常应用在一些集成度较高、对成本敏感以及功耗要求低的场合,如远程测量和医疗诊断设备。在光传输和存储网络等对性能和灵活性都有要求的领域,也有 Nios 应用的例子。

Altera 公司在 Nios 的基础上推出了第二代嵌入式 CPU 软核 Nios Ⅱ。与前一代相比,其用户的配置和使用更加灵活方便,同时在占用的逻辑资源和性能上都有明显改善。

Nios Ⅱ 处理器是一个通用的 32 位 RISC 处理器内核。它的主要特点如下:

(1) 完全的 32 位指令集、数据通道和地址空间;

(2) 可配置的指令和数据 Cache;

(3) 32 个通用寄存器;

(4) 32 个有优先级的外部中断源;

(5) 单指令的 32×32 乘除法,产生 32 位结果;

(6) 专用指令用来计算 64 位或 128 位乘积;

(7) 单指令 Barrel Shifter(桶形移位器);

(8) 可以访问多种片上外设,可以与片外存储器和外设接口;

(9) 具有硬件协助的调试模块,可以使处理器在 IDE 中执行开始、停止、单步和跟踪等调试功能;

(10) 在不同的 Nios Ⅱ 系统中,指令集结构(ISA)完全兼容;

(11) 性能达到 150DMIPS(150×10^2 万条指令/s)以上。

Nios Ⅱ 处理器内核有 3 种类型,分别是快速型、经济型和标准型,用来满足不同设计的要求。快速型 Nios Ⅱ 内核具有最高的性能,经济型 Nios Ⅱ 内核具有最低的资源占用,标准型 Nios Ⅱ 在性能和面积之间做了一个平衡。三种 CPU 的性能比较见表 5-1。

表 5-1   Nios Ⅱ 处理器的三种处理器内核

性能	快速型(Nios Ⅱ/f)	标准型(Nios Ⅱ/s)	经济型(Nios Ⅱ/e)
用途	用于最佳性能优化	比第一代 Nios CPU 的速度快,体积更小	用于最小逻辑资源占用优化
流水线	6 级	5 级	无
乘法器	1 周期	3 周期	软件仿真实现
支路预测	动态	静态	无
指令缓冲	可设置	可设置	无
数据缓冲	可设置	无	无
定制指令	256	256	256

我们所说的 Nios Ⅱ 处理器系统,包括一个可配置的 CPU 软内核、FPGA 片内的存储器和外设、片外的存储器和外设接口。Nios Ⅱ 处理器系统的典型架构如图 5-13 所示。

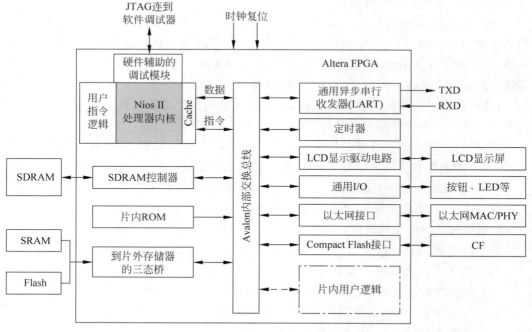

图 5-13   Nios Ⅱ 处理器系统的典型架构

在图 5-13 中,Nios Ⅱ 处理器系统由 Nios Ⅱ 处理器内核(包括调试模块)、Avalon 交换总线、系统外设和片内用户逻辑组成。

系统中的外设如 SDRAM 控制器、片内 ROM、三态桥、UART、定时器、LCD 显示驱动电路、通用 I/O、以太网接口和 Compact Flash 等，都是由 FPGA 内部的逻辑和 RAM 资源实现的。

Nios Ⅱ 开发包含一套通用外设和接口库，MegaCore 或者 Altera Megafunction Partners Program（AMPP）也提供一些外设。

Nios Ⅱ 开发包含的通用外设和接口有定时器/计数器、外部三态桥接、外部 SRAM 接口、UART、LCD 接口、用户逻辑接口、JTAG UARTC、并行 I/O、S8900 10Base-T 接口、系统 ID、EPCS 串行闪存控制器片内 ROM、直接存储器通道（DMA）、紧凑闪存接口（CFI）、串行外设接口（SPI）、SDR SDRAM、片内 RAM、LAN91CXX10/100 网络控制器、有源串行存储器接口、PCI 等。

MegaCore 或者 AMPP 提供的外设有 PCI、DDR SDRAM、CAN、RNG、USB、DDR2 SDRAM、DES、16550 UART、RSA、SHA-1、I2C、10/100/1000 Ethernet MAC、浮点单元。

利用 SOPC Builder 软件工具可以生成用户定制外设，并将其集成在 Nios Ⅱ 处理器系统中。在 Altera FPGA 中，组合实现现有处理器无法达到的嵌入式处理器配置。

不同的用户，其设计类型的差别很大。在有些用户的设计中，CPU 为主要部件，需要较强大的性能，除了实现 Nios Ⅱ 处理器系统外，少数 FPGA 中剩余的资源可以用作粘合逻辑。而在另外一些设计中，Nios Ⅱ 处理器系统只占用了 FPGA 的一小部分功能，性能要求也不高，剩下的逻辑资源是为了实现主要的逻辑功能。这就要求用户根据自己的系统需求，选择合适的 FPGA 规模。在这些系统中，如果用户逻辑需要和 Nios Ⅱ 处理器系统间相互通信，用户逻辑可以非常方便地直接挂在片内的 Avalon 交换总线上，而且访问时序可以由用户自己定义。

Nios Ⅱ 是一个可灵活配置的软内核处理器。可灵活配置是指 Altera 公司提供的处理器并不是固定的微控制器，用户可以根据自己设计的性能或成本要求，灵活地增加或裁减一些系统特性和外设，甚至可以在系统中放置多个 Nios Ⅱ 处理器内核，以满足应用要求。Nios Ⅱ 处理器定制指令扩展了 CPU 指令集，可以提高对时间要求严格的软件运行速度，从而使开发人员能够提高系统性能。采用定制指令，可以实现传统处理器无法达到的系统性能。

Nios Ⅱ 处理器可支持 256 条定制指令，加速通常由软件实现的逻辑和复杂数学算法。例如，在 64KB 缓冲中，执行循环冗余编码计算的逻辑模块，其定制指令速度比软件快 27 倍。Nios Ⅱ 处理器支持固定和可变周期操作，其向导功能将用户逻辑作为定制指令输入系统，自动生成便于在开发人员代码中使用的软件宏功能。

软内核是指 Nios Ⅱ 是以一种"软"（加密网表）的设计形式交给客户使用的，它可以在 Altera 公司的 FPGA 内部实现。用户根据自己的需要定制 Nios Ⅱ 处理器的数量、类型（3 种类型），也可以自己定义需要的外设种类和数量，还可以自由分配外设的地址空间，甚至可以自己定制 Nios Ⅱ 的指令，使得一些耗时耗资源的操作在用户指令中实现。由 FPGA 内部的其他资源（如 LE、RAM、DSP 块）来实现这些特殊的用户定制指令功能块,可以提高某些特殊操作的性能,而且对软件设计人员来说用户自定义的指令和系统自带的指令没有区别。

Altera 公司的 SOPC Builder 工具使得用户产生 Nios Ⅱ 处理器系统的过程非常简单。在 SOPC Builder 中,用户可以建立自己的系统,包括 Nios Ⅱ 处理器、片内和片外的 RAM、外设(如以太网等)。SOPC Builder 自动使用 Avalon 交换结构将它们互连起来,而不需要进行任何的原理图或 HDL 代码的输入。在 SOPC Builder 中可以自动为这些外设指定地址空间,增加仲裁机构,也可由用户设置访问优先级等。

在 SOPC Builder 中也可以输入一个用户自己设计的模块,使得集成用户逻辑到 Nios Ⅱ 系统中变得非常方便。将用户逻辑加到 Nios Ⅱ 系统中,在 SOPC Builder 中可以采用两种方法:一种是将用户逻辑的代码引入 Nios Ⅱ 的系统中,系统可以一起仿真;另一种是在 SOPC Builder 中,仅将用户逻辑接口留出来,需要在设计的顶层将用户逻辑和 Nios Ⅱ 系统实例化并连在一起。

在 Nios Ⅱ 系统的开发过程中,可以认为硬件细节对软件开发人员来说是透明的。Nios Ⅱ 的软件开发环境称作 Nios Ⅱ 集成开发环境(Nios Ⅱ IDE)。Nios Ⅱ 是基于 Eclipse IDE 和 GNU C/C++编译器的,它提供给软件开发人员一个熟悉的开发环境,可以用来对 Nios Ⅱ 系统的软件进行编译、仿真和调试。Nios Ⅱ 也提供了 Flash Programmer 功能,在软件调试完成以后,可以通过 Flash Programmer 把应用程序烧到 Flash 中,使得设计在上电配置完成以后,自动从 Flash 中开始运行程序。

5.4.2　Avalon-MM 总线架构

Nios Ⅱ 处理器采用 Avalon-MM 总线架构。Avalon 交换架构能够同时处理多路数据,实现巨大的系统吞吐量。SOPC Builder 自动生成的 Avalon 交换架构针对系统处理器和外设的专用互连需求进行优化。传统总线结构中,单个总线仲裁器控制总线主机和从机之间的通信。

每个总线主机发起总线控制请求,由总线仲裁器对某个主机授权接入总线。如果多个主机试图同时接入总线,总线仲裁器就会根据一套固定的总裁规则分配总线资源给某个主机。这样,每次只有一个主机能够接入总线使用总线资源,因而会导致带宽瓶颈。

采用 Avalon 交换架构,由于 FPGA 内部有丰富的互连资源,各个主、从设备之间实际上是点到点的互连。每个总线主机均有自己的专用互连,总线主机只需抢占共享从机而不是总线本身。Avalon 交换架构的同时多主机体系结构提高了系统带宽,消除了带宽瓶颈。

每当系统加入模块或者外设接入优先权改变时,SOPC Builder 利用最少的 FPGA 资源产生新的最佳 Avalon 交换架构。

Avalon 交换架构支持多种系统体系结构,如单主机/多主机系统,能够实现数据在外设与性能最佳数据通道之间的无缝传输,Avalon 交换架构同样支持设计的片外处理器和外设。

Nios Ⅱ处理器有三种运行模式,分别为用户模式、超级用户模式和调试模式。系统程序代码通常运行在超级用户模式。V6.0 版本以前的 Nios Ⅱ处理器都不支持用户模式,永远运行在超级用户模式。用户模式是超级用户模式功能访问的一个子集,它不能访问控制寄存器和一些通用寄存器;超级用户模式除了不能访问与调试有关的寄存器(btstatus、bastatus 和 bstatus)外,无其他访问限制;调试模式拥有最大的访问权限,可以无限制地访问所有的功能模块。

5.5　Nios Ⅱ系统典型应用

Nios 的出现改变了人们使用 CPU 的传统概念,用户可以在任何有 Altera FPGA 的系统中使用 CPU。有些 CPU 甚至只是在用户做系统调试或者测试时用到,而将在正式发布的产品中去掉。人们可以用 Nios 实现传统 CPU 无法实现的功能。

为了启发读者使用 Nios Ⅱ系统,这里给出 5 种应用实例。

1. 定制处理器系统

设计传统的嵌入式系统时,CPU 和外设均采用分立器件,在 PCB 上实现互连,如图 5-14 所示。大量分立器件占用了不少 PCB 的空间,因此集成度较差。

如果采用 Nios 系统,单板上只需要一个 Altera FPGA 即可实现整个系统,这样大大提高了系统的集成度和可靠性,如图 5-15 所示。

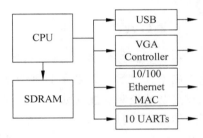

图 5-14　分立器件实现嵌入式系统

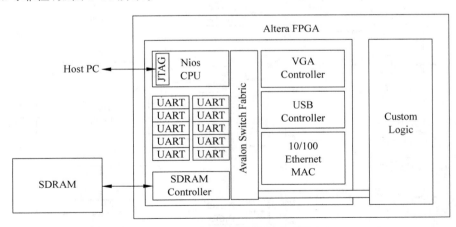

图 5-15　Nios 实现嵌入式系统

2. 作为协处理器

如果在一个系统中已有性能较高的 PowerPC,但是出于其需要处理大量的 I/O 工作而严重影响了它的性能。如果单板上也同时有一个 Altera FPGA,用户就可以考虑使用 Nios 来做一些 I/O 处理方面的工作,以减轻 PowerPC 的工作负担,如图 5-16 所示。

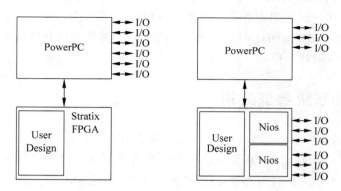

图 5-16 Nios 用作协处理器

3. I/O 处理

在一些高速的 I/O 处理中,纯粹用传统的逻辑电路去实现,占用的资源较多,而且实现控制不太灵活。如果在 I/O 模块中增加一个 Nios 处理器,就可以有效地实现 I/O 中比较复杂的控制功能。如图 5-17 所示的 MAC 模块,使用 Nios 来实现一些状态机的控制功能,而只用逻辑去实现高速的数据通道,这样占用的资源较少,同时兼具了控制的灵活性。

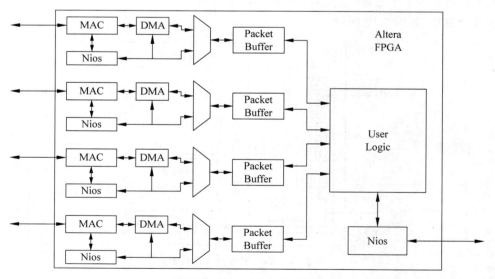

图 5-17 Nios 实现 I/O 处理

4. 替代状态机电路

在传统的设计中,状态机用独立的 HDL 来实现,这样的状态机实现起来非常复杂,占用的资源也较多,修改起来也比较麻烦。如果采用 Nios 来实现状态机,问题就简单得多,状态机成了软件的工作,这样既节省逻辑资源,也缩短开发的周期,将来的维护也更方便,如图 5-18 所示。

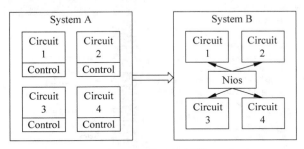

图 5-18 状态机替换

5. 实现测试功能

在一个复杂的设计中,即使没有用到 Nios 处理器,在系统调试和测试阶段也可以在系统中增加一个 Nios,以方便调试。毕竟 Nios 实现一些测试功能(如统计分析等)更灵活方便。

5.6 DSP Builder 工具

DSP Builder 是 Altera 公司提供的一种 DSP 系统设计工具。它是 MathWorks 公司的 MATLAB/Simulink 设计工具和 Altera 公司的 Quartus Ⅱ 设计工具之间的一座桥梁,把 MATLAB/Simulink 的 DSP 系统设计转化为 HDL 文件,在 Quartus Ⅱ 开发平台中实现到具体的器件中。

5.6.1 DSP Builder 设计流程

1. 在 Simulink 中构建系统并仿真

在 Simulink 环境中装入 Altera 的 DSP 库,其中包括一些基本的算术单元和 DSP 类的 IP 核,如图 5-19 所示。

直接将这些 DSP 模块增加到 Simulink 的设计框图中,用户需要参数化其中的模块,包括一些 IP 核,如图 5-20 所示。

系统中的功能模块在 Simulink 中建立完毕后,可以在其中对系统功能进行仿真,以保证设计功能正确。仿真波形实例如图 5-21 所示。

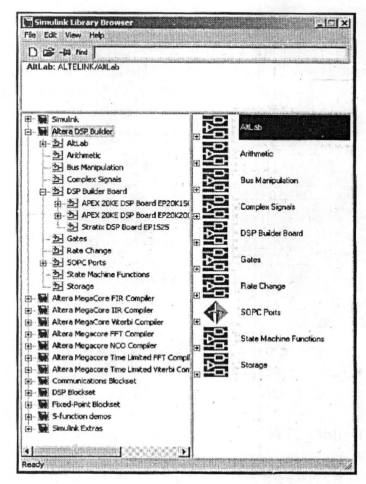

图 5-19　Simulink 中的 Altera DSP 库

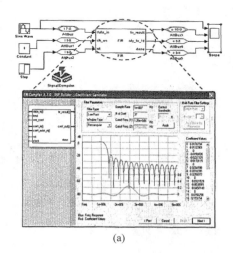

(a)

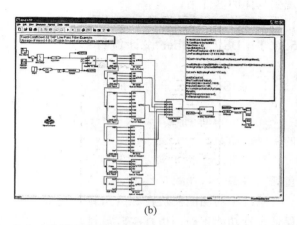

(b)

图 5-20　Simulink 中构建 DSP 系统

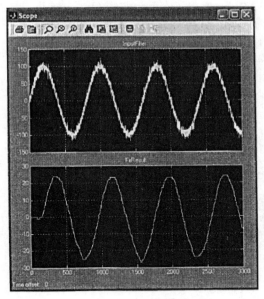

图 5-21　Simulink 中的模型仿真波形

2. 使用 Signal Compiler 产生 HDL 文件和 testbench

如果已在 Simulink 中完成仿真,就使用 Signal Compiler 将系统模型转成 HDL 文件,同时输出 testbench,供 HDL 仿真器仿真设计功能,如图 5-22 所示。

图 5-22　生成 HDL 文件和 testbench 输出

3. 使用 HDL 仿真工具仿真并用 Quartus Ⅱ 工具实现

用户可以利用 Signal Compiler 输出的 HDL 代码和 testbench 来仿真设计的功能。

如果完成仿真,同样可以在 Signal Compiler 调用 Quartus Ⅱ 工具的综合和布局布线功能来实现设计,如图 5-23 所示。

图 5-23　实现设计

最后,用户可以把设计下载到实际器件中验证其功能。

4. HIL

DSP Builder 中的硬件在回路(Hardware in the Loop,HIL)是一个非常有创新性的概念。目前的 FPGA 平台,其芯片是可以无限次写入的。在进行系统设计时经常无法确定设计本身是否能正常工作,往往需要首先进行功能仿真;具体在实施仿真时也存在很多问题,例如,速度会太慢,最重要的是无法确定仿真模型是否能完整描述实际系统。所以可以尝试用 HIL 来加速仿真。HIL 把设计包裹在一套接口中进行编译,然后下载到板子的 FPGA 中。Simulink 通过下载电缆把测试数据不断地输入,然后在输出端不断地获得硬件"跑"出来的结果。通过这样一个过程,能保证仿真达到多快好省的效果。但是,这也只是一种仿真模式,并不能叫作测试,因为它不是在真实的时钟频率下操作的。时钟是通过 JTAG 的时钟驱动的,一般工作频率低于 100MHz,速度能够满足需要。

5. Advanced Block 简介

Advanced Block 是 DSP Builder 中新加的一个模块组件,在 Quartus Ⅱ 8.0 以后的版本中才有这个新特性。它包含 FIR 滤波器、级联积分器梳状(CIC)滤波器等新的 IP 模块,这些 IP 与以往的相比有很大改进。例如:

(1)所消耗的资源比传统的少 20% 左右;

(2)多通道支持。在这个模块组中,接口都非常简单,基本上就是 V(Valid)、D(Data)、C(Channel)。需要指出的是:是否是数据,是否是有效数据,是哪个通道上的有效数据。

(3)自动插流水寄存器。这是一个比较高级的功能,就是在设计中加入寄存器。在设计中无须预先放置任何寄存器,只告诉工具用户想要的时钟频率、目标器件,工具可以自动在电路中插入流水寄存器。这样可以保证设计完全使用器件的最大资源,同时不会出现时序问题。缺点是无法预知时延。一般情况下,如果一个设计是流水线模式的,其时延是多少并不重要。例如:用 Advanced Block 生成的 FIR 滤波器在 Cyclone Ⅲ FPGA 中可以轻松"跑"到 220MHz,而用传统的 IP 在同样器件下只能"跑"到 180MHz 左右。

（4）系统层面的设计。这也是一个比较高级的功能,所有设计中的寄存器都会被编入一个系统地址查找表,如 FIR 的系数,一些控制寄存器都会有不同的地址。可以通过一个系统接口对这些寄存器进行操作,使整个设计更具有系统化概念。在编译的同时会生成一个寄存器列表(网页格式),里面包含了寄存器名字、地址和初始值。

通过这个高级模块的增强功能使算法方面的实现与设计变得更加容易,也可以很容易地实现非常复杂的系统。

在 MATLAB Simulink 中调用 Advanced Block,如图 5-24 所示。

图 5-24　在 Simulink 中调用 Advanced Block

5.6.2　DSP Builder 与 SOPC Builder 一起构建系统

在一些设计中,最好的选择不是用纯软件或纯数字逻辑,而是同时需要处理器的灵活性和硬件电路的高性能,如图 5-25 所示。

在构建系统时,用户可以利用 SOPC Builder 来构建处理器系统,同时用 DSP Builder 来构建硬件加速系统,然后把它们实现到一个 FPGA 中,如图 5-26 所示。

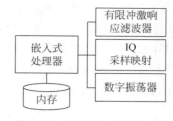

图 5-25 处理器＋硬件加速

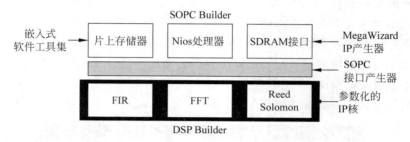

图 5-26 SOPC Builder 和 DSP Builder 设计模块的接口

5.7 Avalon 总线规范

在 SOC 的设计过程中,最具特色的是 IP 复用技术,即用户选择所需功能的 IP 核,然后集成到可编程芯片中。由于 IP 核的设计千差万别,IP 核的接口就成为构造 SOC 的关键。片上总线(OCB)是实现 SOC 中 IP 核连接常见的技术手段,它以总线方式实现 IP 核之间的数据通信。与板上总线不同,片上总线不需要驱动底板上的信号和连接器,使用更简单,速度更快。片上总线规范一般需要定义各个模块之间初始化、仲裁、请求传输、响应、发送接收等过程中的驱动、时序、策略等关系。

片上总线与板上总线应用范围不同,存在着较大的差异,其主要特点如下:

(1) 片上总线尽可能简单。一是结构简单,这样可以占用较少的逻辑单元;二是时序简单,以利于提高总线的速度,三是接口简单,可减少与 IP 核连接的复杂度。

(2) 片上总线有较大的灵活性。由于片上系统应用广泛,不同应用对总线的要求各异,因此片上总线需要具有较大的灵活性。其主要表现为:一是多数片上总线的数据和地址宽度都可变,如 AMBA AHB 支持 32～128 位数据总线宽度;二是部分片上总线的互连结构可变,如 Wishbone 总线支持点到点、数据流、共享总线和交叉开关四种互连方式;三是部分片上总线的仲裁机制灵活可变,如 Wishbone 总线的仲裁机制可以完全由用户定制。

(3) 片上总线对功耗的要求严格。在实际应用时,总线上各种信号尽量保持稳定,就能降低动态功耗。另外,要求多采用单向信号线,从而进一步降低功耗,同时也简化了时序。片上总线的输入数据线和输出数据线是分开的,也没有板上总线常有的地址线与数据线复用的现象。

片上总线一般分为高性能的系统总线与低功耗的外围总线两个部分。系统总线用来连接微处理器、DMA控制器、片上存储器和其他具有高带宽通信要求的设备。系统总线可以连接多个主设备,因而需要总线仲裁来控制各个主设备对总线的访问请求。系统总线的特点是高速、高带宽。外围总线用来连接对速度要求不高的各类外围设备。在外围总线上通常只有一个主设备,因此其协议比系统总线协议简单。外围总线的特点是低速、低带宽,但是它要满足低功耗、重用性等方面的要求。SOC设计中利用总线的分层技术可以使各种不同特性的模块与总线更好地连接,提高总线的运行效率。

片上总线尚处于发展阶段,不像微机总线那样成熟,目前还没有统一的标准。各大厂商和组织纷纷推出自己的标准,以便在未来的SOC片上总线标准上占有一席之地,其中比较有影响的片上总线有AMBA系列总线、IBM的CoreConnect总线、Wishbone总线、Avalon总线等。

5.7.1 Avalon 总线

Avalon总线架构是Altera公司开发的片上总线架构。总的来说,Avalon是一种相对简单的总线架构,主要用来将处理器和外围设备集成到片上可编程系统中,并规定了主设备和从设备的端口连接方式以及时序关系。Avalon总线架构的基本设计目标如下:

(1)简洁性,提供一种易于理解的协议;

(2)低成本,为总线逻辑提供优化的资源,从而节约可编程逻辑资源;

(3)同步性,基于同步操作,易于与片上的其他用户逻辑集成,避免了复杂的时序约束和分析过程。

Avalon总线拥有多种传输模式,以适应不同设备的要求。Avalon总线的基本传输模式是在主设备和从设备之间传输一个字。一次传输过后,总线可以立刻进行下一次传输,而且与上一次传输的目的设备和源设备无关。Avalon总线还支持流水线传输、突发传输等模式。这些传输模式使得在一次总线传输中,在设备之间能够完成多个数据单位的交换。

Avalon总线支持多个总线主设备,允许单个总线事务在设备之间传输多个数据单元。这一多主设备结构为构建SOPC系统提供了极大的灵活性,并且能适应高带宽的设备。例如,一个主设备可以进行直接存储器访问(DMA)传输,从设备到存储器传输数据时不需要处理器干预。

Avalon总线主设备和从设备的交互采用了“从端仲裁”技术,在多个主设备试图访问同一个从设备时,用于决定哪个主设备获得访问权。这使其具有以下两个优点:

(1)仲裁的细节被封装到Avalon总线内,主设备和从设备的接口与总线上设备数目无关。

(2)多个主设备能够同时执行总线传输,只要它们不在同一时钟周期访问同一个从设备。

另外,Avalon 总线是为 SOPC 环境而设计的,整个总线的互连电路都由 FPGA 内部的逻辑单元实现。Avalon 总线具有以下基本特点:

(1)所有设备的接口与 Avalon 总线时钟同步,不需要复杂的握手初应答机制,简化了 Avalon 总线的时序行为,而且便于集成高速设备。Avalon 总线以及整个系统的性能可以采用标准的同步时序分析技术来评估。

(2)所有的信号都是高电平或低电平有效,便于信号在总线中高速传输。在 Avalon 总线中,由数据选择器代替三态缓冲器来决定哪个信号驱动哪个设备。因此,外设即使未被选中,也不需要将输出置为高阻态。

(3)为了方便外设的设计,地址、数据和控制信号使用分离的、专用的端口。外设不需要识别地址总线周期和数据总线周期,也不需要在未被选中时使输出无效。分离的地址、数据和控制通道还简化了与片上用户自定义逻辑的连接。

常用 Avalon 从设备接口信号见表 5-2。

表 5-2 常用 Avalon 从设备接口信号

信号类型	宽度/位	方向	说明
clk	1	In	时钟
reset	11	In	复位
chipselect	11	In	片选
address	1～32	In	地址
read	1	In	读请求
readdata	1～32	Out	读数据
write	1	In	写请求
writedata	1～32	In	写数据
irq	1	Out	中断请求

5.7.2 Avalon 交换结构

1. 交换结构

Avalon 交换结构是一种在片上可编程系统中连接片上处理器和各种外设的互连机构。它定义了主、从节点之间通信的信号类型和时序关系,使得用户可非常方便地把自己选定或设计的外设模块通过 Avalon 总线连接到 Nios Ⅱ系统上。Avalon 总线是构成 SOPC 的重要技术。在 SOPC Builder 添加外设时,Avalon 总线会自动生成,还会随着外设的增加和删减而自动调整。初学者可以不必关心 Avalon 总线的细节,但对于计划开发外设的用户来说,需要了解 Avalon 总线互连规范,以便设计的外设能够与 Avalon 总线协调工作。

Avalon 总线的设备分为主设备和从设备,并各有其工作模式。Avalon 总线本身是一个数字逻辑系统,在实现"信号线汇接"这一传统总线功能的同时,增加了许多内部功能模块,如从端仲裁模式、多主端工作方式和延迟数据传输等。

连接多个 Avalon 外设的 Avalon 总线系统如图 5-27 所示。

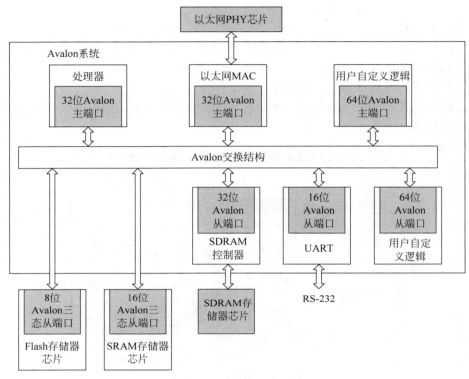

图 5-27　Avalon 总线系统

Avalon 交换结构将各个外设连接起来。Avalon 总线架构采用交换式架构,各个主机均有独立的总线,总线主机只需抢占共享从机而不是抢占总线,某一时刻多个主机可以与多个从机交换数据。

Avalon 总线设计的原则是操作简单,占用的逻辑资源也经过了优化,其接口信号全部和 Avalon 总线时钟同步。

Avalon 交换总线的特性包括:

(1) 简单的图形界面配置方式;

(2) 简化了片上系统的互连规则,提供一种易用、简单的接口规范;

(3) 在总线逻辑优化方面节省系统资源;

(4) 同时多个主设备的操作;

(5) 最大支持 4GB 的寻址空间;

(6) 同步接口;

(7) 内嵌地址译码功能;

(8) 延迟读写操作;

(9) 流传输;

(10) 动态外设总线宽度调整。

2．图形界面配置

在使用 SOPC 构建系统的过程中，用户是看不到 Avalon 总线的具体实现的，只需要在 SOPC Builder 的库中选择系统需要的模块，包括 Nios Ⅱ处理器、各种外设以及用户自定义的逻辑模块，SOPC Builder 就会在图示中显示出 Avalon 总线的各种可能的连接关系，可以根据设计的实际情况选择连接。

如图 5-28 所示，在行列的连接线中，交叉点处表示可以创建连接关系，实心的点表示已连接上，空心的点表示尚未连接。

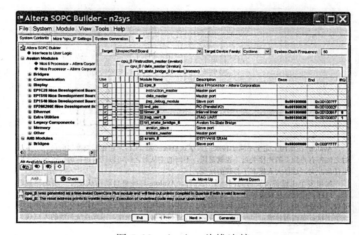

图 5-28　Avalon 总线连接

3．Avalon 总线功能

由于受 PCB 布线的限制，传统的 CPU 外部总线需要尽量控制互连线的数量，如采用三态数据总线方式。所有的外设和 CPU 共用这条总线，同时有许多信号线是复用信号，这将大大降低系统总线的吞吐性能。

Avalon 总线不同于传统的 CPU 外部总线。在 FPGA 内部，信号走线数量不再是设计的瓶颈，因此 Avalon 采用一种全交换功能的内嵌总线形式，如图 5-29 所示。

Avalon 在结构上完全不同于传统的共享式总线（如 PCI），它在需要连接的每一个主、从对之间都有点到点的连接关系。也就是说，不同的主、从对之间可以同时进行通信，而不会发生任何冲突，这样大大提高了总线的性能。

如果多个主设备需要访问同一个从设备，Avalon 总线将自动在从设备一端加仲裁逻辑。这样，即使该从设备被其中一个主设备占用，另一个主设备可以同时访问系统中的其他外设，不受影响。在传统的总线结构中，需要在系统总线的入口处加仲裁逻辑，如果其中一个主设备在占用总线，另一个主设备就不能进行任何总线操作，因此系统总线的入口成为限制系统性能的一个严重的瓶颈（参考图 5-30 进行分析）。

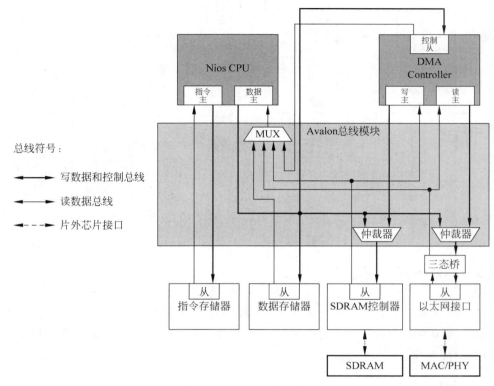

图 5-29 Avalon 总线结构

Avalon 总线为挂在其上面的外设提供如下服务：

（1）**数据通道复用**：Avalon 结构中的多路器把所选中的外设数据传送到正确的主设备上。

（2）**地址译码**：Avalon 中的地址译码逻辑为每一个外设产生一个片选信号，独立的外设内部就不需要对地址译码产生片选逻辑，简化了外设接口的设计。

（3）**流水线传送能力**：挂在 Avalon 总线上的外设，如果知道具体访问的时延，可以发起连续的读操作，而不用等待第一个操作完成。

（4）**产生等待状态**：为不能在一个时钟周期内响应的目标外设提供等待状态。

（5）**总线宽度动态调整**：Avalon 总线会动态地适应不同接口数据或地址宽度的外设。

（6）**分配中断**：多个不同从设备的中断源可以由 Avalon 总线传递到主设备中，通过中断信号来控制不同的中断优先级。

（7）**延迟传输模式**：主、从设备之间的延迟传送模式使用的逻辑功能在 Avalon 总线内部已经包含。

（8）**流传输模式**：主、从设备之间的流传输模式所使用的逻辑功能在 Avalon 总线内部已经包含。

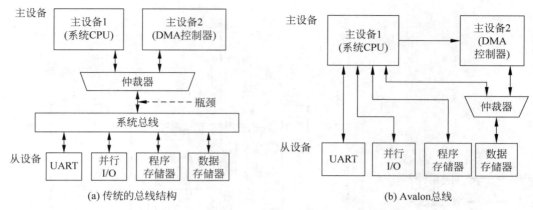

图 5-30　传统的总线结构和 Avalon 实现多主的总线操作的比较

5.7.3　Avalon 互连规范基本概念

Avalon 总线与传统的总线有显著的不同,它用的许多术语和概念是全新的,构成了 Avalon 总线规范的概念框架。为了更好地理解 Avalon 总线规范,有必要说明相关术语和概念,以免混淆。

1. Avalon 信号

Avalon 接口定义了一组信号类型(片选、读允许、写允许、地址、数据等),用于描述主、从外设上基于地址的读写接口。Avalon 外设只使用和其内核逻辑进行接口必需的信号,而省去其他会增加不必要开销的信号。

Avalon 信号的可配置特性是 Avalon 接口与传统总线接口的主要区别之一。Avalon 外设可以使用一小组信号来实现简单的数据传输,或者使用更多的信号来实现复杂的传输类型。例如,ROM 接口只需要地址、数据和片选信号,而高速的存储控制器可能需要更多的信号来支持流水线的突发传输。

Avalon 的信号类型为其他总线接口提供了一个超集,使大多数标准芯片的引脚都能映射成 Avalon 信号类型,从而使 Avalon 系统直接与这些芯片连接。例如,大多数分离的 SRAM、ROM 和 Flash 芯片上的引脚都能映射成 Avalon 信号类型。

2. Avalon 外设

Avalon 外设是 Avalon 存储器映射外设的简称,Avalon 外设包括存储器、处理器、UART、PIO、定时器和总线桥、用户自定义 Avalon 外设等。主外设能够在 Avalon 总线上发起总线传输,至少拥有一个 Avalon 主端口,从端口可选。从外设只能响应 Avalon 总线传输,不能发起总线传输,至少拥有一个 Avalon 从端口并且只能拥有 Avalon 从端口。

用户自定义 Avalon 外设,必须具有符合 Avalon 总线规范的 Avalon 信号。

3. 主端口和从端口

Avalon 端口分为主端口和从端口,主端口在 Avalon 总线上发起数据传输,从端口在 Avalon 总线上响应主端口发起的数据传输。一个 Avalon 外设可能有一个或多个主端口,一个或多个从端口,也可能既有多个主端口又有多个从端口。

Avalon 的主端口和从端口之间不是直接连接的,主、从端口都连接到 Avalon 交换架构上,由交换架构来完成信号的传递。在传输过程中,主端口和交换架构之间传递的信号与交换架构和从端口之间传递的信号可能有很大的不同,在讨论 Avalon 传输时必须区分主、从端口。

4. 总线传输

Avalon 总线传输是指对数据的一次读或写操作,发生在 Avalon 端口和系统互连结构之间。Avalon 端口一次可以在一个或多个时钟周期内传输 1024 位数据,传输完成后,在下一个时钟周期可以重新传输新数据。

Avalon 传输分为主传输和从传输。Avalon 主端口发起对交换架构的主传输,主端口只能执行主传输;Avalon 从端口响应来自交换架构的传输请求。传输是与端口相关的,主端口只能执行主传输,从端口只能执行从传输。

5. 主、从端口对

主、从端口对是指在数据传输过程中,通过 Avalon 交换架构相连接起来的主端口和从端口。在传输过程中,主端口的控制和数据信号通过 Avalon 交换架构和从端口进行交互。

6. 总线周期

总线周期是总线传输中的基本时间单元,其定义为从 Avalon 总线主时钟的一个上升沿到下一个上升沿之间的时间。总线信号的时序以总线周期为基准来确定。

7. 流传输模式

流传输模式是指在流模式主外设和从外设之间建立一个开放的通道,以提供连续的数据传输。只要存在有效数据,便能通过该通道在主、从端口对之间流动,主外设不必为了确定从外设是否能够发送或接收数据而不断地访问从外设的状态寄存器。流传输模式使得主、从端口对之间的数据吞吐量达到最大,同时避免了从外设的数据上溢或下溢,这对于 DMA 传输特别重要。

8. 延迟读传输模式

有些同步外设在第一次访问时需要几个时钟周期的时延,此后每个总线周期都能返回数据。这样的延迟读传输模式可以提高带宽利用率。延迟传输使得主外设可以发起一次读传输,转而执行一个不相关的任务,等外设准备好数据后再接收数据。这个不相关的任务可以是发起另一次读传输,即使上一次读传输的数据还没有返回。

在取指令操作(经常访问连续地址)和 DMA 传输中,延迟传输是非常有用的。CPU 或 DMA 主外设会预取期望的数据,从而使同步存储器处于激活状态,并减少平均访问时间。

9. Avalon 总线模块

Avalon 总线模块是系统模块的主干,是 SOPC 设计中外设之间通信的主要通道。Avalon 总线模块由各类控制、数据和地址信号及仲裁逻辑组成,它将构成系统模块的外设连接起来。Avalon 总线模块是一种可配置的总线结构,它会随着用户的不同互连需求而改变。

从 Avalon 总线模块是由 SOPC Builder 自动生成的。因此,系统用户不需要关心总线与外设的具体连接。Avalon 总线模块很少作为分离的单元使用,因为用户几乎总是使用 SOPC Builder 自动将处理器和其他 Avalon 总线外设集成到系统模块中。对于用户来说,Avalon 总线模块通常可以看作是连接外设的途径。

5.7.4 Avalon 总线信号

由于 Avalon 总线是由一个 HDL 文件综合而来的,因此在连接 Avalon 总线模块和 Avalon 外设时需要考虑一些特别的问题。SOPC Builder 必须准确地了解每个外设提供了哪些 Avalon 端口,以便连接外设与 Avalon 总线模块;同时还需要了解每个端口的名称和类型,这些信息部在系统 ptf 文件中定义。

Avalon 总线规范不要求 Avalon 外设必须包含哪些具体信号,只定义了外设可以包含的各种信号类型(地址、数据、时钟等)。外设的每一个信号都要指定一个有效的 Avalon 信号类型,以确定这个信号的作用。信号也可以是用户自定义的。在这种情况下,SOPC Builder 不将该端口与 Avalon 总线模块连接。

Avalon 信号分为主端口信号和从端口信号。外设使用的信号类型首先由端口的主、从角色来决定。每个单独的主端口或从端口使用的信号类型由外设的设计人员决定。只有输出的 16 位 PIO 从外设如图 5-31 所示。

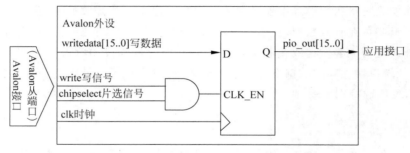

图 5-31　只有输出的 16 位 PIO 从外设

用户只需定义用于写传输(输出方向)的信号,而不需定义用于读传输的信号。尽管中断请求(IRQ)输出是从端口允许的信号类型,但也不一定是必须使用的。

1. Avalon 从端口信号

表 5-3 列出了 Avalon 从端口信号,其中信号方向以外设为参考。

表 5-3 Avalon 从端口信号

	信号类型	宽度/位	方向	必需	说 明
基本信号	clk	1	In	No	Avalon 从端口的同步时钟,所有的信号必须与 clk 同步,异步外设可以忽略 clk 信号
	chipselect	1	In	No	Avalon 从端口的片选信号
	address	1～32	In	No	连接 Avalon 交换架构和从端口的地址线,指定了从外设地址空间的一个字的地址偏移
	read	1	In	No	读从端口的请求信号。当从端口不输出数据时,不使用该信号。若使用了该信号,则必须使用 readdata 或 data 信号
	readdata(注)	1～1024	Out	No	读传输时,输出到 Avalon 交换架构的数据线。若使用了该信号,则 data 信号不能使用
	write	1	In	No	写从端口的请求信号。当从端口不从 Avalon 交换架构接收数据时,不需要该信号。若使用了该信号,必须使用 writedata 或 data 信号,writebyteenable 信号不能使用
	writedata(注)	1～1024	In	No	写传输时,来自 Avalon 交换架构的数据线。若使用了该信号,data 信号不能使用
	byteenable	2,4,6,8,16,32,64,128	In	No	字节使能信号。在对宽度大于 8 位的存储器进行写传输时,该信号用于选择特定的字节段。若使用了该信号,writedata 信号必须使用,writebyteenable 信号不能使用
	writebyteenable	2,4,6,8,16,32,64,128	In	No	相当于 byteenable 信号和 write 信号的逻辑与操作。若使用了该信号,writedata 信号必须使用,write 和 byteenable 信号不能使用
	begintransfer	1	In	No	在每次传输的第一个周期内有效,用法取决于具体的外设
等待周期信号	waitrequest	1	Out	No	若从端口不能立即响应 Avalon 交换架构,则用该信号来暂停 Avalon 交换架构
流水线信号	readdatavalid	1	Out	No	用于具有可变读延迟的流线读传输。该信号用于标记从端口发出的有效 readdata 时的时钟上升沿

信号类型		宽度/位	方向	必需	说　明
突发信号	burstcount	2～32	In	No	用于突发传输。用来指示每一次突发传输中数据传输的次数。当使用 burstcount 信号时，waitrequest 信号必须一并使用
	beginbursttransfer	1	In	No	在突发数据传输的第一个时钟周期有效，标志突发数据传输开始。其用法取决于外设
流控制信号	readyfordata	1	Out	No	用于具有流控制的传输。表示外设准备好一次写传输
	dataavailable	1	Out	No	用于具有流控制的传输。表示外设准备好一次读传输
	endofpacket	1	Out	No	用于具有流控制的传输。向 Avalon 交换架构指示包结束的状态。实现取决于外设
三态信号	data	1～1024	In Out	No	三态从端口的双向数据读/写。若使用了该信号，则 readdata 和 writedata 不能使用
	outputenable	1	In	No	data 信号的输出使用能信号。若该信号无效，三态从端口不能驱动自身的 data 信号。若使用了该信号，则 data 信号必须使用
其他信号	irq	1	Out	No	中断请求信号。从外设的中断请求信号
	reset	1	In	No	外设复位信号。该信号有效时，从外设进入确定的复位状态
	resetrequest	1	Out	No	允许外设将整个 Avalon 系统复位。复位操作立即执行。

注：若从端口使用动态地址对齐，则信号宽度必须是 2 的整数次幂；若从端口同时使用 readdata 和 writedata 信号，则这两个信号宽度必须相等。

　　Avalon 总线规范不规定 Avalon 外设信号的命名规则。不同信号类型的作用是预先定义的，信号的名称由外设决定。信号可以按照它的信号类型来命名，也可以遵照系统级的命名规范。

　　表 5-3 中列举的信号类型都是高电平有效。Avalon 总线还提供了各个信号类型的反向形式。在 ptf 声明中，在信号类型名称后面添加"_n"，便可将对应的端口声明为低电平有效。这方便了许多使用低电平有效逻辑的片外外设。不论外设实现是在系统模块的内部还是在外部，Avalon 总线信号及操作都是一样的。在内部实现的情况下，SOPC Builder 自动将外设的主端口或从端口连接到 Avalon 总线模块。在外部实现的情况下，用户必须手工地将主端口或从端口连接到系统模块。在任何情况下，Avalon 总线信号的行为都是相同的。

　　2. Avalon 主端口信号

Avalon 主端口信号类型见表 5-4。

表 5-4　Avalon 主端口信号类型

信号类型		宽度/位	方向	必需	说　明
基本信号	clk	1	In	Yes	Avalon 主端口的同步时钟,所有的信号必须与 clk 同步
	waitrequest	1	In	Yes	迫使主端口等待,直到 Avalon 交换架构准备好处理传输
	address	1～32	Out	Yes	从 Avalon 主端口到 Avalon 交换架构的地址线。该信号表示的是一个字节的地址,但主端口只发出字边界的地址
	read	1	Out	No	主端口的读请求信号。主端口不执行读传输时不需要该信号。若使用了该信号,则 readdata 或 data 信号线必须使用
	readdata	8,16,32,64,128,256,512,1024	In	No	读传输时,来自 Avalon 交换架构的数据线。当主端口不执行读传输时,不需要该信号。若使用了该信号,则 read 信号必须使用,data 信号不能使用
	write		Out	No	主端口的写请求信号。不执行写传输时不需要该信号。若使用该信号,则 writedata 或 data 信号必须使用
	writedata		Out	No	写传输时,到 Avalon 交换架构的数据线。当主端口不执行写传输时,不需要该信号。若使用了该信号,write 信号必须使用,data 信号不能使用
	byteenable		Out	No	启用字节信号。在对宽度大于 8 位的存储器进行写传输时,该信号用于选择特定的字节段。读传输时,主端口必须置所有的 byteenable 信号线有效
	writebyteenable		In	No	相当于 byteenable 信号和 write 信号的逻辑与操作。若使用了该信号,writedata 信号必须使用,write 和 byteenable 信号不能使用
	begintransfer		In	No	在每次传输的第一个周期内有效,用法取决于具体的外设
流水线信号	readdatavalid	1	In	No	用于具有延迟的流水线读传输。该信号表示来自 Avalon 交换架构的有效数据出现在 readdata 数据线上。若主端口采用流水线传输,则要求使用该信号
	flush	1	Out	No	用于流水线读传输操作。主端口置 flush 信号有效,以清除所有挂起的传输操作
突发	burstcount	2～32	Out	No	用于突发传输。用来指示每一次突发传输中数据传输的次数

续表

	信号类型	宽度/位	方向	必需	说　明
流控制信号	endofpacket	1	In	No	用于控制流模式的数据传输。标志一个数据包的结束状态。实现取决于外设
三态信号	data	8,16,32,64,128,256,512,1024	In Out	No	三态主端口的双向数据读/写信号。若使用了该信号,则 readdata 和 writedata 不能使用
其他信号	irq	1,32	In	No	不断请求信号。若 irq 信号是一个 32 位的适量信号,则它的每一位直接对应一个从端口上的中断信号,它与中断优先级没有任何的联系;若 irq 是一个单比特信号,则它是所有从外设的 irq 信号的逻辑或,中断优先级由 irqnumber 确定
	irqnumber	6	In	No	只有在 irq 信号为单比特信号时,才使用 irqnumber 信号来确定外设的中断优先级。irqnumber 的值越小,代表的中断优先级越高
	reset	1	In	No	全局复位信号。实现与外设相关
	resetrequest	1	Out	No	允许外设将整个 Avalon 系统复位。复位操作立即执行

注意:若主端口同时使用 readdata 和 writedata 信号,则两个信号的宽度必须相等。

在这里,Avalon 从端口没有任何信号是必需的。而 Avalon 主端口必须有 clk、address、waitrequest 三个信号。Avalon 接口是一个同步协议,Avalon 主端口和从端口都与 Avalon 交换架构提供的时钟 clk 同步,同步不意味着所有的信号都是时序信号。Avalon 外设只对 clk 的边沿敏感,对其他信号的边沿不敏感。Avalon 接口没有固定的或最高的性能。

Avalon 接口是同步的,可以被交换架构提供的任意频率的时钟驱动。最高性能取决于外设的设计和系统实现。不同于传统的共享总线实现规范,Avalon 接口没有指定任何的物理和电气特性。所有的传输都与 Avalon 交换架构的时钟 clk 同步,并在时钟 clk 上升沿启动。

5.7.5　Avalon 的中断与复位信号

Avalon 接口提供系统级功能的控制信号,如中断请求信号和复位信号请求信号,这些信号与单个数据传输不直接相关。

1. 中断请求信号

Avalon 中断请求信号 irq 允许从端口设置 irq 有效,标志它需要主端口的服务。Avalon 交换架构在从端口和主端口之间传输 irq 信号。

（1）从端口中断信号 irq：从端口可以包括 irq 输出信号，作为一个标志来指示外设逻辑需要主端口的服务。从端口能在任何时间设置 irq 有效，irq 的时序和传输没有任何关系。外设逻辑须保持 irq 一直有效，直到主端口复位中断请求。

（2）主端口中断信号 irq 和 irqnumber：主端口包括 irq 和 irqnumber 信号，主端口能检测和响应系统中从端口的 irq 的状态。Avalon 接口支持两种方法来计算最高优先级的 irq。

① 软件优先计算：主端口包含 32 位的 irq 信号，不包含 irqnumber 信号；Avalon 交换架构将来自 32 个从端口的 irq 直接传递给主端口；在有多个位被同时置为有效的情况下，主端口（在软件控制下）决定哪个 irq 有最高的优先级。

② 硬件优先级计算：主端口包含 1 位的 irq 信号和 6 位的 irqnumber 信号；Avalon 交换架构将 irq 信号直接传递给主端口，同时将最高优先级 irq 的 irqnumber 信号发给主端口；在有多个从端口 irq 同时有效的情况下，Avalon 交换架构（硬件逻辑）识别最高优先级的 irq。

2．复位控制信号

利用 Avalon 接口提供的信号，可以使交换架构复位外设，也可以使外设复位系统。

（1）reset 信号：Avalon 主端口和从端口可以使用 reset 输入信号。只要 Avalon 交换架构发出 reset 信号，外设逻辑必须复位自己到一个已定义的初始状态。Avalon 交换架构可以在任何时刻发出 reset，不管一个传输是否正在进行。reset 脉冲的宽度大于一个时钟周期。

（2）resetquest 信号：Avalon 主端口和从端口可以使用 resetquest 信号复位整个 Avalon 系统。发出 resetquest 导致 Avalon 交换架构对系统中的其他外设发出 reset。

5.8 SOPC 软件设计流程和方法

5.8.1 SOPC Builder 简介

SOPC Builder 是 Altera 公司提供的一个灵活、方便的系统设计工具，它利用一个组件库搭建基于总线的系统。用户从组件库中挑选所需的组件，配置组件参数，然后 SOPC Builder 自动生成总线互连逻辑，并将参数化后的组件实例连接起来，形成一个完整的可编程片上系统模块。SOPC Builder 可以快速地开发定制的方案，重建已经存在的方案，并为其添加新的功能，提高系统的性能。通过自动集成系统组件，SOPC Builder 允许用户将工作的重点集中到系统级的设计开发，而不是烦琐的组件装配工作。

SOPC Builder 提供了一个强大的平台，用于组建一个在模块级和组件级定义的系统。SOPC Builder 的组件库包含微处理器、内存接口、总线桥以及一些常用的外设接口等一系列的组件，用户还可简单地创建定制的 SOPC Builder 组件。

图 5-32 为 SOPC Builder 主界面。

从用户的角度来看,SOPC Builder 是一个能够生成复杂硬件系统的工具。从内部结构来看,SOPC Builder 包含图形用户界面和系统生成程序两个主要部分,如图 5-33 所示。

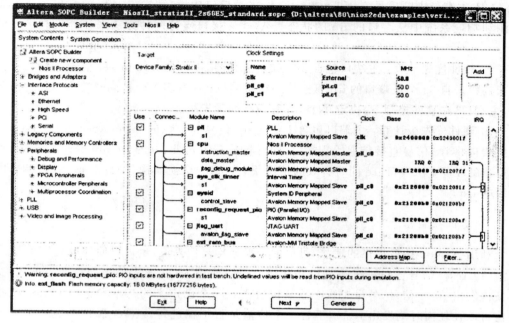

图 5-32　SOPC Builder 主界面

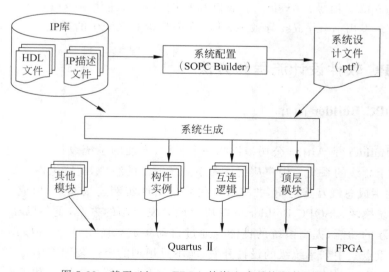

图 5-33　基于 Altera FPGA 的嵌入式系统硬件设计

SOPC Builder 用户图形界面提供管理 IP 模块、配置系统和报告错误等功能。用户通过图形界面设计系统时,所有的设置都保存在一个系统描述文件中。

用户通过 SOPC Builder 用户图形界面完成设计之后,单击图 5-32 中的 Generae 按钮,启动系统生成程序。系统生成程序执行了大量的功能,创建了几乎所有的 SOPC Builder 输出文件(HDL 代码、C 程序的头文件、库文件和仿真文件等)。

SOPC Builder 集成在 Quartus Ⅱ 软件中,可以通过 Quartus Ⅱ 的界面启动。SOPC Builder 生成的系统模块输出给 Quartus Ⅱ,然后用户利用 Quartus Ⅱ 把所创建的 SOPC 系统与其他模块,如 PLL 等集成,经 Quartus Ⅱ 编译后产生 FPGA 的配置文件。

5.8.2 SOPC Builder 设计流程

SOPC Builder 可看作是以 IP 库为输入、集成后的 SOPC 系统为输出的工具。SOPC Builder 设计过程主要包含三个步骤。

1. 组件开发

SOPC Builder 的 IP 模块包含由 IP 开发人员提供的硬件描述(如 RTL 代码、原理图或 EDIF)及其软件(如 C 源代码、头文件等)。高级 IP 模块可能还会包含一个相关的用户图形界面、生成程序和其他支持系统参数化生成的程序。在完成 IP 模块的硬件和软件实现后,需要利用 SOPC Builder 中的组件编辑器建立该 IP 模块的描述文件,从而把这个 IP 模块添加到 SOPC Builder 的 IP 模块库中。图 5-34 示出了组件编辑器界面。

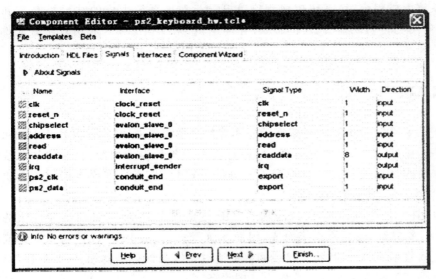

图 5-34　组件编辑器界面

2. 系统集成

用户创建和编辑一个新的系统时,首先要从库中选择一些 IP 模块,并逐个地配置这些 IP 模块,然后设置整个系统的配置。例如,指定地址映射和主/从端口连接等,如

图 5-35 所示。

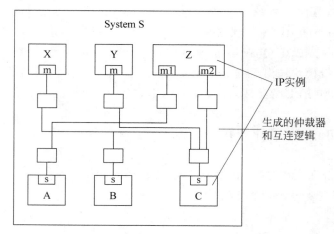

图 5-35　生成后的系统主模块实例

在这个过程中,用户的设置都会保存在系统描述文件中。

3. 系统生成

当用户在完成了 SOPC Builder 中的设计和配置之后,单击 Generate 按钮,或从命令行执行系统生成程序时,系统生成程序就开始运行。系统生成的结果是一系列设计文件,包括各模块的 HDL 代码实例、总线互连逻辑、系统顶层模块和仿真工程文件等。生成的系统模块可以在 Quartus Ⅱ 编译,并下载到 FPGA 中。

5.9　IP 核

IP 是设计中不可或缺的组成部分。随着数字系统越来越复杂,将系统中的每个模块都从头开始设计是一件十分困难的事,而且会大大延长设计周期,甚至增加系统的不稳定因素。IP 的出现使得设计过程变得十分简单,用户甚至只需要将不同的模块连接起来,就可以实现一个完整的系统。

可复用的 IP 核是 SOC 设计的基础。IP 核是预先设计、经过验证和优化的硬件模块,SOC 由多个 IP 核互相连接而成,因而 SOC 设计包括 IP 核设计与系统集成两个阶段。在嵌入式系统中,通常将直接或间接地通过总线与微处理器相连,并提供存储、输入或输出等功能的硬件模块或设备称为外围设备,简称外设。在 SOPC 设计中,大多数 IP 核都属于外设。

各类 SOPC 设计工具的组件库已提供了微处理器、内存接口、总线桥以及常用外设等 IP 组件。然而在实际的系统设计中,这些组件往往不能满足特定需要,还应加入用户自定义的外设。

在 SOPC 设计工具中一般提供了通用输入输出(GPIO)组件,通过一个或多个 GPIO

组件可以连接任意的硬件模块。在传统的嵌入式系统设计中,某个外设的接口和系统的总线接口不一致,只能通过 GPIO 组件间接地连接到总线上。然而,在系统设计中过多地采用这样的连接外设,会给软件开发带来很大负担。这种设计方法需要较多的软件代码与用户通信逻辑,软件的可读性也比较差。在 SOPC 设计中,利用 FPGA 的可编程特性,能够使用户在自定义外设中实现总线接口,直接与总线相连。它与采用 GPIO 的方式相比,减少了软件的工作量,增加了系统的可理解性与可维护性。更进一步来说,对于一个经常使用的外设,还可以将它加入组件库中,提高了外设的重用性。

为提高自定义外设的可重用性,在结构上通常将自定义外设分为两个功能模块:提供了外设基本功能的任务逻辑电路,以及为外设的数据输入、输出和对外设的控制提供标准的接口电路,它通常直接与总线相连。任务逻辑的设计取决于自定义外设要实现的功能。下面主要介绍接口电路的设计。

外设通过总线与处理器或其他外设通信。硬件模块间的直接相连可以自由定义数据线与控制线等接口信号,但总线连接与此不同。总线的接口信号是由总线协议规定的,特别是数据线的宽度是事先固定的,然而外设对外通信可能需要更多的接口信号,解决这一问题的常规手段是使用设备寄存器。

外设通常需要定义多个寄存器,如数据输入寄存器、数据输出寄存器、状态寄存器、控制寄存器等,每个寄存器的位数不超过数据总线的宽度。处理器可通过地址线的选择读写不同的寄存器,实现对外设的数据通信与控制。

外设往往还需要主动通知处理器某些事件的发生,这一般是通过中断信号实现的。中断信号分为电平中断和边沿中断两种方式。电平中断通过将中断信号置为高电平或低电平来通知处理器,处理器响应中断后需主动清除中断。边沿中断通过中断信号的上升沿或下降沿来通知处理器,外设通常产生一个脉冲信号,不需要处理器清除中断。外设具体使用哪一种中断方式取决于系统中使用的处理器类型,许多微处理器同时支持两种中断方式。

除了上述功能外,外设接口电路还可以包含输入/输出 FIFO 模块,用于实现处理器和外设间的速度匹配,以及 DMA 电路实现外设间的直接数据传输。图 5-36 是外设接口电路结构框图,显示了完整的接口功能。

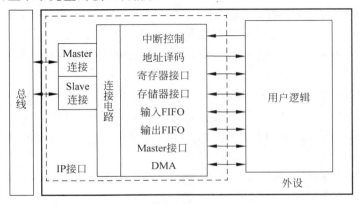

图 5-36　外设接口电路结构框图

5.9.1 IP 的概念

美国 Dataquest 咨询公司将半导体产业的 IP 定义为用于 ASIC、ASSP、PLD 等芯片中的，并且是预先设计好的电路功能模块。

在可编程逻辑器件领域，IP 核是指将一些在数字电路中常用但比较复杂的功能块（如 FIR 滤波器、SDRAM 控制器、PCI 接口等）设计成参数可修改的模块，让其他用户可以直接调用这些模块。

随着 CPLD/FPGA 的规模越来越大，设计越来越复杂，使用 IP 核是一个发展趋势。用户可以在自己的 FPGA 设计中使用这些经过严格测试和优化过的模块，减少设计和调试时间，降低开发成本，提高开发效率。

根据实现的不同，IP 可以分为软 IP、固 IP 和硬 IP。

软 IP 用硬件描述语言的形式描述功能块的行为，但是并不涉及用什么电路和电路元件实现这些行为。软 IP 的最终产品基本上与通常的应用软件类似，开发过程与应用软件的开发过程类似，只是所需要的开发软、硬件环境要求较高，尤其是 EDA 工具软件很昂贵。软 IP 的设计周期短、设计投入少，由于不涉及物理实现，为后续设计留有很大的发挥空间，增大了 IP 的灵活性和适应性。软 IP 的缺点是设计中会有一定比例的后续工序无法适应软 IP 设计，从而造成一定程度的软 IP 修正。

固 IP 是完成了综合的功能模块，设计深度接近实际应用，以网表的形式提交客户使用。如果客户与固 IP 使用同一个生产线的单元库，IP 的成功率就会比较高。

硬 IP 提供设计的最终阶段产品——掩模。随着设计深度的提高，后续工序所需要做的事情就越少，当然也伴随着灵活性下降。

Altera 公司以及第三方 IP 合作伙伴给用户提供了许多可用的功能模块，它们基本可以分为免费的 LPM 宏功能模块（Megafunctions/LPM）和需要授权使用的 IP 知识产权（MegaCore）两类，二者的使用方法基本相同。

Altera LPM 宏功能模块是一些复杂或高级的构建模块，可以在 Quartus Ⅱ 设计文件中和门、触发器等基本单元一直使用，这些模块的功能一般都是通用的，如 Counter、FIFO、RAM 等。Altera 提供的可参数化 LPM 宏功能模块和 LPM 函数均为 Altera 器件结构做了优化，而且必须使用宏功能模块才可以使用一些 Altera 公司特定器件的功能，如存储器、DSP 块、LVDS 驱动器、PLL 以及 SERDES 和 DDIO 电路。

知识产权模块是某一领域内的实现某一算法或功能的参数化模块（简称 IP 核）。专门针对 Altera 的可编程逻辑器件进行过优化和测试，一般需要用户付费购买才能使用。这些模块可以从 Altera 公司的网站（www.altera.com）上下载，安装后就可以在 Quartus Ⅱ 软件以及实际系统中进行使用和评估。用户对需用的 IP 核满意后，可以联系 Altera 公司购买使用授权许可。

Altera 的 IP 核都是以加密网表的形式交给客户使用的，这就是前面所提到的固 IP，同时配合一定的约束文件，如逻辑位置、引脚以及 I/O 电平的约束。

5.9.2 Altera IP 核

1. 基本宏功能

在 Altera 公司的开发工具 Quartus Ⅱ 中,有一些内带的基本功能可供用户选用,如乘法器、多路选择器、移位寄存器等。这些基本的逻辑功能也可以由通用的硬件描述语言实现,但 Altera 公司提供的这些基本宏功能都是针对其实现的目标器件进行优化过的模块,它们应用在具体 Altera 公司器件的设计中,往往可以使用户的设计性能更高,使用的资源更少。此外,还有一些 Altera 公司器件特有的资源,如片内 RAM 块、DSP 块、LVDS 驱动器、PLL、DDIO 和高速收发电路等,同样是通过基本宏功能方式提供给用户使用的,用户只需要通过图形界面简单设置一些参数即可,而且不易出错。Altera 公司可以提供的基本宏功能见表 5-5。

表 5-5　Altera 公司提供的基本宏功能

类　型	说　　明
算术组件	包括累加器、加法器、乘法器和 LPM 算术函数
门	包括多路复用器和 LPM 门函数
I/O 组件	包括时钟数据恢复(CDR)、PLL、双数据速率(DDR)控制器、千兆位收发器功能模块(GXB)、LVDS 接收器和发送器、PLL 重新配置和远程更改宏功能模块
存储器编译器	包括 FIFO 分配器、RAM 和 ROM 宏功能模块
存储组件	存储器、移位寄存器宏模块和 LPM 存储器函数

在实际使用过程中,一些简单的功能模块,如加/减、简单的多路器等,使用通用的 HDL 来描述。这样的逻辑功能用 HDL 描述非常简洁,而且综合工具可以把这些基本功能放在整个设计中进行优化,使得系统达到最优。如果使用 Altera 公司的基本宏功能,由于综合工具的算法无法对该模块进行基本逻辑的优化操作,反而会影响设计的结构。而对一些相对比较复杂的设计,如一个同步可载入的计数器,使用 Altera 公司的基本宏功能会得到较好的结果。

另外,在设计代码中过多地使用基本宏功能,也会降低代码的可移植性,这些都需要在实践中体会和积累。与设计工具自动从源代码中推断出逻辑功能块的方法相比,使用基本宏功能这个设计方法是否总能给设计者带来显著的性能提升和芯片面积节省,有时候还需要用户自己去实践和总结,不能一概而论。

2. Altera IP 核与 AMPP IP 核

Altera 公司除了提供一些基本宏功能以外,提供了一些比较复杂、相对比较通用的功能模块,如 PCI 接口、DDR、SDRAM 控制器等。这些就是 Altera 可以提供的 IP 库,也称为 MegaCore。主要可以分为四类,见表 5-6。

表 5-6　Altera 提供的复杂 IP 核

数字信号处理类	通信类	接口和外设类	微处理器类
FIR	UTOPIA2	PCI MT32	Nios & Nios Ⅱ
FFT	POS-PHY2	PCI T32	SRAMInterface
Reed Solomon	POS-PHY3	PCI MT64	SDR DRAM Interface
Virterbi	SPI4.2	PCI64	Flash Interface
Turbo Encoder/Decoder	SONET Framer	PCI32 Nios Target	UART
NCO	Rapid IO	DDR Memory I/F	SPI
Color Space Converter	8B10B	HyperTransport	Programmable IO
DSP Builder			SMSC MAC/PHY I/F

另外,Altera 公司的合作伙伴 AMPP 也向 Altera 公司的客户提供基于 Altera 器件优化的 IP 核。

Altera 公司或 AMPP 的 IP 核具有统一的 IP Toolbench 界面,用来定制和生成 IP 文件。所有的 IP 核可以支持功能仿真模型,绝大部分 IP 核支持 OpenCorePlus。也就是说,用户可以免费在实际器件中验证所用的 IP 核(用户必须把所用器件通过 JTAG 电缆连接到 PC 上,否则 IP 核电路不会工作),直到用户觉得没有问题,再购买 IP 的使用授权许可。

在使用 Altera 公司或 AMPP 的 IP 核时,一般的开发步骤如下:

(1) 下载所要 MegaCore 的安装程序并安装;

(2) 通过 MegaWizard 的界面打开 IP 核的统一界面 IP Toolbench;

(3) 根据用户的需要定制要生成 IP 的参数;

(4) 生成 IP 的封装和网表文件,以及功能仿真模型;

(5) 用户对 IP 的 RTL 仿真模型进行功能仿真;

(6) 用户把 IP 的封装文件和网表文件放在设计工程中,并实现设计;

(7) 如果 IP 支持 OpenCorePlus,用户就可以把设计下载到器件中进行验证和调试;

(8) 如果确认 IP 使用没有问题,就可以向 Altera 或第三方 IP 供应商购买使用授权许可。

3. MegaWizard 管理器

为了方便用户使用宏功能模块,Quartus Ⅱ 软件为用户提供了 MegaWizard Plug-In Manager,即 MegaWizard 管理器。它可以帮助用户建立或修改包含自定义宏功能模块变量的设计文件,然后可以在用户自己的设计文件中对这些 IP 模块文件进行实例化。这些自义宏功能模块变量基于 Altera 公司提供的宏功能模块,包括基本宏功能、MegaCore 和 AMPP 函数。MegaWizard 管理器运行一个向导,帮助用户轻松地为自定义宏功能模块变量指定选项,生成所需要的功能。

5.9.3　Altera IP核在设计中的作用

为了提高设计速度,Altera 公司建议尽量使用 IP 模块,而不是对用户自己所有逻辑模块从头开始编码。与传统的 ASIC 器件或者用户自己设计的模块相比,使用 Altera 公司的 IP 来设计项目具有以下优势。

1. 提高设计性能

IP 模块可以提供更有效的逻辑综合和器件实现,所有的 IP 模块都经过严格的测试和优化,从而使得 IP 模块可以在 Altera 公司的可编程逻辑器件中达到最好的性能和最低的逻辑资源使用率,用户只需要通过设置参数即可方便地按需定制自己的宏功能模块。

2. 降低产品开发成本

Altera 公司 IP 模块销售量大,采用了世界领先的封装技术和加密技术,因此,Altera 公司的大部分 IP 模块的价格大约只有市场上相同功能的 ASIC 器件的 1/5,极大地降低了基于 IP 的 FPGA 产品的开发成本。

3. 缩短设计周期

IP 模块经过供应商的严格测试和验证,并且已经封装完毕,用户只需要在自己的设计中实例化 IP 模块即可。因此,用户使用 IP 模块可以避免重复设计标准化的功能模块,缩短产品的研发周期。同时,也可以将精力集中于系统顶层与关键功能模块的设计上,致力于提高产品整体性能和个性化特性。

4. 设计灵活性强

IP 模块的参数是可变的,这样用户可以按照设计的需要定制自己的 IP 模块。在使用 Altera 公司的 IP 时,用户可以通过 Quartus Ⅱ 提供的 MegaWizard 管理器启动 IP Toolbench,通过一个直观的图形用户界面来为他们的设计输入 IP 模块的各种参数,包括不同的器件类型、不同的性能和面积的均衡等。

5. 便于仿真

与 ASIC 器件不同,使用 IP 可以在 Altera 公司的 FPGA 开发工具 Quartus Ⅱ 中对设计进行功能和时序仿真,并且仿真相当可靠。

IP Toolbench 可以为任何参数化的 IP 模块生成行为仿真模型文件(testbench),每一个行为仿真模型是 Quartus Ⅱ 软件生成的 VHDL 和 Verilog HDL 文件。通过工业标准的 VHDL 或 Verilog HDL 仿真工具可以对这些 IP 的模型进行快速的功能仿真。用户还可以使用 Quartus Ⅱ 软件内置的简单易用的仿真环境,或者第三方 HDL 仿真工具,对 IP 模块进行布局布线后的门级时序仿真。

6. OpenCorePlus 支持无风险应用

使用 ASIC 来完成用户的设计时,用户必须首先购买 ASIC 器件,然后在单板上进行硬件调试。Altera 公司针对自己的 IP 提供了 OpenCore Plus Evaluation 功能,此功能允许用户在购买 IP 模块之前,首先仿真和验证集成了 IP 模块的设计的正确性、评估设计的资源使用率以及时钟速度。甚至无须授权许可,用户就可以在 Quartus Ⅱ软件中为集成了 IP 模块的设计生成有限制的下载文件,从而可以使得用户在购买 IP 许可前将设计下载到 FPGA 器件中(需要将 JTAG 下载电缆一直连接在芯片上),在硬件系统中充分验证,并测试 IP 模块的性能。当用户对 IP 模块的功能与性能完全满意,并准备将设计投入生产时,用户再买 IP 模块的许可使用权,从而可以将设计下载到器件中无限制地使用。

5.9.4　使用 Altera IP 核

IP Toolbench 是 Altera 公司的 IP 定制工具,可以帮助用户快速简单地查看 IP 模块信息、输入模块的参数、设置第三方 EDA 工具、生成输出文件,供仿真和实现工具使用。

1. 使用方法

Altera 公司的所有核的安装文件都可以在 www.altera.com 网站上免费下载。下载的文件为扩展名为.exe 的安装文件,安装完成后,在 MegaWizard 管理器的宏功能函数选择窗口中就会出现可供选择的选项。填写基本的需求参数后,下一步就进入 IP Toolbench 窗口。执行"About this core"功能,会出现一个显示该 IP 核基本信息的页面,包括版本信息、支持的器件等。接着根据需要设置 IP 核的模式参数、生成的仿真模型等参数,即可生成 IP 核文件。生成的 IP 核文件包括封装文件、加密网表文件、仿真模型和仿真向量文件等。

2. 实现 IP 核

1) 功能仿真

使用 IP Toolbench 为所用 IP 核生成一个仿真激励文件(testbench),扩展名为.v,也可以自己编写一个 testbench 文件。对相应的扩展名为.vo(Verilog)或扩展名为.vho(VHDL)的 IP 核仿真模型文件,仿真激励文件产生各种各样的激励,送给仿真模型文件,然后观察仿真模型文件的输出是否正确。

.vo 和.vho 文件是一个只能用于仿真的模型,不能用来综合实现,可以使用第三方的 HDL 仿真工具来仿真这个模块。

2) 综合实现

如果用户使用第三方综合工具综合该 IP 模块,首先需要在设计中实例化该 IP 核,然后把仿真模型文件加入综合工程中(作为一个黑盒)。综合生成整个工程的网表文件后,在 Quartus Ⅱ 工具中实现时,需要把该网表加入工程中。同时,必须把 IP 核的封装文件和其中实例化的加密网表文件加入工程中。如果用户在 Quartus Ⅱ 中综合与实现,直接把 IP 核的封装文件和加密的网表文件加入工程中即可。

3) 仿真

用户可以在布局布线之后,在 Quartus Ⅱ 中做门级的时序或功能仿真,也可以由 Quartus Ⅱ 工具在布局布线完成之后,输出一个可以用在第三仿真工具中的仿真模型和时延文件。

4) 验证与调试

如果该 IP 核支持 OpenCorePlus,那么用户可以免费将其下载到芯片中去验证,只要主机上的加载电缆连在芯片上,该 IP 就可以持续工作,直到用户拔去电缆,IP 核随即停止工作。

Altera 公司的 IP 核生成器称为 MegaWizard,Xilinx 公司的 IP 核生成器称为 Core Generator,Lattice 的 IP 核生成器称为 Module/IP Manager。另外,可以通过在综合、实现步骤的约束文件中约束属性来完成时钟模块的约束。Altera 公司的 Stratix、Stratix GX、Stratix Ⅱ 等器件族内部集成了 DSP 核,配合通用逻辑资源,还可以实现 ARM、MIPS、NIOS 等嵌入式处理器系统。

第6章

嵌入式系统设计实训

6.1 嵌入式系统开发环境基本操作

一、实验目的

1. 熟悉 Quartus Ⅱ 的使用方法；

2. 熟悉 Verilog HDL 的编程方法；

3. 学习使用 JTAG 接口方式下载电路到 FPGA 中并能调试到正常工作；

4. 通过一个具体的数字集成电路的设计，掌握整个设计过程，了解 EDA 技术开发和软件的使用。

二、实验内容

译码器的主要功能是将每个输入的二进制代码译成对应的输出高、低电平信号。因此，译码是编码的反操作。表 6-1 为 3-8 译码器的真值表。

表 6-1　3-8 译码器真值表

输		入	输				出			
A2	A1	A0	Y7	Y6	Y5	Y4	Y3	Y2	Y1	Y0
0	0	0	0	0	0	0	0	0	0	1
0	0	1	0	0	0	0	0	0	1	0
0	1	0	0	0	0	0	0	1	0	0
0	1	1	0	0	0	0	1	0	0	0
1	0	0	0	0	0	1	0	0	0	0
1	0	1	0	0	1	0	0	0	0	0
1	1	0	0	1	0	0	0	0	0	0
1	1	1	1	0	0	0	0	0	0	0

三、实验步骤

1. 使用 Quartus Ⅱ 建立工程

1) 打开 Quartus Ⅱ 软件并建立工程

（1）在 Windows 桌面上双击 Quartus Ⅱ 10.1 图标，软件界面如图 6-1 所示。

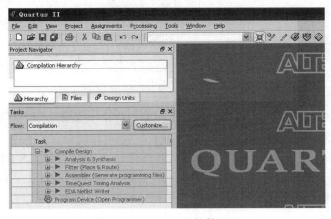

图 6-1　Quartus Ⅱ 软件界面

（2）在图 6-1 中选择 File|New Project Wizard 命令，新建工程，如图 6-2 所示。

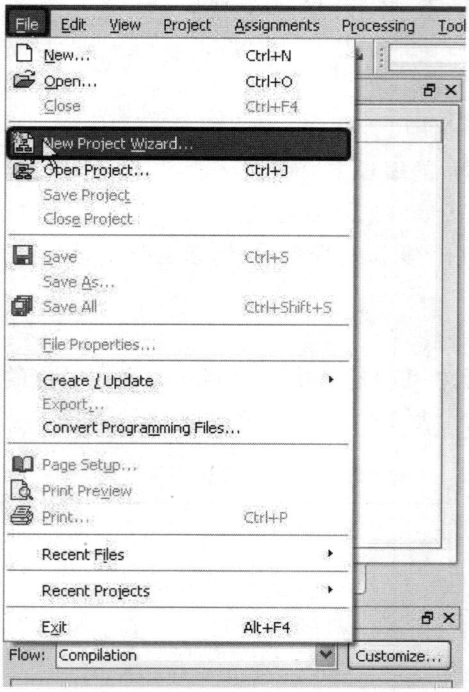

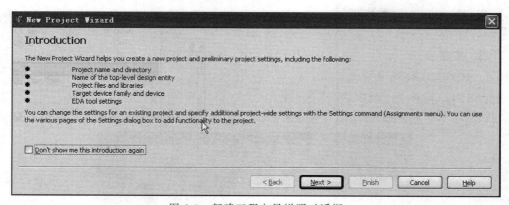

图 6-2　建立新工程

（3）新建工程向导说明对话框，如图 6-3 所示。

图 6-3　新建工程向导说明对话框

（4）在图 6-3 中单击 Next 按钮，进入如图 6-4 所示对话框。工程路径为 E:\eda，工程名与顶层文件的实体名同为 decoder3_8。

（5）单击 Next 按钮，进入如图 6-5 所示对话框。由于是新建工程，暂无输入文件。

（6）单击 Next 按钮，进入如图 6-6 所示对话框。在该对话框中需要指定目标器件，选择 Cyclone Ⅱ系列的 EP2C35F484C8。

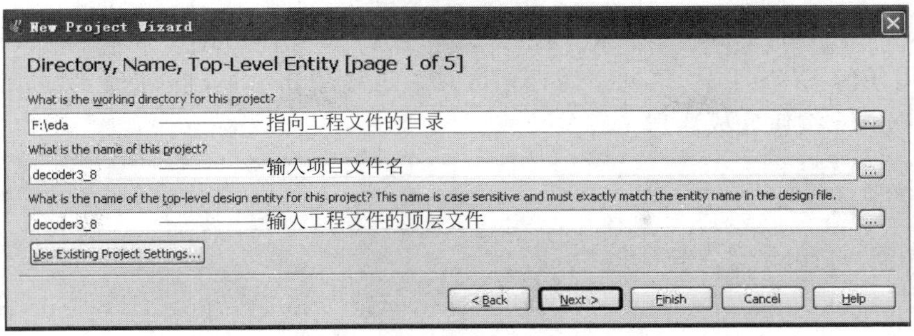

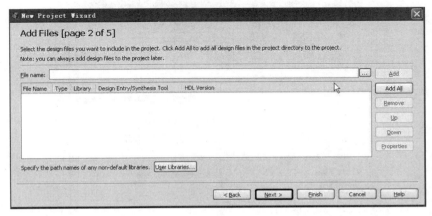

图 6-4　新建工程"路径、名称、顶层实体制定"对话框

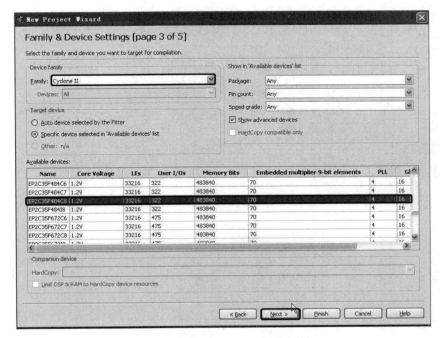

图 6-5　新建工程"添加文件"对话框

图 6-6　新建工程"器件选择"对话框

（7）指定完器件后，单击 Next 按钮。由于本实验利用 Quartus Ⅱ 的集成环境进行开发，不使用任何 EDA 工具，因此不做任何改动。继续单击 Next 按钮直到显示 Finish 可选，单击 Finish 按钮完成新建工程的建立。

2. Quartus Ⅱ 工程设计

1）建立 Verilog 文件

在 Quartus Ⅱ 主界面中，选择 File|New|Design File|Verilog HDL File 命令，单击 OK 按钮，新建一个空的 Verilog HDL 文件，如图 6-7 所示。

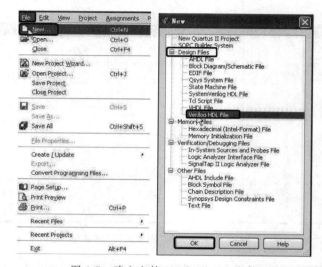

图 6-7　建立空的 Verilog HDL 文件

2）在 Verilog HDL 文件中编写源程序

在新建 Verilog HDL 源程序文件中输入程序代码，如图 6-8 所示。

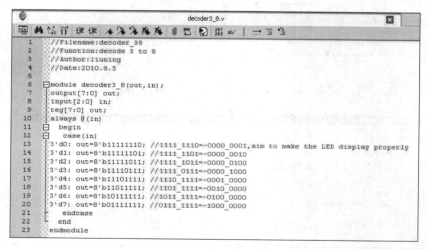

图 6-8　编写源程序

注意：输入完毕后保存，保存时程序的模块名应与文件名一致，例如，本例保存在所建工程下 E：\eda，模块名为 decoder3_8。

3）从设计文件生成模块

如图 6-9 所示，在 Project Navigator 窗口中右击 Files 选项卡中的 decoder3_8. v 文件，在弹出的快捷菜单中选择 Create Symbol Files for Current File 选项，会弹出一个对话框提示原理图文件创建成功，单击"确定"按钮即可。

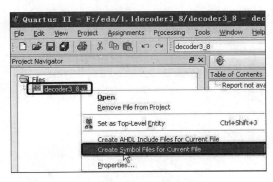

图 6-9　生成原理图文件

4）建立图形设计文件

在 Quartus Ⅱ 主界面中，选择 File|New|Design File|Block Diagram/Schematic File 命令，单击 OK 按钮，建立一个空的图形设计文件，如图 6-10 所示。

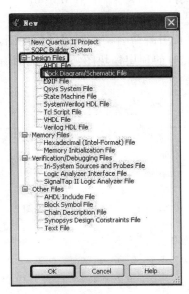

图 6-10　新建图形设计文件对话框

5）添加基本单元和各引脚

执行以下步骤可将 decoder3_8 符号（decoder3_8. bsf）加入 BDF 文件中。

（1）在模块编辑工具栏中单击 ⊐⊃- 按钮，单击 Project 目录下的 decoder3_8 符号，即可插入如图 6-11 所示的符号。

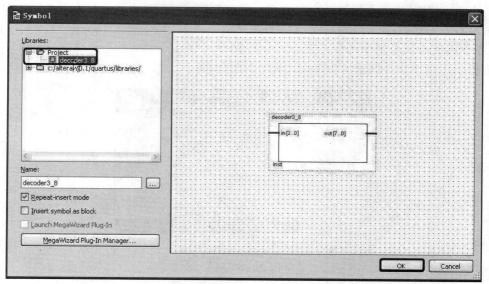

图 6-11　添加 Symbol 对话框

（2）在图 6-11 中单击 C:\altera\quartus80\libraries 文件夹前的"+"，将其展开，再分别单击 Primitives 和 pin 文件夹找到 input 和 output 引脚符号。

（3）拖动符号连接到 decoder3_8 符号的输入和输出端口。

（4）双击各引脚符号，进行引脚命名。按照设计原理图，将输入和输出引脚分别更改为 in[2..0] 和 out[7..0]。完整的顶层模块图如图 6-12 所示。

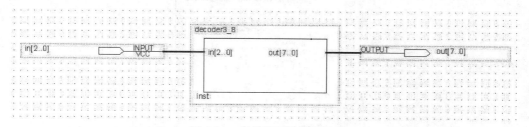

图 6-12　完整的顶层模块图

（5）在 Quartus Ⅱ 主界面中选择 File|Save 命令来保存 BDF 文件。保存过程会打开将 BDF 文件存盘的对话框，如图 6-13 所示，在该对话框中接受默认的文件名，并选中 Add File to Current Project 选项，以使该文件添加到工程中。

（6）单击图标 ▶ 运行。

6）分配 FPGA 引脚

（1）在 Quartus Ⅱ 主界面下，先进行编译，选择 Assignments|Pin planner 命令，打开如图 6-14 所示界面。

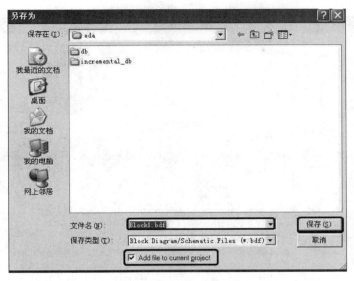

图 6-13　BDF 文件存盘对话框

Node Name	Direction	Location	I/O Bank	VREF Group	I/O Standard	Reserved
in[2]	Input				3.3-V LV...default)	
in[1]	Input				3.3-V LV...default)	
in[0]	Input				3.3-V LV...default)	
out[7]	Output				3.3-V LV...default)	
out[6]	Output				3.3-V LV...default)	
out[5]	Output				3.3-V LV...default)	
out[4]	Output				3.3-V LV...default)	
out[3]	Output				3.3-V LV...default)	
out[2]	Output				3.3-V LV...default)	
out[1]	Output				3.3-V LV...default)	
out[0]	Output				3.3-V LV...default)	
<<new node>>						

图 6-14　引脚分配界面

（2）对照表 6-2 在 Location 栏中输入引脚号,最终分配的结果如图 6-15 所示。

表 6-2　引脚分配

设 计 端 口	芯 片 引 脚	开发平台模块
in[2]	PIN_ R21	SW-1
in[1]	PIN_N22	SW-2
in[0]	PIN_ V15	SW-3
out[7]	PIN_AA12	LED1
out[6]	PIN_AB13	LED2
out[5]	PIN_AA14	LED3
out[4]	PIN_W16	LED4
out[3]	PIN_V14	LED5
out[2]	PIN_Y13	LED6
out[1]	PIN_AA16	LED7
out[0]	PIN_U14	LED8

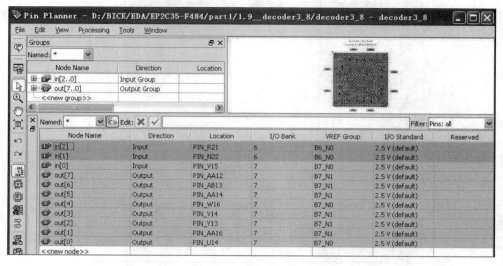

图 6-15　引脚分配结果

（3）关闭 Assignment Editor 窗口。

7）设置三态

（1）在 Quartus Ⅱ主界面中，选择 Assignments|Dvice 命令，如图 6-16 所示。

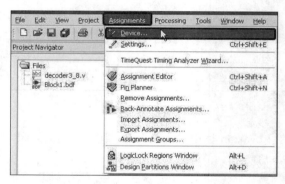

图 6-16　器件设置

（2）单击 Device and Pin Options 按钮，进入三态设置界面，如图 6-17 所示。

（3）在如图 6-18 所示的对话框中选择 As input tri-stated 完成三态设置。

3．编译工程

完成引脚分配后再进行一次编译，才能将引脚分配信息编译进编程下载文件中。单击 ▶ 图标进行编译，如图 6-19 所示。

4．下载硬件设计到目标 FPGA

（1）把控制拨码开关模块 CTRL_SW 中开关 SEL1、SEL2 拨下，逻辑电平为 00，使

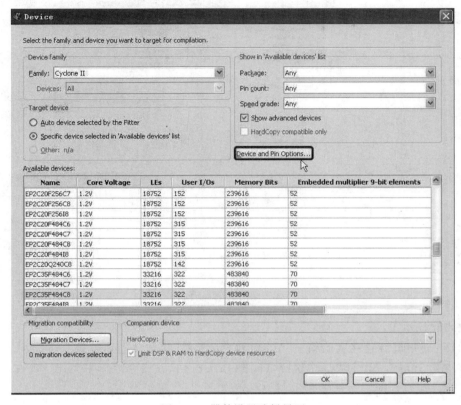

图 6-17　器件设置选择界面

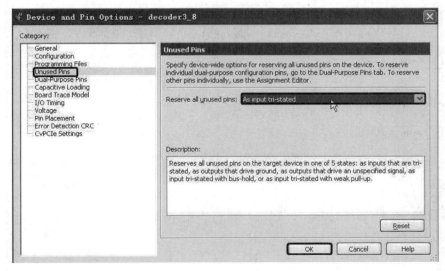

图 6-18　三态设置界面

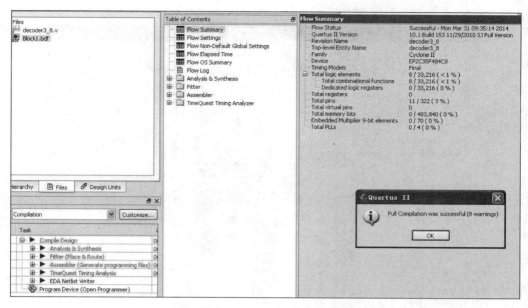

图 6-19　工程编译

DP9 数码管显示 1。

（2）通过电缆线连接实验箱 JTAG 口和主计算机，接通实验箱电源。

（3）在 Quartus Ⅱ主界面中选择 Tools|Programmer 命令或单击 图标，打开编辑器窗口并自动打开配置文件 decoder3_8.sof，如图 6-20 所示。

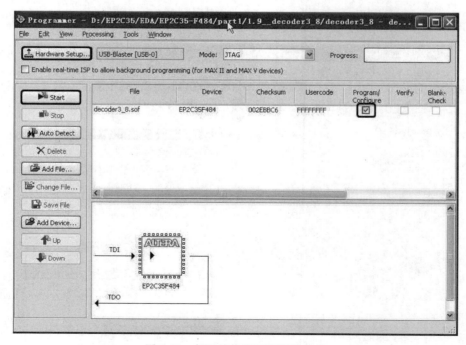

图 6-20　打开编辑窗口和配置文件

（4）确保编辑器窗口左上角的 Hardware Setup 栏中硬件已经安装。

（5）确保配置文件 decoder3_8.sof 选中。

（6）单击 ▶Start 图标开始使用配置文件对 FPGA 进行配置，Progress 框中显示配置进度。

5．观察结果

拨动 SW-1～SW-3 输入三位数据，观察 LED1～LED8 的显示结果，看是否实现了 3-8译码器的功能。

四、Verilog 源程序代码

```
module decoder3_8(out,in);
output[7:0] out;
input[2:0] in;
reg[7:0] out;
always @(in)
  begin
   case(in)
    3'd0: out = 8'b11111110; //1111_1110 = ～0000_0001//驱动 LED 正确显示
    3'd1: out = 8'b11111101; //1111_1101 = ～0000_0010
    3'd2: out = 8'b11111011; //1111_1011 = ～0000_0100
    3'd3: out = 8'b11110111; //1111_0111 = ～0000_1000
    3'd4: out = 8'b11101111; //1110_1111 = ～0001_0000
    3'd5: out = 8'b11011111; //1101_1111 = ～0010_0000
    3'd6: out = 8'b10111111; //1011_1111 = ～0100_0000
    3'd7: out = 8'b01111111; //0111_1111 = ～1000_0000
   endcase
  end
endmodule
```

6.2　数字器件(计数器)EDA 设计

一、实验目的

1．了解计数器的基本原理；

2．熟悉 Quartus Ⅱ软件的相关操作，掌握数字电路设计的基本流程。

二、实验内容

1．用 Verilog HDL 设计一个 4 位二进制计数器，能够控制增/减，进行分析；

2．用 Quartus Ⅱ软件进行编译、下载到实验平台上进行验证。

三、实验原理

计数器的应用非常广泛，利用 Verilog HDL 进行计数非常简单，只需设置一个合理的时钟信号就能利用计数得到合适的计数间隔。

四、设计原理框图

设计原理框图如图 6-21 所示。

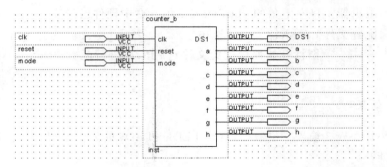

图 6-21　设计原理框图

其中,mode 为增/减的选择信号,DS1 为数码管片选信号,{a,b,c,d,e,f,g,h}为数码管输出。

五、引脚分配情况

引脚分配见表 6-3。

表 6-3　引脚分配

设计端口	芯片引脚	开发平台模块	设计端口	芯片引脚	开发平台模块
clk	PIN_ M1		d	PIN_ W22	8xSEG LD
reset	PIN_ AA17	F1	e	PIN_ Y22	8xSEG LE
mode	PIN_ R21	SW-1	d	PIN_ W22	8xSEG LD
a	PIN_ P18	8xSEG LA	f	PIN_ Y21	8xSEG LF
b	PIN_ V22	8xSEG LB	g	PIN_ Y20	8xSEG LG
c	PIN_ W21	8xSEG LC	h	PIN_ T21	8xSEG LH

六、实验步骤

1. 把控制拨码开关模块 CTRL_SW 中开关 SEL1、SEL2 拨下,逻辑电平为 00,使 DP9 数码管显示 1。

2. 建立工程,并将程序下载到实验平台上。

3. 拨动 mode(SW-1)开关选择增计数或者减计数,观察数码管 DP1 的计数效果,程序中的时钟分频模块可以自己修改。

七、Verilog 源程序代码

```
//Filename:counter_b
//Function: add and sub function of 4 bit data
module counter_b(clk,reset,mode,DS1,a,b,c,d,e,f,g,h);
output a,b,c,d,e,f,g,h;
output DS1;                        //CS(chip select) signal
input clk,reset;
input mode;

wire DS1;
wire a,b,c,d,e,f,g,h;
reg [3:0] count;
```

```verilog
reg clk_reg;
reg [31:0] count_reg1;

initial
begin
count_reg1 = 0;
end
        assign DS1 = 1'b0;
    // ******** div the clk ******** //
    always@(posedge clk)
        if(count_reg1 == 32'd25000000) // count_reg div clk to generate clk_reg
          begin
          clk_reg <= ~clk_reg;
          count_reg1 <= 32'd0;
          end
          else
          begin
          count_reg1 <= count_reg1 + 32'd1;
          end
    // ******** self add and sub of count ******** //
    always@(posedge clk_reg or negedge reset)
        if(!reset)
          count <= 4'd0;
        else
          begin
          if(mode)
          count <= count + 4'b1;
          else
          count <= count - 4'b1;
          end

assign {a,b,c,d,e,f,g,h} = (DS1)?8'bx:{seg7(count),1'b0};

function reg [6:0] seg7;
  input [3:0] in;

  case(in)
    4'b0000 :seg7 = 7'b1111110;
    4'b0001 :seg7 = 7'b0110000;
    4'b0010 :seg7 = 7'b1101101;
    4'b0011 :seg7 = 7'b1111001;
    4'b0100 :seg7 = 7'b0110011;
    4'b0101 :seg7 = 7'b1011011;
    4'b0110 :seg7 = 7'b1011111;
    4'b0111 :seg7 = 7'b1110000;
    4'b1000 :seg7 = 7'b1111111;
    4'b1001 :seg7 = 7'b1111011;
    4'b1010 :seg7 = 7'b1110111;
    4'b1011 :seg7 = 7'b0011111;
```

```
        4'b1100 :seg7 = 7'b1001110;
        4'b1101 :seg7 = 7'b0111101;
        4'b1110 :seg7 = 7'b1001111;
        4'b1111 :seg7 = 7'b1000111;
        default :seg7 = 7'bx;
      endcase
    endfunction

endmodule
```

6.3　数字锁相环设计

一、实验目的

1. 掌握 Quartus Ⅱ 软件的基本设计思路,软件环境参数配置引脚分配、下载等基本操作,掌握数字电路设计的基本流程;

2. 了解数字锁相环的工作原理及数字锁相环的抽象模型和设计方法。

二、实验内容

1. 用 Verilog HDL 设计数字锁相环,要求能够实现锁相环路的功能,并设计电路进行验证,具有复位功能;

2. 用 Quartus Ⅱ 软件进行编译、下载到实验平台进行验证。

三、实验原理

锁相就是利用输入信号和输出信号之间的相位误差自动调节输出相位,使输出信号频率自动跟踪输入信号频率,从而完成两个信号相位同步、频率自动跟踪的功能。

一阶全数字锁相环的基本结构如图 6-22 所示,主要由数字鉴相器、数字环路滤波器和数控振荡器(DCO)三个模块组成。数字鉴相器在每一个周期内将输入信号与本地估算信号(输出信号)进行异或得出相位差,然后将相位差信号送入数字环路滤波器产生进借位脉冲,用于改变数控振荡器的相位和周期,当环路达到稳定时锁定环路,输出信号与输入信号频差为 0,相位差恒定。

本实验采用异或门(XOR)鉴相器,这种鉴相器比较输入 f_{in} 相位和输出信号 f_{out} 相位之间的相位差 θ_e,并输出误差信号 S_e 作为 K 变模可逆计数器的计数方向信号。环路锁定时 $\theta_e = 0$,S_e 为一占空比为 50% 的方波。当 $\theta_e = +\pi/2$ 时,$S_e = 1$;当 $\theta_e = -\pi/2$ 时,$S_e = 0$,因此异或门鉴相器相位差极限为 $\pm\pi/2$。异或门鉴相器在环路锁定及极限相位差下的波形如图 6-23 所示。

本实验采用的数字环路滤波器是 K 变模可逆计数器。K 变模可逆计数器主要是根据鉴相器的输出作为方向脉冲,输出加减脉冲信号。当 S_e 为低电平时,计数器进行加运算,若相加的结果达到预设的模值,则输出一个进位脉冲信号 CARRY;当 S_e 为高电平时,计数器进行减运算,若相减的结果达到零,则输出一个借位脉冲信号 BORROW。

本实验采用的数控振荡器由加/减脉冲控制器和除 N 计数器组成。将 K 模可逆计数器的 CARRY 和 BORROW 信号分别接到脉冲加减电路的 INC(进位)和 DEC(借位)

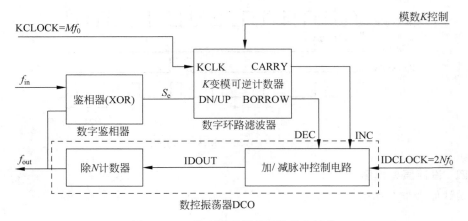

图 6-22　一阶全数字锁相环的基本结构

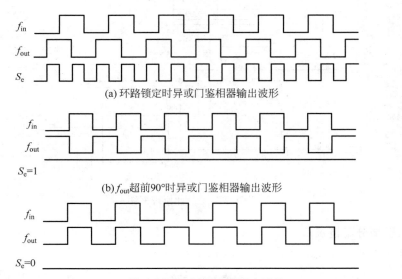

(a) 环路锁定时异或门鉴相器输出波形

(b) f_{out} 超前 90° 时异或门鉴相器输出波形

(c) f_{out} 滞后 90° 时异或门鉴相器输出波形

图 6-23　异或门鉴相器环路锁定及极限相位差下的输出波形

信号。当没有进位或借位信号时,它把外部参考时钟进行二分频;当有进位信号时,则在输出的二分频信号中加入 1/2 脉冲周期,以提高输出信号的频率;当有借位信号时,则在输出二分频信号中减去 1/2 脉冲周期,以降低输出信号的频率,脉冲加减电路工作波形如图 6-24 所示。除 N 计数器对脉冲加减电路的输出 IDOUT 进行 N 分频,得到整个环路的输出信号 f_{out}。因此通过改变分频 N 可以得到不同环路中心频率 f_0。

　　为了简化设计,将 K 变模可逆计数器的时钟 KCLOCK 与脉冲加减电路时钟 IDCLOCK 接在一起,f_{in} 等于环路中心频率 f_0,$f_0 = 1\,\text{Hz}$。取 $M = 32$,$N = 16$。设定 $K = 8$。

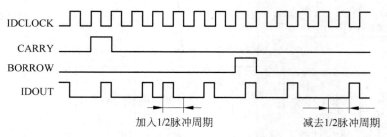

加入1/2脉冲周期　　　　　　　减去1/2脉冲周期

图 6-24　脉冲加减电路工作波形

四、设计原理框图

设计原理框图如图 6-25 所示。

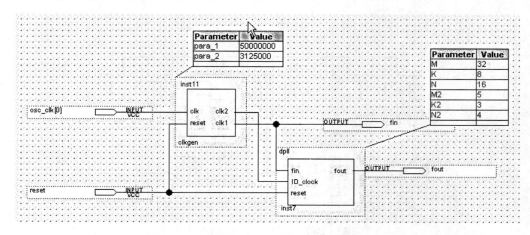

图 6-25　设计原理框图

五、引脚分配情况

引脚分配见表 6-4。

表 6-4　引脚分配

设 计 端 口	芯 片 引 脚	开发平台模块
osc_clk[0]	PIN_L1	
reset	PIN_R21	SW-1
fin	PIN_AA12	LED1
fout	PIN_AB13	LED2

注：reset 为复位信号，对应平台上的 SW-1；fin 对应 LED1；fout 对应 LED2。

六、实验步骤

1. 把控制拨码开关模块 CTRL_SW 中开关 SEL1、SEL2 拨下，逻辑电平为 00，使 DP9 数码管显示 1。

2. 找到本次实验的源程序，打开工程，将程序下载到实验平台上。

3. 输出在 LED1 和 LED2 上显示，过一段时间，LED1 和 LED2 以 1/2 周期的间隔交替闪亮。SW-1 用于复位。

七、源程序代码

```verilog
//程序一 分频器 clkgen.v
module clkgen(reset,clk,clk1,clk2);

parameter para_1 = 50000000;          //1Hz 50MHz/1Hz = 50M
parameter para_2 = 3125000;           // 16Hz 50MHz/16Hz = 3125000

input reset;
input clk;                            // original clk
output clk1,clk2;                     // two new ,one for fin ,one for ID_clock

reg clk1,clk2;
reg [25:0]cnt1,cnt2;                  //1011_1110_1011_1100_0010_0000_00 = 50M

/ ****** counter with mod = para_1 ****** /
always@(posedge clk or negedge reset)
begin
  if(!reset)
   begin
    cnt1 <= 'b0000;
    clk1 <= 'b0;
   end
  else
    begin
      if(cnt1 == para_1 - 1)          //full
        begin
          cnt1 <= 'b0000;
          clk1 <= 'b0;
        end
      else
       if(cnt1 == (para_1 - 1)/2)     //half
         begin
         clk1 <= 'b1;                 //50 % duty
          cnt1 <= cnt1 + 1;
         end
  else
      cnt1 <= cnt1 + 1;
  end
end


/ ****** counter with mod = para_2 ****** /
always@(posedge clk or negedge reset)
begin
  if(!reset)
    begin
```

```
        cnt2 < = 'b0000;
        clk2 < = 'b0;
      end
    else
      begin
        if(cnt2 == para_2 - 1)                  //full
          begin
            cnt2 < = 'b0000;
            clk2 < = 'b0;
          end
        else
          if(cnt2 == (para_2 - 1)/2)            //half
            begin
            clk2 < = 'b1;                         // 50 % duty
             cnt2 < = cnt2 + 1;
            end
    else
        cnt2 < = cnt2 + 1;
    end
  end


  endmodule

  //程序二 dpll.v
  module dpll (fin, fout, ID_clock, reset);

  parameter M = 32;
  parameter K = 8;
  parameter N = 16;

  parameter M2 = 5;                              //log base 2 of M
  parameter K2 = 3;                              //log base 2 of K
  parameter N2 = 4;                              //log base 2 of N

  input fin, ID_clock, reset;                    // input freqency, & reset
  output fout;                                   //output
  wire reset, XOR_out, DN_UP, K_clock, u2, fout;

  reg [(K2 - 1):0] Kup, Kdn;                     //up/down counter's reg

  //reg of
  reg Carry, Borrow, Toggle_FF, Carry_pulse, Borrow_pulse, advanced, delayed;

  reg ID_out, ID_out_2, ID_out_4, ID_out_8, ID_out_16;   //ID_out and those devided by 2,4, and 8
  reg Carry_new, Borrow_new;

  assign K_clock = ID_clock;                     //get the clk
```

```
//fin and

assign XOR_out = fin ^ fout;                    //Phase detect,fin -- the input f,u2 - the output f

assign DN_UP = XOR_out;

//above 2 lines,,,either is ok, just for more choice

// ***** KCounter ****  up or down//

always@(negedge K_clock or negedge reset)    //use the same clk
begin
if(!reset)                                   //reset all
  begin
  Kup <= 0;
  Kdn <= 0;
  Carry <= 0;
  Borrow <= 0;
  end
else                                         //normal way
  begin
  if(DN_UP) Kdn <= Kdn + 1;                  //DN_UP = 1, then down, fout advance fin
  else Kup <= Kup + 1;                       //up
  Carry <= Kup[K2 - 1];                      //get the carry impulse , note: negedge
  Borrow <= Kdn[K2 - 1];                     //get the borrow impulse ,note: negedge
  end
end

// *** ID Counter ***** //
//always@(posedge Carry or posedge ID_clock)
always@(posedge ID_clock)                    //add 1/2 clk to the original signal
begin
  if(!Carry)                                 //no carry in
    begin
    Carry_new <= 1;                          //original value,no carry,only
    Carry_pulse <= 0;
    end
  else if(Carry_pulse)                       //Carry = Carry_pulse = 1
    begin
    Carry_pulse <= 0;
    Carry_new <= 0;
    end
  else if(Carry && Carry_new)    //Carry = Carry_new = 1,get a carry now and no carry before
    begin
    Carry_pulse <= 1;                        //next poseedge, get 1
    Carry_new <= 0;                          //clear
    end
  else
```

```
      begin
      Carry_pulse < = 0;
      Carry_new < = 0;
      end

//if(ID_clock) Carry_pulse < = 0;
//else Carry_pulse < = 1;
end

//always@(posedge Borrow or posedge ID_clock)
always@(posedge ID_clock)                        //delete 1/2 clk
 begin
  if(!Borrow)                                     //Borrow = 0
    begin                                         //set
    Borrow_new < = 1;
    Borrow_pulse < = 0;
    end
  else if(Borrow_pulse)
    begin
    Borrow_pulse < = 0;
    Borrow_new < = 0;
    end
  else if (Borrow && Borrow_new)
    begin
    Borrow_pulse < = 1;
    Borrow_new < = 0;
    end
  else
    begin
    Borrow_pulse < = 0;
    Borrow_new < = 0;
    end


//if(ID_clock) Borrow_pulse < = 0;
//else Borrow_pulse < = 1;
end

always@(posedge ID_clock or negedge reset)
begin
  if(!reset)                                      //reset
    begin
    Toggle_FF < = 0;
    delayed < = 1;
    advanced < = 1;
    end
  else
    begin
```

```
      if(Carry_pulse) // Carry_pulse = 1,get a carry now and no carry before
        begin
        advanced < = 1;
        Toggle_FF < = !Toggle_FF; //Toggle_FF inverse
        end
      else if(Borrow_pulse)
        begin
        delayed < = 1;
        Toggle_FF < = !Toggle_FF; //inverse
        end
      else if(Toggle_FF == 0)
        begin
        if(!advanced) //no carry or borrow when running
          Toggle_FF < = !Toggle_FF;              //inverse
        else if(advanced)
          begin
          Toggle_FF < = Toggle_FF;
          advanced < = 0;
          end
        end
      else
        begin
        if(!delayed) Toggle_FF < = !Toggle_FF;  //no borrow
        else if(delayed)
          begin
          Toggle_FF < = Toggle_FF;
          delayed < = 0;
          end
        end
    end
end

always@(ID_clock or Toggle_FF)
begin
 if(Toggle_FF) ID_out < = 0;                //Toggle_FF = 1,keep 0
 else
  begin
  if(ID_clock) ID_out < = 0;                //ID_clock = 1,
  else ID_out < = 1;
  end
end
assign u2 = ID_out;

// *** NCounter *** //
always@(negedge ID_out or negedge reset)
begin
 if(!reset) ID_out_2 < = 0;                 //reset
 else ID_out_2 < = !ID_out_2;               //divided by 2
```

```
    end

    always@(negedge ID_out_2 or negedge reset)
    begin
      if(!reset) ID_out_4 <= 0;              //ID_out_2 divided by 2 ,ID_out devided by 4
      else ID_out_4 <= !ID_out_4;
    end

    always@(negedge ID_out_4 or negedge reset)
    begin
      if(!reset) ID_out_8 <= 0;              //ID_out_4 divided by 2 ,ID_out devided by 8
      else ID_out_8 <= !ID_out_8;
    end

    always@(negedge ID_out_8 or negedge reset)
    begin
      if(!reset) ID_out_16 <= 0;             //ID_out_8 divided by 2 ,ID_out devided by 16
      else ID_out_16 <= !ID_out_16;
    end

    assign fout = ID_out_8;                   //the output
    endmodule
```

6.4　字符 LCD 液晶显示控制

一、实验目的

1. 了解字符液晶的基本原理；
2. 熟悉 Quartus Ⅱ 软件的相关操作，掌握数字电路设计的基本流程。

二、实验内容

1. 用 Verilog HDL 设计一个液晶显示程序；
2. 用 Quartus Ⅱ 软件进行编译、下载到实验平台上进行验证。

三、实验原理

液晶显示器通常可分为点阵型和字符型。点阵型液晶通常面积较大，可以显示图形；而一般的字符型液晶只有两行，面积小，只能显示字符和一些很简单的图形，简单易控制且成本低。目前市面上的字符型液晶绝大多数是基于 HD44780 液晶芯片的，所以控制原理是完全相同的，为 HD44780 写的控制程序可以很方便地应用于市面上大部分的字符型液晶。

　　下面的例子能帮助读者理解液晶显示的原理。假设要在第 1 行第 2 列写入字符"A"，这时先写入第 1 行第 2 列对应的 DDRAM 的地址 01H(参见液晶文档)，然后再往DDRAM 中写入"A"的字符码 0x41(参见字符与字符码对照表说明文档)，这样 LCD 的第 1 行第 2 列就会出现字符 A 了。也就是说，DDRAM 的内容对应于要显示的字符地址，而 DDRAM 的地址就对应于显示字符的位置。总而言之，希望在 LCD 的某一特定位置显示某一特定字符，一般要遵循"先指定地址，后写入内容"的原则；但如果希望在

LCD 上显示一串连续的字符(如单词等),并不需要每次写字符码之前都指定一次地址,这是因为液晶控制模块中有地址计数器(Address Counter,AC)。地址计数器的作用是负责记录写入 DDRAM 数据的地址,或从 DDRAM 读出数据的地址。该计数器的作用不仅是"写入"和"读出"地址,它还能根据用户的设定自动进行修改。比如,若规定地址计数器在"写入 DDRAM 内容"这一操作完成后自动加 1,则在第 1 行第 1 列写入一个字符后,若不对字符显示位置(DDRAM 地址)重新设置,再写入一个字符,则这个新的字符会出现在第 1 行第 2 列。

本实验要求显示两行,上面一行显示一个时钟,下面一行显示 www. gexin. com. cn。具体的指令和相关参数参见相关液晶的文档。

四、设计原理框图

设计原理框图如图 6-26 所示。

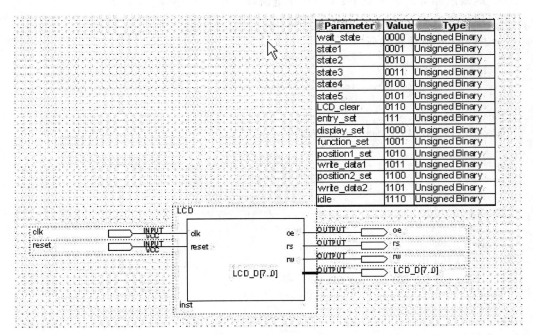

图 6-26　设计原理框图

五、引脚分配情况

引脚分配见表 6-5。

表 6-5　引脚分配

设 计 端 口	芯 片 引 脚	开发平台模块	设 计 端 口	芯 片 引 脚	开发平台模块
clk	PIN_M1		LCD _D [5]	PIN_D8	LCD_D5
reset	PIN_AA17	F1	LCD _D [4]	PIN_C7	LCD_D4
oe	PIN_A4	LCD_ES	LCD _D [3]	PIN_D7	LCD_D3
rs	PIN_A5	LCD_R_nS	LCD _D [2]	PIN_E7	LCD_D2

设计端口	芯片引脚	开发平台模块	设计端口	芯片引脚	开发平台模块
rw	PIN_D4	LCD_R_nW	LCD_D [1]	PIN_Y14	LCD_D1
LCD_D [7]	PIN_A3	LCD_D7	LCD_D [0]	PIN_Y16	LCD_D0
LCD_D [6]	PIN_E9	LCD_D6			

六、实验步骤

1. 把控制拨码开关模块 CTRL_SW 中开关 SEL1 拨下、SEL2 拨上,逻辑电平为 01,并且开关 TLEN 拨下、TLS 拨上,使 DP9 数码管显示 3;拨码开关模块 LCD_ALONE_CTRL_SW 中 TLAS 拨上、TLAE 拨上。

2. 建立工程,并将程序下载到实验平台上。

3. 观察液晶屏的显示效果;按 reset 键清零。

4. 用户修改程序,得到想要的显示效果。

七、Verilog 源程序代码

```
//Filename:LCD.V
//Function:display in two line: on the first line is time,the second is "www.gexin.com.cn"

module LCD(clk,reset,oe,rs,rw,LCD_D);
output [7:0] LCD_D; //data or command
output oe;                                //LCD enable
output rs;                                //commmand or dara register select
output rw;                                //write or read enable
input clk;                                //system clock
input reset;                              //reset signal

reg [7:0] cnt0;
reg [7:0] LCD_D;
reg oe;
reg rs;
reg rw;
reg [7:0] RAM [23:0];
reg clk0;
reg clk_c;
reg [7:0] count1;
reg clk1;
reg [31:0] count,count_reg;
reg [3:0] state;
reg [4:0] cnt;
reg [4:0] i;
reg [4:0] j;
reg [4:0] k;
reg [5:0] sec;
reg [4:0] hour;                           //24 hour clock
reg [5:0] min;
```

```
wire [3:0] hour_d, hour_u, min_d, min_u, sec_d, sec_u;

parameter wait_state = 4'd0, //wait_state to the entry_set is the initialization of the LCD
          state1 = 4'd1,
          state2 = 4'd2,
          state3 = 4'd3,
          state4 = 4'd4,
          state5 = 4'd5,
          LCD_clear = 4'd6,        //clear the screen, delay of it must be more than
                                   //1.64ms
          entry_set = 3'd7,        //input format setting
          display_set = 4'd8,      //display format:on/off of the display?cursor on/
                                   //off and flicker or not
          function_set = 4'd9,     //function setting:data bits?lines setting and
                                   //character of display
          position1_set = 4'd10,   //initial loaction of first data
          write_data1 = 4'd11,     //read data1 to LCD
          position2_set = 4'd12,   //location of second data
            write_data2 = 4'd13,   //read data2 to LCD
          idle = 4'd14;

// ******** div clk to 250KHz *************** //
always@(posedge clk or negedge reset)
  if(! reset)
    begin
    count1 < = 8'd0;
    clk1 < = 1'b0;
    end
  else if(count1 == 100 - 1)
    begin
    count1 < = 8'd0;
    clk1 < = ~clk1;
    end
  else count1 < = count1 + 8'd1;

always@(negedge clk1 or negedge reset)
//always@(negedge clk or negedge reset)
  if(! reset)
    begin
RAM[0]< = {4'b0011, 4'h0};        //num on decimal bit (hour)
RAM[1]< = {4'b0011, 4'h0};        //num on unit bit (hour)
RAM[2]< = 8'h3a;
RAM[3]< = {4'b0011, 4'h0};        //num on decimal bit(minute)
RAM[4]< = {4'b0011, 4'h0};        //num on unit bit (minute)
RAM[5]< = 8'h3a;
RAM[6]< = {4'b0011, 4'h0};        //num on decimal bit(second)
RAM[7]< = {4'b0011, 4'h0};        //num on unit bit (second)
RAM[8]< = 8'h77;
```

```
        RAM[9]<= 8'h77;
        RAM[10]<= 8'h77;
        RAM[11]<= 8'h2E;
        RAM[12]<= 8'h67;
        RAM[13]<= 8'h65;
        RAM[14]<= 8'h78;
        RAM[15]<= 8'h69;
        RAM[16]<= 8'h6E;
        RAM[17]<= 8'h2E;
        RAM[18]<= 8'h63;
        RAM[19]<= 8'h6F;
        RAM[20]<= 8'h6D;
        RAM[21]<= 8'h2E;
        RAM[22]<= 8'h63;
        RAM[23]<= 8'h6E;                        //addresses of www.gexin.com.cn in RAM
            end
        else
            begin
        RAM[0]<= {4'b0011,hour_d};
        RAM[1]<= {4'b0011,hour_u};
        RAM[2]<= 8'h3a;                    //colon
        RAM[3]<= {4'b0011,min_d};
        RAM[4]<= {4'b0011,min_u};
        RAM[5]<= 8'h3a;                    //colon
        RAM[6]<= {4'b0011,sec_d};
        RAM[7]<= {4'b0011,sec_u};
        RAM[8]<= 8'h77;
        RAM[9]<= 8'h77;
        RAM[10]<= 8'h77;
        RAM[11]<= 8'h2E;
        RAM[12]<= 8'h67;
        RAM[13]<= 8'h65;
        RAM[14]<= 8'h78;
        RAM[15]<= 8'h69;
        RAM[16]<= 8'h6E;
        RAM[17]<= 8'h2E;
        RAM[18]<= 8'h63;
        RAM[19]<= 8'h6F;
        RAM[20]<= 8'h6D;
        RAM[21]<= 8'h2E;
        RAM[22]<= 8'h63;
        RAM[23]<= 8'h6E;                        //addresses of www.gexin.com.cn in RAM
            end

// ********* div clk to 1000HZ clk0 ********* //
    always@(posedge clk or negedge reset)
        begin
        if(!reset)
```

```
            begin
            clk0 < = 1'b0;
            count < = 32'd0;
            end
        else if(count == 32'd2000)
            begin
            clk0 < = ~clk0;
            count < = 32'd1;
            end
        else
            count < = count + 32'd1;
        end

    // ******** div clk to 1HZ clk_c ******** //
    always@(posedge clk or negedge reset)
     begin
     if(!reset)
        begin
        clk_c < = 1'b0;
        count_reg < = 32'd1;
        end
     else if(count_reg == 32'd25000000 - 1)
        begin
        clk_c < = ~clk_c;
        count_reg < = 32'd1;
        end
     else
        count_reg < = count_reg + 32'd1;
     end

    always@(posedge clk0 or negedge reset)
     if(!reset)
       begin
       cnt < = 3'b0;
       state < = wait_state;
       i < = 0;
       j < = 0;
       end

   else case(state)
wait_state: begin
                cnt0 < = cnt0 + 1;
                    if(cnt0 == 100)
                    begin
                    state < = state1;
                    cnt0 < = 0;
                    end
                    else
```

```
                              state <= wait_state;
                  end
        state1:begin
                  oe <= 1'b1;
                  LCD_D <= 8'b0011_1000;
                  rs <= 1'b0;                //command
                  rw <= 1'b0;                //write
                      cnt0 <= cnt0 + 5'b1;


                    if(cnt0 > 30 && cnt0 <= 35)
                  oe <= 1'b0;
                  else
                  oe <= 1'b1;


                  if(cnt0 == 70)
                  begin
                  state <= state2;
                  cnt0 <= 0;
                  end
                  end
        state2: begin
                  oe <= 1'b1;
                  LCD_D <= 8'b0011_1000;
                  rs <= 1'b0;                //command
                  rw <= 1'b0;                //write
                      cnt0 <= cnt0 + 5'b1;


                    if(cnt0 > 30 && cnt0 <= 35)
                  oe <= 1'b0;
                  else
                  oe <= 1'b1;


                  if(cnt0 == 70)
                  begin
                  state <= state3;
                  cnt0 <= 0;
                  end
                  end
        state3: begin
                  oe <= 1'b1;
                  LCD_D <= 8'b0011_1000;
                  rs <= 1'b0;                //command
                  rw <= 1'b0;                //write
                      cnt0 <= cnt0 + 5'b1;


                    if(cnt0 > 30 && cnt0 <= 35)
```

```
                    oe < = 1'b0;
                    else
                    oe < = 1'b1;


                    if(cnt0 == 70)
                    begin
                    state < = state4;
                    cnt0 < = 0;
                    end
                    end
state4:begin
                    oe < = 1'b1;
                    LCD_D < = 8'b0011_1000;
                    rs < = 1'b0;                    //command
                    rw < = 1'b0;                    //write
                        cnt0 < = cnt0 + 5'b1;

                    if(cnt0 > 30 && cnt0 < = 35)
                    oe < = 1'b0;
                     else
                    oe < = 1'b1;

                    if(cnt0 == 70)
                    begin
                    state < = state5;
                    cnt0 < = 0;
                    end
                    end
state5: begin
                     oe < = 1'b1;
                     LCD_D < = 8'b0000_1000;
                    rs < = 1'b0;                    //command
                    rw < = 1'b0;                    //write
                        cnt0 < = cnt0 + 5'b1;

                    if(cnt0 > 30 && cnt0 < = 35)
                    oe < = 1'b0;
                    else
                    oe < = 1'b1;

                    if(cnt0 == 70)
                    begin
                    state < = LCD_clear;
                    cnt0 < = 0;
                    end
                    end
    LCD_clear: begin
```

```verilog
            oe <= 1'b1;
            LCD_D <= 8'b0000_0001;        //clear screen
        rs <= 1'b0;                       //command
        rw <= 1'b0;                       //write
            cnt <= cnt + 5'b1;

        if(cnt > 5'd3 && cnt <= 5'd12)
            oe <= 1'b0;
            else
              oe <= 1'b1;

            if(cnt == 5'd20)
            begin
            state <= entry_set;
            cnt <= 0;
            end

        end
entry_set: begin
            oe <= 1'b1;
            LCD_D <= 8'h06;               //cursor shifts right and LCD screen stay
                                          //still after writing
            rs <= 1'b0;                   //command
            rw <= 1'b0;                   //write
          cnt <= cnt + 3'b1;
                if(cnt > 5'd8 && cnt <= 5'd21)
              oe <= 1'b0;
              else
              oe <= 1'b1;

            if(cnt == 5'd30)
            begin
            state <= display_set;
            cnt <= 0;
            end
            end
display_set:
            begin
              oe <= 1'b1;
              LCD_D <= 8'h0c;             //display on/off,cursor on/off and flicker
                                          //or not
            rs <= 1'b0;                   //command
            rw <= 1'b0;                   //write
              cnt <= cnt + 3'b1;

            if(cnt > 5'd8 && cnt <= 5'd15)
             oe <= 1'b0;
             else
```

```
                    oe <= 1'b1;

                    if(cnt == 5'd20)
                    begin
                    state <= function_set;
                    cnt <= 0;
                    end
                    end
function_set:
                    begin
                      oe <= 1'b1;
                      LCD_D <= 8'h38;        //8 bit data, display in two lines,5 * 8
                                            //display lattice
                    rs <= 1'b0;              //command
                    rw <= 1'b0;              //write
                      cnt <= cnt + 5'b1;

                  if(cnt > 5'd3 && cnt <= 5'd19)
                  oe <= 1'b0;
                  else
                  oe <= 1'b1;

                    if(cnt == 5'd20)
                    begin
                    state <= position1_set;
                    cnt <= 0;
                    end
                    end
position1_set:
                    begin
                    oe <= 1'b1;
                        LCD_D <= 8'h84;      //location of first line
                    rs <= 1'b0;              //command
                    rw <= 1'b0;              //write
                        cnt <= cnt + 5'b1;

                    if(cnt == 2)
                    oe <= 1'b0;
                    else
                    oe <= 1'b1;


                      if(cnt == 5'd3)
                    begin
                    state <= write_data1;
                    cnt <= 0;
                    end
                    end
```

```
write_data1:
            begin
                oe <= 1'b1;
            rs <= 1'b1;                //data
            rw <= 1'b0;                //write
                cnt <= cnt + 5'b1;

                LCD_D <= RAM[i];
                if(cnt == 5'd2)
                oe <= 1'b0;
                 else
           oe <= 1'b1;

              if(cnt == 3)
              begin
              cnt <= 0;
              i <= i + 1;
              end
              if(i == 4'd8)              //finish the data of the top line
              begin
           state <= position2_set;
              i <= 0;
                cnt <= 0;
         end
         end
position2_set:
            begin
           oe <= 1'b1;
                LCD_D <= 8'hc0;    //8 bit data, display in two lines,5 * 8
                                   //display lattice
            rs <= 1'b0;            //command
            rw <= 1'b0;            //write
                cnt <= cnt + 5'b1;

            if(cnt == 2)
            oe <= 1'b0;
            else
            oe <= 1'b1;

            if(cnt == 5'd3)
            begin
            state <= write_data2;
            cnt <= 0;
            end
         end

   write_data2:
            begin
```

```
            oe <= 1'b1;
                rs <= 1'b1;          //data
        rw <= 1'b0;              //write
                cnt <= cnt + 5'b1;
                oe <= 1'b0;
                k <= 4'd8 + j;
                LCD_D <= RAM[k];


          if(cnt == 5'd2)
        oe <= 1'b0;
        else
        oe <= 1'b1;

          if (j == 5'd16) //finish the data of the bottom line
          begin
          j <= 0;
          state <= position1_set;
        cnt <= 0;
          end

          if(cnt == 5'd3)
          begin
          j <= j + 5'd1;
          cnt <= 0;
          end

          end
  idle:     state <= idle;
 default:
            state <= wait_state;
          endcase

// ************ generation of display clock ************* //
 always@ (posedge clk_c or negedge reset)

    if(!reset)
    begin
    sec <= 0;
    min <= 0;
    hour <= 0;
    end
    else
  begin
if(sec == 6'd59)
      begin
    sec <= 6'd0;
```

```verilog
        if(min == 6'd59 )
                if(hour == 5'd23)
                begin
                min <= 6'd0;
                hour <= 5'd0;
                end
                else
                begin
                hour <= hour + 5'd1;
                min <= 5'd0;
                end
        else
                min <= min + 6'd1;
                end
        else
                sec <= sec + 6'd1;

        end


    bina_to_deci h_bina_to_deci(.clk(clk),.count({1'b0,hour}),.D_bit(hour_d),.U_bit
(hour_u));
    bina_to_deci m_bina_to_deci(.clk(clk),.count(min),.D_bit(min_d),.U_bit(min_u));
    bina_to_deci s_bina_to_deci(.clk(clk),.count(sec),.D_bit(sec_d),.U_bit(sec_u));
    endmodule


// ************ bina_to_deci.v ************ //

module bina_to_deci(clk,count,D_bit,U_bit);

input [5:0] count;
input clk;
output [3:0] D_bit;
output [3:0] U_bit;

reg [3:0] D_bit,U_bit;

always@(posedge clk)                      //to divide D_bit and U_bit
  begin
    if(count < 6'd10)
    begin
    D_bit <= 4'd0;
    U_bit <= count;
    end
    if(count == 10)
    begin
    D_bit <= 4'd1;
```

```
    U_bit < = 4'd0;
    end
    if(count > 6'd10 && count < 6'd20)
    begin
    D_bit < = 4'd1;
    U_bit < = count − 6'd10;
    end

  if(count > = 6'd20 && count < 6'd30)
    begin D_bit < = 4'd2; U_bit < = count − 6'd20; end
  if(count > = 6'd30 && count < 6'd40)
    begin D_bit < = 4'd3; U_bit < = count − 6'd30; end
  if(count > = 6'd40 && count < 6'd50)
    begin D_bit < = 4'd4; U_bit < = count − 6'd40; end
  if(count > = 6'd50 && count < 6'd60)
    begin D_bit < = 4'd5; U_bit < = count − 6'd50; end
  end

endmodule
```

6.5 高速 A/D 数据采集和高速 D/A 接口实验

一、实验目的

1. 了解 A/D 和 D/A 转换的基本原理；

2. 熟悉 Quartus Ⅱ软件的相关操作，掌握数字电路设计的基本流程。

二、实验内容

1. 使用 Verilog HDL，利用 A/D 和 D/A 转换器设计一个数据采集转换程序；

2. 用 Quartus Ⅱ软件进行编译、下载到实验平台上进行验证。

三、实验原理

本实验平台采用 ADC1175，8 位高速 A/D 转换芯片，有关该芯片的详细资料可见附录资料 A/D 模块及相关芯片 datasheet，此处不多做介绍。

平台上 A/D 模块的电压有效范围被限制在 0.6~2.5V，所以 0.6V 的输出是 00000000，2.5V 的输出是 11111111，即 256 个数据对应 0.6~2.5V 的电压值，所以理论上的电压分辨率为 $(2.5−0.6)/255=0.00745V$，这个分辨率是理论上的，实际中很难达到。而电压值和 ADC 编码的对应关系可以推出为 $V_{OUT}=ADCCODE×0.00745+0.6$。

为了显示出电压值，做以下处理：1011100110000010111

$$V_{OUT1}=ADCCODE×745+60000$$

将小数点显示在最高位即可得到最终的电压值。

开发平台上的并行 DAC 模块由并行 DAC 芯片和电压基准源组成。并行 DAC 器件采用 AD9708 芯片。

AD9708 内置一个 1.2V 片内基准电压源和基准电压控制放大器，只需用单个电阻便可设置满量程输出电流。该器件可以采用多种外部基准电压驱动。其满量程电流可以在 2～20mA 范围内调节,动态性能不受影响。因此,AD9708 能够以低功耗水平工作,或在 20dB 范围内进行调节,进一步提供增益范围调整能力。有关该芯片的详细信息请查阅相关的 datasheet。该芯片的输出电压算法如下:

$$V_{\text{OUTA}} = I_{\text{OUTA}} \times R_{\text{LOAD}}$$
$$V_{\text{OUTB}} = I_{\text{OUTB}} \times R_{\text{LOAD}}$$

其中,电阻为 49.9Ω。

$$V_{\text{OUTA}} = (\text{DACCODE}/256) \times I_{\text{OUTFS}}$$
$$V_{\text{OUTA}} = (255 - \text{DACCODE})/256 \times I_{\text{OUTFS}}$$

其中,DACCODE 为输入的并行 8 位数据(0～255)。

$$I_{\text{OUTFS}} = 32 \times I_{\text{REF}}$$
$$I_{\text{REF}} = V_{\text{REFIO}}/R_{\text{SET}}$$

其中,VREFIO 为 1.2V,RSET 为 2kΩ。

通过上式可计算出输出电压和输入数据的关系:

A 口电压:$50 \times 0.0192 \times \text{DACCODE}/256 = 0.00375 \times \text{DACCODE}$,即 0～0.956V。

B 口电压:$50 \times 0.0192 \times (255 - \text{DACCODE})/256 = 0.00375 \times \text{DACCODE}$,即 0.956～0V。

在此实验平台上使用该芯片时,用到的是 8 位数据输入和两个端口输出。

本次实验中,做一个数字电压表,将输入电压值显示在字符型 LCD 上。为了方便说明 A/D 和 D/A 的工作情况,将 A/D 转换后的二进制数据用 LED 指示灯指示,同时在 LCD 上以数字形式显示出来。A/D 的输出经过 D/A 转换后再经 D/A 输出模拟量,将 D/A 应该输出的结果也显示在 LCD 上。

四、设计原理框图

设计原理框图如图 6-27 所示。

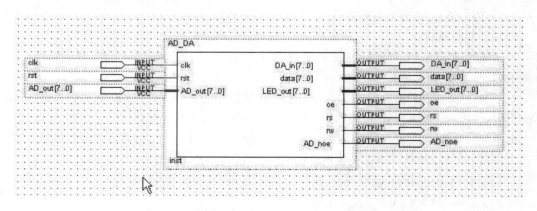

图 6-27　设计原理框图

五、引脚分配情况

引脚分配见表 6-6。

表 6-6　引脚分配

设 计 端 口	芯 片 引 脚	开发平台模块	设 计 端 口	芯 片 引 脚	开发平台模块
clk	PIN_M1		DA_in[7]	PIN_B5	DAC_D7
rst	PIN_AA17	F1	DA_in[6]	PIN_A16	DAC_D6
LED_out[7]	PIN_AA12	LED1	DA_in[5]	PIN_A15	DAC_D5
LED_out[6]	PIN_AB13	LED2	DA_in[4]	PIN_A14	DAC_D4
LED_out[5]	PIN_AA14	LED3	DA_in[3]	PIN_A13	DAC_D3
LED_out[4]	PIN_W16	LED4	DA_in[2]	PIN_A11	DAC_D2
LED_out[3]	PIN_V14	LED5	DA_in[1]	PIN_A10	DAC_D1
LED_out[2]	PIN_Y13	LED6	DA_in[0]	PIN_B10	DAC_D0
LED_out[1]	PIN_AA16	LED7	oe	PIN_A4	LCD_ES
LED_out[0]	PIN_U14	LED8	rs	PIN_A5	LCD_R_nS
AD_out[7]	PIN_D9	ADC_D7	rw	PIN_D4	LCD_R_nW
AD_out[6]	PIN_E8	ADC_D6	data[7]	PIN_A3	LCD_D7
AD_out[5]	PIN_F14	ADC_D5	data[6]	PIN_E9	LCD_D6
AD_out[4]	PIN_F13	ADC_D4	data[5]	PIN_D8	LCD_D5
AD_out[3]	PIN_D14	ADC_D3	data[4]	PIN_C7	LCD_D4
AD_out[2]	PIN_A9	ADC_D2	data[3]	PIN_D7	LCD_D3
AD_out[1]	PIN_C10	ADC_D1	data[2]	PIN_E7	LCD_D2
AD_out[0]	PIN_F8	ADC_D0	data[1]	PIN_Y14	LCD_D1
AD_noe	PIN_F9	ADC_Noe	data[0]	PIN_Y16	LCD_D0

六、实验步骤

1. 按照实验准备将相应的跳线连接好,调节拨码开关选择对应的模块。

把控制拨码开关模块 CTRL_SW 中开关 SEL1 拨下、SEL2 拨上,逻辑电平为 01,并且开关 TLEN 拨下、TLS 拨上,使 DP9 数码管显示 3。

对于 A/D 模块:PAR_ADC_JP1 跳线组(2-3)短接。对于 D/A 模块:PAR_DAC_JP1 跳线组(1-2)短接。

2. 建立工程,并将程序下载到实验平台上。

3. 利用万用表测量 PAR_ADC_JP1 跳线组(2-3)上面的电压(此电压即为 A/D 芯片的输入电压),观察 LCD 第一行左边显示的电压值,看是否与 A/D 输入电压一致,同时观察 LED 显示的 A/D 输出二进制数据,以及 LCD 第二行显示的 A/D 输出二进制数据,由此二进制数据计算对应的 A/D 输入电压;同时利用 A/D 输出的二进制数据计算 D/A 的输出电压,与 LCD 第一行后半部分显示的电压值相比较(此数值是 D/A 芯片应该输出的电压值),用万用表测量 PAR_DAC P4 测试孔的电压值(此电压为 D/A 芯片的模拟输出),与理论值相比较。

4. 调节 PAR_AMP_VR2 滑动变阻器,改变 A/D 芯片的输入电压值,重复步骤 3 和步骤 4。

5. 根据以上测量结果,分析 A/D 和 D/A 芯片的工作情况。

七、Verilog 源程序代码

```
//Filefuntion: AD data receive and DA transform
//Edition: Quartus ii 10.1

module AD_DA( input              clk,
              input              rst,
              output [7:0]       DA_in,        //DA data input
              output [7:0]       data,         //LCD data
              input [7:0]        AD_out,       //AD data output
              output [7:0]       LED_out,      //LED data output
              output             oe,
              output             rs,
              output             rw,
              output             AD_noe);

wire   clk_c0;
wire   [17:0]     result0;
wire   [16:0]     result1;
wire   [3:0]      data1_ad;
wire   [3:0]      data2_ad;
wire   [3:0]      data3_ad;
wire   [3:0]      data1_da;
wire   [3:0]      data2_da;
wire   [3:0]      data3_da;

/* wire connection */
assign AD_noe = 1'b0;
assign DA_in = AD_out;

/* Mult1 block */
lpm_mult0 lpm_mult0_blk( .dataa(AD_out),
                         .result(result0));

/* Mult2 block */
lpm_mult1 lpm_mult1_blk(.dataa(AD_out),
                        .result(result1));

/* BCD block */
D_BCD D_BCD_blk(.clk(clk),
                .rst(rst),
                .din_ad(result0),
                .din_da(result1),
                .dout1_ad(data1_ad),
                .dout2_ad(data2_ad),
                .dout3_ad(data3_ad),
                .dout1_da(data1_da),
                .dout2_da(data2_da),
                .dout3_da(data3_da));
```

```
/* lcd block */
lcd lcd_blk( .clk(clk),
             .rst(rst),
             .data_ad(AD_out),
             .data1_ad(data1_ad),
             .data2_ad(data2_ad),
             .data3_ad(data3_ad),
             .data1_da(data1_da),
             .data2_da(data2_da),
             .data3_da(data3_da),
             .oe(oe),
             .rs(rs),
             .rw(rw),
             .data(data),
             .LED_out(LED_out));

endmodule

//Filename: lcd
//Filefunction: LCD display
module lcd(      input                 clk,
                 input                 rst,        //reset the LCD after download the code
                 input      [7:0]      data_ad,
                 input      [3:0]      data1_ad,
                 input      [3:0]      data2_ad,
                 input      [3:0]      data3_ad,
                 input      [3:0]      data1_da,
                 input      [3:0]      data2_da,
                 input      [3:0]      data3_da,
                 output reg            oe,         //LCD enable
                 output reg            rs,         //LCD register select
                 output reg            rw,         //LCD read or write
                 output reg  [7:0]     data,
                 output[7:0]           LED_out );

    /* encoding of state machine states */
    parameter wait_state = 4'd0,
                         //wait_state to the entry_set is the initialization of the LCD
              state1 = 4'd1,
              state2 = 4'd2,
              state3 = 4'd3,
              state4 = 4'd4,
              state5 = 4'd5,
          LCD_clear = 4'd6,    //clear the screen,delay of it must be more than 1.64ms
          entry_set = 4'd7,    //input format setting
          display_set = 4'd8,  //display format:on/off of the display?cursor on/off and
                               //flicker or not
```

```
                    function_set = 4'd9,   //function setting:data bits?lines
        settingand character of display
                    position1_set = 4'd10,        //initial loaction of first data
                    write_data1 = 4'd11,          //read data1 to LCD
                    position2_set = 4'd12,        //location of second data
                       write_data2 = 4'd13;       //read data2 to LCD


        / * regs variable * /
        reg [3:0]          state;
        wire               clko_250khz;
        reg                clko_reg;
        reg [9:0]          cnt0,cnt1;
        reg [3:0]          cnt2;
        reg [6:0]          cnt,cnt3;
        reg [4:0]          j,k;
        reg [3:0]          i;
        reg [31:0]         count;
        reg                clk0;
        //------------------------------------------------------------
        //clock divider
        //------------------------------------------------------------
        always @(posedge clk or negedge rst)
        begin
            if(!rst)
            begin
              cnt3 <= 7'b0;
            end
            else
            begin
              cnt3 <= cnt3 + 1'b1;
              if(cnt3 == 7'd99)
               begin
                  cnt3 <= 7'd0;
                end
            end
        end

        always @(posedge clk or negedge rst)
        begin
            if(!rst)
            begin
                clko_reg <= 1'b1;
            end
            else
            begin
                if(cnt == 7'd99)
                begin
                  clko_reg <= !clko_reg;
```

```
            end
        end
end

assign clko_250khz = clko_reg;

/ * DDRAM define * /

reg [7:0] dataram [0:19];

always @(posedge clk or negedge rst)
begin
    if(!rst)
    begin
        dataram[0] <= 8'b00110000;
        dataram[1] <= 8'b00101110;
        dataram[2] <= 8'b00110000;
        dataram[3] <= 8'b00110000;
        dataram[4] <= 8'b01010110;
        dataram[5] <= 8'b00010001;
        dataram[6] <= 8'b00010001;
        dataram[7] <= 8'b00110000;
        dataram[8] <= 8'b00101110;
        dataram[9] <= 8'b00110000;
        dataram[10] <= 8'b00110000;
        dataram[11] <= 8'b01010110;
        dataram[12] <= 8'b00110000;
        dataram[13] <= 8'b00110000;
        dataram[14] <= 8'b00110000;
        dataram[15] <= 8'b00110000;
        dataram[16] <= 8'b00110000;
        dataram[17] <= 8'b00110000;
        dataram[18] <= 8'b00110000;
        dataram[19] <= 8'b00110000;
    end
    else
    begin
        dataram[0] <= {4'b0011, data3_ad};
        dataram[2] <= {4'b0011, data2_ad};
        dataram[3] <= {4'b0011, data1_ad};
        dataram[7] <= {4'b0011, data3_da};
        dataram[9] <= {4'b0011, data2_da};
        dataram[10] <= {4'b0011, data1_da};

        dataram[12] <= {7'b0011000, data_ad[7]};
        dataram[13] <= {7'b0011000, data_ad[6]};
        dataram[14] <= {7'b0011000, data_ad[5]};
        dataram[15] <= {7'b0011000, data_ad[4]};
```

```verilog
                    dataram[16] <= {7'b0011000, data_ad[3]};
                    dataram[17] <= {7'b0011000, data_ad[2]};
                    dataram[18] <= {7'b0011000, data_ad[1]};
                    dataram[19] <= {7'b0011000, data_ad[0]};
                end
        end
        //---------------------------------------------------------
        //LED????
        //---------------------------------------------------------
        /* always @(posedge clko_250khz or negedge rst)
        begin
            if(!rst)
            begin
                LED_out <= 8'b00000000;
            end
            else
            begin
                LED_out <= ~data_ad;
            end
        end */

        assign LED_out = ~data_ad;

/* State Machine: LCD drive */
    always@(posedge clk or negedge rst)
    begin
    if(!rst)
        begin
        clk0 <= 1'b0;
        count <= 32'd0;
        end
    else if(count == 32'd2000)
        begin
        clk0 <= ~clk0;
        count <= 32'd1;
        end
    else
        count <= count + 32'd1;
    end

    always@(posedge clk0 or negedge rst)
//always@(posedge clk or negedge reset)
    if(!rst)
    begin

    cnt0 <= 3'b0;
    state <= wait_state;
    cnt1 <= 10'h0;
```

```verilog
            cnt2 <= 4'h0;
          end

  else case(state)
wait_state: begin
                  cnt0 <= cnt0 + 1;
                      if(cnt0 == 100)
                      begin
                      state <= state1;
                      cnt0 <= 0;
                      end
                      else
                      state <= wait_state;
              end
state1:begin
                  oe <= 1'b1;
                  data <= 8'b0011_1000;
                  rs <= 1'b0;                //command
                  rw <= 1'b0;                //write
                      cnt0 <= cnt0 + 5'b1;

                   if(cnt0 > 30 && cnt0 <= 35)
                  oe <= 1'b0;
                  else
                  oe <= 1'b1;

                  if(cnt0 == 70)
                  begin
                  state <= state2;
                  cnt0 <= 0;
                  end
                  end
state2: begin
                   oe <= 1'b1;
                   data <= 8'b0011_1000;
                  rs <= 1'b0;                //command
                  rw <= 1'b0;                //write
                   cnt0 <= cnt0 + 5'b1;

                 if(cnt0 > 30 && cnt0 <= 35)
              oe <= 1'b0;
                  else
                  oe <= 1'b1;

                  if(cnt0 == 70)
                  begin
                  state <= state3;
                  cnt0 <= 0;
```

```
                end
                end
        state3: begin
                    oe <= 1'b1;
                    data <= 8'b0011_1000;
                rs <= 1'b0;                  //command
                rw <= 1'b0;                  //write
                    cnt0 <= cnt0 + 5'b1;

                    if(cnt0 > 30 && cnt0 <= 35)
                oe <= 1'b0;
                else
                oe <= 1'b1;

                if(cnt0 == 70)
                begin
                state <= state4;
                cnt0 <= 0;
                end
                end
        state4:     begin
                    oe <= 1'b1;
                    data <= 8'b0011_1000;
                rs <= 1'b0;                  //command
                rw <= 1'b0;                  //write
                        cnt0 <= cnt0 + 5'b1;

                    if(cnt0 > 30 && cnt0 <= 35)
                oe <= 1'b0;
                else
                oe <= 1'b1;
                if(cnt0 == 70)
                begin
                state <= state5;
                cnt0 <= 0;
                end
                end
        state5:     begin
                    oe <= 1'b1;
                    data <= 8'b0000_1000;
                rs <= 1'b0;                  //command
                rw <= 1'b0;                  //write
                    cnt0 <= cnt0 + 5'b1;

                    if(cnt0 > 30 && cnt0 <= 35)
                oe <= 1'b0;
                else
                oe <= 1'b1;
```

```
            if(cnt0 == 70)
            begin
            state <= LCD_clear;
            cnt0 <= 0;
            end
            end

LCD_clear:
            begin
                oe <=  1'b1;
                rs <=  1'b0;
                rw <=  1'b0;
                data <=  8'h01;
                cnt1 <=  cnt1  +  1'b1;
            if(cnt1 > 5'd3 && cnt1 <= 5'd12)
            oe <= 1'b0;
                else
                oe <= 1'b1;

                if(cnt1 == 5'd20)
                begin
                state <= entry_set;
                cnt1 <= 0;
                end
                end

entry_set: //set the cursor moving direction
                begin
                    oe <=  1'b1;
                    rs <=  1'b0;
                    rw <=  1'b0;
                    data <=  8'h06;
                    cnt1 <=  cnt1  +  1'b1;
                if(cnt1 > 5'd3 && cnt1 <= 5'd12)
                oe <= 1'b0;
                    else
                    oe <= 1'b1;

                    if(cnt1 == 5'd20)
                    begin
                    state <= display_set;
                    cnt1 <= 0;
                    end

                        end

display_set: //controlling display
```

```
                    begin
                        oe <=  1'b1;
                        rs <=  1'b0;
                        rw <=  1'b0;
                        data <=  8'h0c;
                        cnt1 <=  cnt1 + 1'b1;

                    if(cnt1 > 5'd8 && cnt1 <= 5'd15)
                    oe <= 1'b0;
                    else
                    oe <= 1'b1;

                    if(cnt1 == 5'd20)
                    begin
                    state <= function_set;
                    cnt1 <= 0;
                    end
                     end

    function_set:
                    begin
                        oe <=  1'b1;
                        rs <=  1'b0;
                        rw <=  1'b0;
                        data <=  8'h38;
                        cnt1 <=  cnt1 + 1'b1;
                     if(cnt1 > 5'd3 && cnt1 <= 5'd19)
                    oe <= 1'b0;
                    else
                    oe <= 1'b1;

                    if(cnt1 == 5'd20)
                    begin
                    state <= position1_set;
                    cnt1 <= 0;
                    end
                     end
        // ----------------------------------------------------
    position1_set: //set the position of first data
                    begin
                        oe <=  1'b1;
                        rs <=  1'b0;
                        rw <=  1'b0;
                        data <=  8'h82;
                        cnt1 <= cnt1 + 5'b1;

                if(cnt1 == 2)
                oe <= 1'b0;
```

```
            else
            oe < = 1'b1;

            if(cnt1 == 5'd3)
            begin
            state < = write_data1;
            cnt1 < = 0;
            end
              end

write_data1: //write data into the LCD
                begin
                    oe < =  1'b1;
                    rs < =  1'b1;
                    rw < =  1'b0;
                    cnt1 < = cnt1 + 5'b1;

                data < = dataram[i];
                if(cnt1 == 5'd2)
                oe < = 1'b0;
                 else
            oe < = 1'b1;

              if(cnt1 == 3)
                 begin
                 cnt1 < = 0;
                 i < = i + 1;
                 end
                 if(i == 4'd11)               //finish the data of the top line
                 begin
            state < = position2_set;
               i < = 0;
                 cnt1 < = 0;
            end
                end

position2_set: //Line 2 address
                begin
                    oe < =  1'b1;
                    rs < =  1'b0;
                    rw < =  1'b0;
                    data < =  8'hC0;
                    cnt1 < =  cnt1  +  1'b1;
                    if(cnt1 == 2)
                oe < = 1'b0;
                else
                oe < = 1'b1;

            if(cnt1 == 5'd3)
            begin
            state < = write_data2;
            cnt1 < = 0;
```

```
            end
              end
            write_data2:
            begin
     oe < = 1'b1;
                rs < = 1'b1;                //data
     rw < = 1'b0;                           //write
                cnt1 < = cnt1 + 5'b1;
                oe < = 1'b0;
                k < = 4'd12 + j;
                data < = dataram[k];

                if(cnt1 == 5'd2)
     oe < = 1'b0;
     else
     oe < = 1'b1;

                if (j == 5'd8)              //finish the data of the bottom line
                begin
                j < = 0;
                state < = position1_set;
         cnt1 < = 0;
                end

                if(cnt1 == 5'd3)
                begin
                j < = j + 5'd1;
                cnt1 < = 0;
                end

            end

              default: ;
          endcase

      endmodule
```

6.6 矩阵键盘控制接口

一、实验目的

1. 利用 Verilog HDL 设计一个键盘扫描程序,学习矩阵键盘的工作原理,同时将该模块作为以后的备用;

2. 熟悉 Quartus Ⅱ 软件的相关操作,掌握数字电路设计的基本流程。

二、实验原理

键盘是由若干个按键组成的开关矩阵,它是最简单的控制芯片的输入设备,通过键盘输入数据或者命令,实现简单的人机对话。

4×4 矩阵键盘的原理图如图 6-28 所示,图中的列线通过电阻接 3.3V,当键盘上没有闭合时,所有的行线和列线断开,列线 I_SWC0~I_SWC4 呈高电平。当键盘上某个键闭合时,该键所对应的行线和列线短路。例如,6 号键按下时,I_SWC2 与 O_SWR1 短路,此时 I_SWC2 电平由 O_SWR1 电平决定。如果把列线接入 FPAG 的输入端口,行线接入 FPAG 的输出端口,在 FPGA 的控制下,使行线 0_SWR0 为低电平(0),行线 O_SWR1、O_SWR2、O_SWR3 都为高电平。然后通过 FPGA 输入端口读列线的状态,若 I_SWC0、I_SWC1、I_SWC2、I_SWC3 都为高电平,则 0_SWR0 这一行没有键闭合,若读出的行线状态不全为高电平,则为低电平的列线和 0_SWR0 相交键处于闭合状态;如果 0_SWR0 这一行没有键闭合,接着使行线 0_SWR1 为低电平,其余行线为高电平。用同样的方法检查 0_SWR1 这一行有无按键闭合,以此类推,最后使行线 0_SWR3 为低电平,其余的行线为高电平,检查 0_SWR3 这一行是否有按键闭合。这种逐行逐列地检查键盘状态的过程称为对键盘的一次扫描。

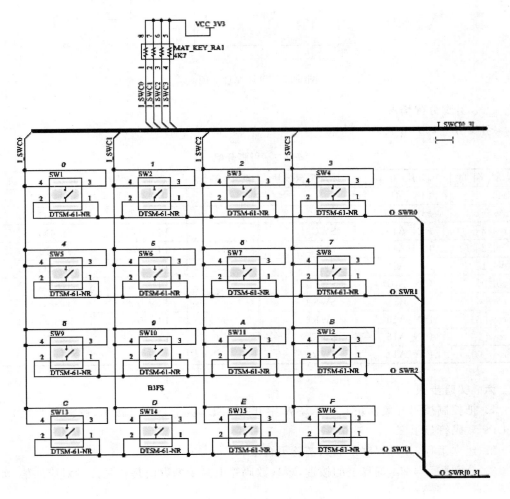

图 6-28　4×4 矩阵键盘原理图

三、实验内容

1. 使用 Verilog HDL 设计一个 4×4 键盘扫描程序；

2. 用 Quartus Ⅱ 软件进行编译、下载到实验平台上进行验证。

四、设计原理框图

原理设计框图如图 6-29 所示。

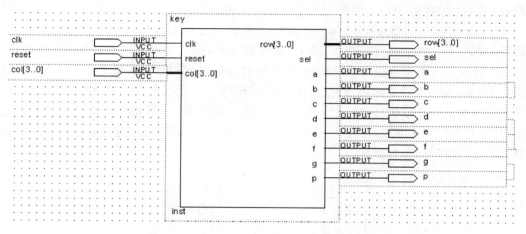

图 6-29　设计原理框图

五、引脚分配情况

引脚分配如表 6-7。

表 6-7　引脚分配

设计端口	芯片引脚	开发平台模块	设计端口	芯片引脚	开发平台模块
clk	PIN_M1		a	PIN_P18	8xSEG LA
reset	PIN_AA17	F1	b	PIN_V22	8xSEG LB
col[3]	PIN_A13	SWC3	c	PIN_W21	8xSEG LC
col[2]	PIN_A11	SWC2	d	PIN_W22	8xSEG LD
col[1]	PIN_A10	SWC1	e	PIN_Y22	8xSEG LE
col[0]	PIN_B10	SWC0	f	PIN_Y21	8xSEG LF
row[3]	PIN_B5	SWR3	g	PIN_Y20	8xSEG LG
row[2]	PIN_A16	SWR2	p	PIN_T21	8xSEG LH
row[1]	PIN_A15	SWR1	sel	PIN_Y17	8xSEG DS1
row[0]	PIN_A14	SWR0			

六、实验步骤

1. 把控制拨码开关模块 CTRL_SW 中开关 SEL1 拨上、SEL2 拨下，逻辑电平为 10，使 DP9 数码管显示 2。

2. 建立工程，并将程序下载到实验平台上。

3. 分别按下 4×4 键盘上的按键，观察数码管上显示的数值是否是按键对应的值，如果是，则说明键盘和程序都正确。

七、Verilog 源程序代码

```verilog
//Filename:key
//Function:function of 4 * 4 key matrix

module key(clk,reset,col,row,sel,a,b,c,d,e,f,g,p);

input clk,reset;
input [3:0] col;
output [3:0] row;
output a,b,c,d,e,f,g,p;
output sel;

reg [3:0] row;
reg [3:0] key_value;
reg [31:0] count;
reg [31:0] count1;
reg [2:0] state;
//wire key_flag;
reg key_flag;
reg clk_10khz;
reg clk_8khz;
reg a,b,c,d,e,f,g,p;

initial
  p = 0;

always @(posedge clk or negedge reset)
  if(!reset)
      begin
        clk_10khz <= 0;
        count <= 0;
      end
    else
      begin
        if(count == 500000)
          begin
            clk_10khz <= ~clk_10khz;
            count <= 0;
          end
        else count <= count + 1;
      end

always @(posedge clk or negedge reset)
  if(!reset)
      begin
        clk_8khz <= 0;
```

```verilog
            count1 <= 0;
        end
    else
        begin
            if(count1 == 600000)
                begin
                clk_8khz <= ~clk_8khz;
                count1 <= 0;
                end
            else count1 <= count1 + 1;
        end

always @(posedge clk_10khz or negedge reset)
if(!reset)
    begin
        state <= 3'd0;
        row = 4'b1111;
    end
else
    begin
        case(state)
            3'd0:
                    begin
                        row = 4'b1110;
                        state <= 3'd1;
                    end
            3'd1: begin
                        row = 4'b1101;
                    state <= 3'd2;
                    end
            3'd2: begin
                    row = 4'b1011;
                    state <= 3'd3;
                    end
            3'd3: begin
                        row = 4'b0111;
                    state <= 3'd0;
                    end
            default:state <= 3'd0;
        endcase
    end

//assign key_flag = (&col)?1'b0:1'b1;

always @(posedge clk_8khz)
        begin
            begin
            key_flag = (&col)?1'b0:1'b1;
```

```
                    end
             if(key_flag == 1'b1)
                begin
                case ({row,col})
                8'b1110_1110: key_value = 4'd0;
                8'b1110_1101: key_value = 4'd1;
                8'b1110_1011: key_value = 4'd2;
                8'b1110_0111: key_value = 4'd3;
                8'b1101_1110: key_value = 4'd4;
                8'b1101_1101: key_value = 4'd5;
                8'b1101_1011: key_value = 4'd6;
                8'b1101_0111: key_value = 4'd7;
                8'b1011_1110: key_value = 4'd8;
                8'b1011_1101: key_value = 4'd9;
                8'b1011_1011: key_value = 4'd10;
                8'b1011_0111: key_value = 4'd11;
                8'b0111_1110: key_value = 4'd12;
                8'b0111_1101: key_value = 4'd13;
                8'b0111_1011: key_value = 4'd14;
                8'b0111_0111: key_value = 4'd15;
                    default: key_value = 4'dx;
                endcase
               end
          end

assign sel = 1'b0;

always@(posedge clk)
if(!sel)
    {a,b,c,d,e,f,g}<= seg7(key_value);

function reg [6:0] seg7;
    input [3:0] in;
    case(in)
      4'b0000 :seg7 = 7'b1111110;
      4'b0001 :seg7 = 7'b0110000;
      4'b0010 :seg7 = 7'b1101101;
      4'b0011 :seg7 = 7'b1111001;
      4'b0100 :seg7 = 7'b0110011;
      4'b0101 :seg7 = 7'b1011011;
      4'b0110 :seg7 = 7'b1011111;
      4'b0111 :seg7 = 7'b1110000;
      4'b1000 :seg7 = 7'b1111111;
      4'b1001 :seg7 = 7'b1111011;
      4'b1010 :seg7 = 7'b1110111;
      4'b1011 :seg7 = 7'b0011111;
      4'b1100 :seg7 = 7'b1001110;
      4'b1101 :seg7 = 7'b0111101;
      4'b1110 :seg7 = 7'b1001111;
      4'b1111 :seg7 = 7'b1000111;
      default :seg7 = 7'bx;
    endcase
```

```
    endfunction

    endmodule
```

6.7　正弦信号发生器设计

一、实验目的

1. 了解正弦信号产生的基本原理；

2. 熟悉 Quartus Ⅱ 软件的相关操作,掌握数字电路设计的基本流程。

二、实验内容

1. 用 Verilog HDL 设计一个 7 位计数器产生地址信号,并调用一个 ROM 子模块；

2. 用 Quartus Ⅱ 软件中的 MegaWizard 命令定制一个 ROM 模块,存储正弦信号数据,生成正弦信号发生器。

三、实验原理

通过时钟边沿的驱动来加载存放在 ROM 中的数据,送到输出端口,实现正弦信号数据的输出。

四、设计原理框图

原理设计框图如图 6-30 所示。

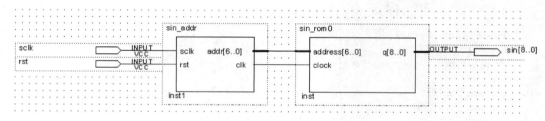

图 6-30　设计原理框图

五、引脚分配情况

引脚分配见表 6-8。

表 6-8　引脚分配

设 计 端 口	芯 片 引 脚	开发平台模块	设 计 端 口	芯 片 引 脚	开发平台模块
sclk	PIN_M1		sin[4]	PIN_W16	LED4
rst	PIN_R21	SW1	sin[3]	PIN_V14	LED5
sin[8]	PIN_A9	LED10	sin[2]	PIN_Y13	LED6
sin[7]	PIN_AA12	LED1	sin[1]	PIN_AA16	LED7
sin[6]	PIN_AB13	LED2	sin[0]	PIN_U14	LED8
sin[5]	PIN_AA14	LED3			

六、实验步骤

1. 把控制拨码开关模块 CTRL_SW 中开关 SEL1 拨上、SEL2 拨下,逻辑电平为 10,使 DP9 数码管显示 2。

2. 建立工程,并将程序下载到实验平台上。

3. 将 SW-1 置 1(拨上),正弦信号发生器输出,当使用 2Hz 的时钟时,LED1～LED8 灯显示输出值,LED10 显示正弦值的正、负(亮,正数;灭,负数)。

七、Verilog 源程序代码

```verilog
//Filename:sin_gene,Function:Sine Generator

module sin_gene(sclk,rst,sin,clk);
 input sclk;
 input rst;
 output [8:0] sin;
 output clk;
 wire sclk,rst;
 wire [6:0] addr;
 wire clk;
 wire [8:0] sin;

 sin_addr u_sin_addr(.sclk(sclk),
                     .rst(rst),
                     .addr(addr),
                     .clk(clk));

 sin_rom0 sin_rom0_inst (.address (addr),
                         .clock (clk),
                         .q (sin));

 endmodule

//Filename:sin_adder,Function:generate adderess and clk division

module sin_addr(sclk,rst,addr,clk);
input sclk;
input rst;
output [6:0] addr;
output clk;

reg clk;
reg [25:0] count;
reg [6:0] addr;

//-- generate div clock -----------
always@(posedge sclk or negedge rst)
    if(!rst)
        begin
```

```
            clk < = 1'b0;
            count < = 26'd0;
            end
        else if (count == 50000000/(2 * 2) − 1) //clock of 2Hz,which is used in displaying LED on
board
         // else if (count == 5) //clock used in simulation
        //else if (count == 20 − 1) //clock of 1.25MHz used in SignalTap
            begin
            clk < = ~clk;
            count < = 26'd0;
            end
        else
             count < = count + 26'd1;


// −− generate address −−−−−−−−−−−−−−−−−−−
always@ (posedge clk or negedge rst)
        if(!rst)
        addr < = 7'd0;
        else
        addr < = addr + 7'd1;


endmodule
```

6.8　AIC23 语音采集处理系统实验

一、实验目的

1. 了解 TLV320AIC23B 芯片语音采集的基本原理；
2. 熟悉 Quartus Ⅱ 软件的相关操作,掌握数字电路设计的基本流程。

二、实验内容

1. 用 Verilog HDL 设计 AIC23 语音采集处理系统实验,仿真并分析；
2. 用 Quarutus Ⅱ 软件进行编译、下载到实验平台上进行验证。

三、实验原理

1. 芯片简介

开发平台采用 TLV320AIC23B 作为音频编解码器。TLV320AIC23B 是 TI 公司推出的一款高性能立体声音频编解码器,它片内集成了模/数转换通道和数/模转换通道,可以对语音进行 A/D 和 D/A 转换。采用先进的 Σ-△过采样技术,可在 8～96kHz 的频率范围内提供 16 位/20 位/24 位/32 位的采样。当音频采样率达到 96kHz 时,ADC 的输出信噪比可达到 90dBA,提供高保真的录音效果；当音频采样率达到 96kHz 时,DAC 的输出信噪比可达到 100dBA,提供高质量的数字声音回放功能。

TLV320AIC23B 内置耳机输出放大器,支持 mic 和 line in 二选一的输入方式。输入和输出都具有可编程的增益调节功能。同时,低功耗和灵活的电源管理,加上工业最小封装,使得 TLV320AIC23B 又具备了节能、占据空间小的特点。

本平台使用的音频编解码器 TLV320AIC23,音质纯正、保真度高、高音响亮、低音实净,是便携式数字播放器、录音设备如 MP3 数字播放器的理想选择。

2. 引脚图及引脚说明

引脚排列见图 6-31。

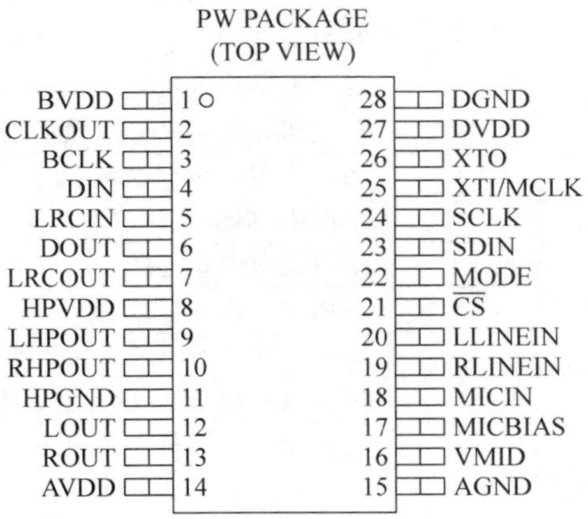

PW PACKAGE
(TOP VIEW)

```
BVDD   ☐ 1 ○        28 ☐ DGND
CLKOUT ☐ 2          27 ☐ DVDD
BCLK   ☐ 3          26 ☐ XTO
DIN    ☐ 4          25 ☐ XTI/MCLK
LRCIN  ☐ 5          24 ☐ SCLK
DOUT   ☐ 6          23 ☐ SDIN
LRCOUT ☐ 7          22 ☐ MODE
HPVDD  ☐ 8          21 ☐ C̄S̄
LHPOUT ☐ 9          20 ☐ LLINEIN
RHPOUT ☐ 10         19 ☐ RLINEIN
HPGND  ☐ 11         18 ☐ MICIN
LOUT   ☐ 12         17 ☐ MICBIAS
ROUT   ☐ 13         16 ☐ VMID
AVDD   ☐ 14         15 ☐ AGND
```

图 6-31　TLV320AIC23B 的引脚排列

引脚说明见表 6-9。

表 6-9　TLV320AIC23B 引脚功能说明

引脚名	引脚编号	输入/输出	功能描述
AGND	15		模拟地
AVDD	14		模拟地输入,3.3V
BCLK	3	输入/输出	I²S串行时钟。主动模式:AIC23B产生此信号并送到DSP。在从模式下,信号由DSP产生
BVDD	1		缓冲电源输入,2.7~3.6V
CLKOUT	2	输出	时钟输入。XTI输入的缓冲版。频率可为XTI频率的1倍或者其一半。采样频率控制寄存器中的位07控制此频率选择
CSn	21	输入	片选/锁存信号。在SPI模式下,为数据锁存控制信号。在2wire控制模式下,此输入定义设备地址字段第七位
DIN	4	输入	I²S串行数据输入到DAC
DGND	28		数字地
DOUT	6	输出	从ADC输出的I²S串行数据
DVDD	27		数字电源输入,1.4~3.6V
HPGND	11		模拟耳机功放地
HPVDD	8		模拟耳机功放输入,3.3V
LHPOUT	9	输出	左立体声道耳机功放输出
LLINEIN	20	输入	左立体声道线路输入通道。0dB输入水平为1V$_{rms}$。增益从−34.5到12dB为1.5dB步
LOUT	12	输出	左立体混合声道输出。标称输出为1.0V$_{rms}$

续表

引脚名	引脚编号	输入/输出	功能描述
LRCIN	5	输入/输出	I^2S DAC-word 时钟信号。在主动模式,AIC23B 产生此信号并送到 DSP;从模式下由 DSP 产生此信号
LRCOUT	7	输入/输出	I^2S DAC-word 时钟信号。在主动模式,AIC23B 产生此信号并送到 DSP;从模式下由 DSP 产生此信号
MICBIAS	17	输出	缓冲低噪声电压输出,适用于电子麦克风封装偏移。标称电压为 3/4AVDD(模拟电压)。
MICIN	18	输入	为适应麦克风封装所提供的缓冲放大器输入。没有外部电阻,提供默认的增益 5
MODE	22	输入	串行接口模式选择。0-2wire,1-SPI
NC			不用—无内部连接
RHPOUT	10	输出	右立体混合声道耳机功放输出。0dB 输出水平为 $1V_{rms}$。增益从 -73 到 6dB 为 1dB 步
RLINEIN	19	输入	右立体声道线路输入通道。0dB 输入水平为 $1V_{rms}$。增益从 -34.5 到 12dB 为 1.5dB 步
ROUT	13	输出	右立体混合声道输出。标称输出为 $1.0V_{rms}$
SCLK	24	输入	控制端口串行数据时钟。对 SPI 和 2wire 控制模式这是一个串行时钟输入
SDIN	23	输入	控制端口串行数据输入。对 SPI 和 2wire 控制模式这是一个串行数据输入,同时在重启后用于选择控制协议
VMID	16	输入	中心电压退耦输入。$10\mu F$ 和 $0.1\mu F$ 的电容器应该并行连接在这个引脚上以用于噪声过滤。标称电压为 $1/2AVDD$
XTI/MCLK	25	输入	晶振或者外部时钟输入。为 AIC23B 所有内部时钟的来源
XTO	26	输出	晶振输出。在 AIC23B 为主动模式的应用中连接外部晶振。当采用外部时钟源时本引脚不用

3. 原理介绍

1) 控制接口类型

TLV320AIC23B 有很多可编程特性。设备具有控制接口,向其写入的数据被送到控制寄存器中,以达到控制设备的目的。控制接口符合 SPI(三线操作)或者 2wire(两线)操作特性。芯片引脚的 MODE 位用于选择控制接口类型。

MODE=0 时,控制接口为 2wire 类型;MODE=1 时,控制接口为 SPI 类型。下面分别对两种接口类型和寄存器加以介绍。

(1) SPI。在 SPI 模式下,SDIN 传送串行数据,SCLK 为串行时钟,CSn 将数据锁存进 TLV320AIC23B。此类型接口与带有 SPI 接口的 DSP 兼容。

一个控制字由 16 位组成,始于 MSB。数据每位在 SCLK 的上升沿锁存。第 16 个时钟上升沿后,在 CSn 的上升沿锁存数据到 AIC,如图 6-32 所示。

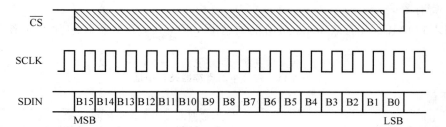

图 6-32　SPI 模式时序

控制字分为两个部分，一个部分为地址，另外一个部分为控制数据，格式如下：

B[15:9]：地址　　　　B[8:0]：控制数据．

（2）2wire。在 2wire 模式下，数据传输利用 SDIN 传送串行数据，SCLK 作为串行时钟。SCLK 为高电平时，SDIN 产生一个下降沿指示传输开始。开始沿的后 7 位决定 2wire 总线上的哪个设备接收数据。

R/W 决定数据传输方向。TLV320AIC23B 是一个仅写设备，所以仅当 R/W 为 0 时设备反应。在此模式下，TLV320AIC23B 仅工作于从模式，其地址由 CS 引脚决定，见表 6-10。

表 6-10　CS 状态与芯片地址的关系

CSn（默认为 0）	地　　址
0	0011010
1	0011011

通过在第九个时钟周期将 SDIN 拉低，使设备获取地址，并开始接收数据传输。接下来的两个 8 位数据块为控制字。然后，当 SCLK 为高电平时，SDIN 的一个上升沿标志传输结束。2wire 模式时序如图 6-33 所示。

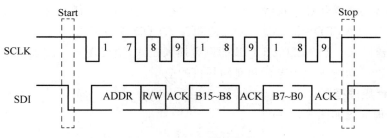

图 6-33　2wire 模式时序

控制字分为两个部分，一个部分为地址，另外一个部分为控制数据，格式如下：

B[15:9]：地址　　　　B[8:0]：控制数据．

本实验采用 2wire 模式。

2）寄存器表

TLV320AIC23B 有表 6-11 列出的寄存器，可编程，用于控制芯片的工作模式和路径。

表 6-11　芯片中的寄存器及其地址

地　　址	寄 存 器
0000000	左线路输入通道声量控制
0000001	右线路输入通道声量控制
0000010	左通道耳机声量控制
0000011	右通道耳机声量控制
0000100	模拟音频路径控制
0000101	数字音频路径控制
0000110	断电控制
0000111	数字音频接口格式
0001000	采样率控制
0001001	数字接口激活
0001111	复位寄存器

限于篇幅，关于各寄存器的具体参数及意义可参见器件手册。

3）模拟量接口

TLV320AIC23B 的模拟量接口有两路独立线路输入、麦克风输入，以及两路独立线路输出、耳机输出。关于模拟输入输出的具体参数说明可参见器件手册。下面对两种特别的工作方式加以说明：

（1）模拟绕过模式。TLV320AIC23B 包含一个模拟绕过模式，可以通过设置，使输入直接到输出而不通过 A/D、D/A 转换。这一功能通过设置模拟音频路径控制寄存器实现。

需要注意的是，使用这一功能，DAC 的输出和侧音需要关闭。线路输入、耳机输出音量控制和静音还是操作在模拟绕过模式。在模拟绕过模式下，任何时候信号的最大值不能超过 $1.0V_{rms}$（AVDD＝3.3V）。最大值随着 AVDD 线性变化。

（2）侧音插入。TLV320AIC23B 的侧音插入模式，使得麦克风的输入传送到线路和耳机输出。这一功能适用于电话和使用耳机的应用。

四、设计原理框图

设计原理框图如图 6-34 所示。

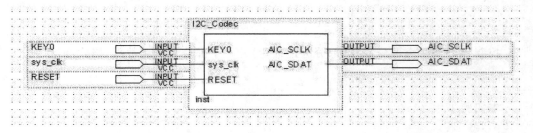

图 6-34　设计原理框图

五、引脚分配情况

引脚分配见表 6-12。

表 6-12 引脚分配

设 计 端 口	芯 片 引 脚	开发平台模块
sys_clk	PIN_ M1	
KEY0	PIN_ AA17	F1
RESET	PIN_ W15	F2
AIC_SLCK	PIN_D8	AIC_ACLK
AIC_SDAT	PIN_C7	AIC_SDIN

六、实验步骤

1. 把控制拨码开关模块 CTRL_SW 中开关 SEL1 拨上、SEL2 拨下,逻辑电平为 10,使 DP9 数码管显示 2。将 AUDIO_MODE1 的 1-2、AUDIO_CODEC_JP1 的 2-3 用跳线器相连。

2. 用数据线连接 MP3 等类似的音乐播放设备到 Audio 音频模块的 LINE_IN1 接口,打开播放音频,将耳机设备连接到 Audio 音频模块的 HP_OUT1 模块。

3. 建立工程,并将程序下载到实验平台上。

4. 戴上耳机,对实验的音频输出进行验证。

七、Verilog 源程序代码

```
//Filename:i2C
//Function:operation process of i2c

module I2C_Codec(
    KEY0,
    sys_clk,
    AIC_SCLK,
    AIC_SDAT,
    RESET
            );

input    KEY0;
input    sys_clk;
input    RESET;
output    AIC_SCLK;
output    AIC_SDAT;

wireclk_1MHZ;
wireKEYON_ALTERA_SYNTHESIZED;
wireOVER;
wiresound;
wireXCK;
wireSYNTHESIZED_WIRE_0;
wireSYNTHESIZED_WIRE_1;
```

```
        wire[23:0] SYNTHESIZED_WIRE_2;


        // ----- I2C process ---------------------
        i2c b2v_inst(.CLOCK(clk_1MHZ),
                     .GO(SYNTHESIZED_WIRE_0),
                     .RESET(RESET),
                     .I2C_SDAT(AIC_SDAT),
                     .I2C_DATA(SYNTHESIZED_WIRE_2),
                     .I2C_SCLK(AIC_SCLK),
                     .OVER(OVER));


        // ----- key control -------------------------
        keytr    b2v_inst1(.key(KEY0),
                          .clock(clk_1MHZ),
                          .KEYON(KEYON_ALTERA_SYNTHESIZED));

        // ------- register configuration of AIC23 --------------
        CLOCK_500 b2v_inst4(.CLOCK(sys_clk),
                            .OVER(OVER),
                            .RESET(KEYON_ALTERA_SYNTHESIZED),
                            .CLOCK_500(clk_1MHZ),
                            .GO(SYNTHESIZED_WIRE_0),
                            .CLOCK_2(XCK),
                            .DATA(SYNTHESIZED_WIRE_2));


        endmodule



        //Filename:keytr
        //Function:key control

        `define OUT_BIT 9

        module keytr (
            key,
            ON,
            clock,
            KEYON,
            counter

            );
        input    key;
        output   ON;
        output KEYON;
        input    clock;
```

```
output [9:0]counter;


reg [9:0]counter;

reg   KEYON;
wire ON = ((counter[`OUT_BIT] == 1) && (key == 0))?0:1;

always @(negedge ON or posedge clock) begin
if (!ON)
    counter = 0;
    elseif (counter[`OUT_BIT] == 0)
    counter = counter + 1;
end

always @(posedge clock) begin
if   ((counter > = 1) && (counter < 5))
    KEYON = 0;
    else
        KEYON = 1;
end


endmodule


//Filename:i2C
//Function:operation process of i2c
//Date:2010.10.12
//Description:Cyclone III EP3C16/25Q240C8

module i2c (
    CLOCK,
    I2C_SCLK,                      //I2C CLOCK
    I2C_SDAT,                      //I2C DATA
    I2C_DATA,                      //DATA:[SLAVE_ADDR,SUB_ADDR,DATA]
    GO,                            //GO transfor
    OVER,                          //END transfor
    W_R,                           //W_R
    ACK,                           //ACK
    RESET,
                                   //TEST
    SD_COUNTER,
    SDO
);
    input   CLOCK;
    input   [23:0]I2C_DATA;
    input   GO;
```

```
        input   RESET;
        input   W_R;
        output  I2C_SDAT;
        output  I2C_SCLK;
        output OVER;
        output ACK;

    //TEST
        output [5:0] SD_COUNTER;
        output SDO;


    reg SDO;
    reg SCLK;
    reg OVER;
    reg [23:0]SD;
    reg [5:0]SD_COUNTER;

    wire I2C_SCLK = SCLK | ( ((SD_COUNTER > = 4) & (SD_COUNTER < = 30))? ~CLOCK :0 );
    wire I2C_SDAT = SDO;                   //?1'bz:0 ;

    reg ACK1, ACK2, ACK3;
    wire ACK = ACK1 | ACK2 |ACK3;

    // -- I2C COUNTER
    always @(negedge RESET or posedge CLOCK ) begin
    if (!RESET) SD_COUNTER = 6'b111111;
    else begin
    if (GO == 0)
        SD_COUNTER = 0;
        else
        if (SD_COUNTER < 6'b111111) SD_COUNTER = SD_COUNTER + 1;
    end
    end
    //

    always @(negedge RESET or posedge CLOCK ) begin
    if (!RESET) begin SCLK = 1; SDO = 1; ACK1 = 0; ACK2 = 0; ACK3 = 0; OVER = 1; end
    else
    case (SD_COUNTER)
        6'd0 : begin ACK1 = 0 ; ACK2 = 0 ; ACK3 = 0 ; OVER = 0; SDO = 1; SCLK = 1; end
        //start
        6'd1 : begin SD = I2C_DATA; SDO = 0; end
        6'd2 : SCLK = 0;
        //SLAVE ADDR
        6'd3 : SDO = SD[23];
        6'd4 : SDO = SD[22];
        6'd5 : SDO = SD[21];
```

```
        6'd6  : SDO = SD[ 20 ];
        6'd7  : SDO = SD[ 19 ];
        6'd8  : SDO = SD[ 18 ];
        6'd9  : SDO = SD[ 17 ];
        6'd10 : SDO = SD[ 16 ];
        6'd11 : SDO = 1'b1;                         //ACK

        //SUB ADDR
        6'd12 : begin SDO = SD[ 15 ]; ACK1 = I2C_SDAT; end
        6'd13 : SDO = SD[ 14 ];
        6'd14 : SDO = SD[ 13 ];
        6'd15 : SDO = SD[ 12 ];
        6'd16 : SDO = SD[ 11 ];
        6'd17 : SDO = SD[ 10 ];
        6'd18 : SDO = SD[ 9 ];
        6'd19 : SDO = SD[ 8 ];
        6'd20 : SDO = 1'b1;                         //ACK

        //DATA
        6'd21 : begin SDO = SD[ 7 ]; ACK2 = I2C_SDAT; end
        6'd22 : SDO = SD[ 6 ];
        6'd23 : SDO = SD[ 5 ];
        6'd24 : SDO = SD[ 4 ];
        6'd25 : SDO = SD[ 3 ];
        6'd26 : SDO = SD[ 2 ];
        6'd27 : SDO = SD[ 1 ];
        6'd28 : SDO = SD[ 0 ];
        6'd29 : SDO = 1'b1;                         //ACK


        //stop
        6'd30 : begin SDO = 1'b0;SCLK = 1'b0; ACK3 = I2C_SDAT; end
        6'd31 : SCLK = 1'b1;
        6'd32 : begin SDO = 1'b1; OVER = 1; end

    endcase
    end

endmodule



//Filename:CLOCK_500
//Function:clock div and ROM setting
//Date:2010.10.12
//Description:Cyclone III EP3C16/25Q240C8
`define rom_size 6'd8

module CLOCK_500 (
```

```
        CLOCK,
        CLOCK_500,
        DATA,
        OVER,
        RESET,
        GO,
        CLOCK_2
);
        input CLOCK;
        input OVER;
        input RESET;
        output CLOCK_500;
        output [23:0]DATA;
        output GO;
        output CLOCK_2;

reg [10:0]COUNTER_500;

wire CLOCK_500 = COUNTER_500[9];
wire CLOCK_2 = COUNTER_500[1];

reg [15:0]ROM[`rom_size:0];
reg [15:0]DATA_A;
reg [5:0]address;
wire [23:0]DATA = {8'h34,DATA_A};

wire GO = ((address <= `rom_size) && (OVER == 1))? COUNTER_500[10]:1;
always @(negedge RESET or posedge OVER) begin
        if (!RESET) address = 0;
        else
        if (address <= `rom_size) address = address + 1;
end

reg [7:0]vol;

always @(posedge RESET) begin
        vol = vol − 1;end


always @(posedge OVER) begin
//ROM[0] = 16'h1e00;
        ROM[0] = 16'h0c00;              //power down
        ROM[1] = 16'h0ec2;              //master
        ROM[2] = 16'h0838;              //A register:AD and DA
   //ROM[2] = 16'h0808;                 //A register:Bypass
        ROM[3] = 16'h1000;              //mclk

        ROM[4] = 16'h0017;
```

```
        ROM[5] = 16'h0217;
        ROM[6] = {8'h04,1'b0,vol[6:0]};
        ROM[7] = {8'h06,1'b0,vol[6:0]};        //sound vol

        //ROM[4] = 16'h1e00;                    //reset
        ROM[rom_size] = 16'h1201;              //active
        DATA_A = ROM[address];
    end

    always @ (posedge CLOCK ) begin
        COUNTER_500 = COUNTER_500 + 1;
    end

    endmodule
```

6.9   SOPC 标准系统硬件平台的定制

一、实验目的

熟悉 Nios Ⅱ 的完整开发步骤，建立起实验台的标准硬件测试平台。

二、实验内容

针对实验台，搭建 Standard 硬件平台；以 PIO 输出控制实验——流水灯控制为例运行软件应用程序。

三、实验原理

流水灯控制实验软件编写程序控制 8 个 LED 循环被点亮。用 dir 控制循环方向，当点亮的 LED 达到边缘时，改变方向。

四、实验步骤

（一）系统硬件配置

1. 建立工程目录

在 E:\ 下建立 nios2_cpu 目录。

2. 建立工程文件

运行 Quartus 软件，建立一个新的工程，选择 File | New Project Wizard 命令，如图 6-35 所示。

单击 Next 按钮，如图 6-36 所示。

指定工程保存的目录和工程名字，单击 NEXT 按钮，进入图 6-37 对话框。

在新建工程时选择添加到工程的文件，由于这里之前没有写好的文件，所以直接单击 Next 按钮，如图 6-38 所示。

图 6-35　建立新工程

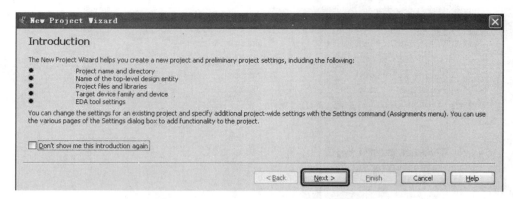

图 6-36　新建工程"向导说明"对话框

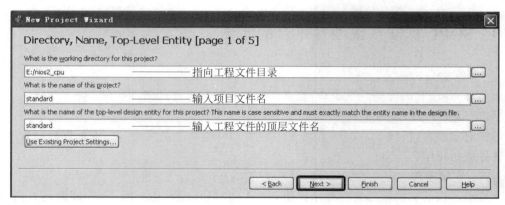

图 6-37　新建工程"路径、名称、顶层实体制定"对话框

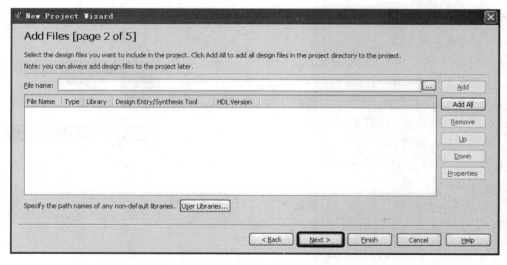

图 6-38　新建工程"添加文件"对话框

选择定制器件的类型和器件的型号、速度等，单击 Finish 按钮完成工程的建立，如图 6-39 所示。

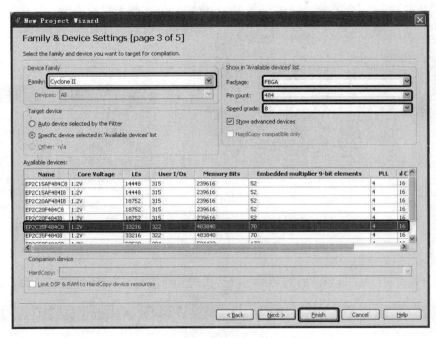

图 6-39　新建工程"器件选择"对话框

3. 定制 Nios Ⅱ 32 位处理器

选择 Tool|SOPC Builder 命令，如图 6-40 和图 6-41 所示。

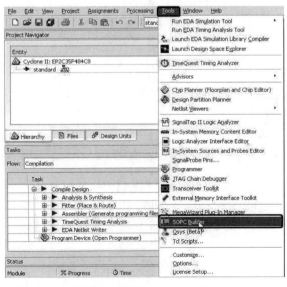

图 6-40　运行 SOPC Builder

在 Create New System 对话框中输入系统模块名称为 Nios_M0,并选择输出的设计语言,如图 6-42 所示。注意此名称不得与工程名称相同,否则这个 Nios II 系统模块无法插入顶层模块中。然后单击 OK 按钮进入 SOPC Builder 图像界面。

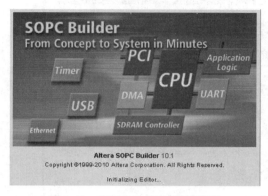

图 6-41 SOPC Builder 运行界面

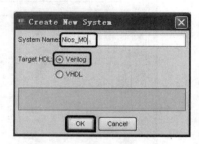

图 6-42 Create New System 对话框

4. 添加 NOIS II 处理器

双击 Nios II Processor,如图 6-43 所示,出现配置 Nios II CPU 软核的界面。

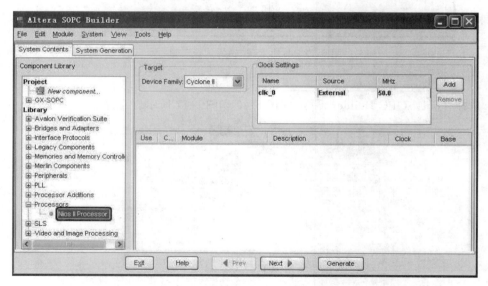

图 6-43 添加 NOIS II 处理器

首先选择 CPU 软核的类型,选项有 Nios II/e 经济型、Nios II/s 标准型、Nios II/f 快速型。从左到右性能越来越高,但占用的逻辑资源也越来越多。在实际应用中,应该根据应用对性能的要求,以及开发板的资源情况来综合考虑,得出一个较优的方案。在此选择标准型,单击 Next 按钮,如图 6-44 所示。

此页面选择指令缓冲和数据缓冲的大小。此处将指令缓冲设为 4 KB,如图 6-45 所示,

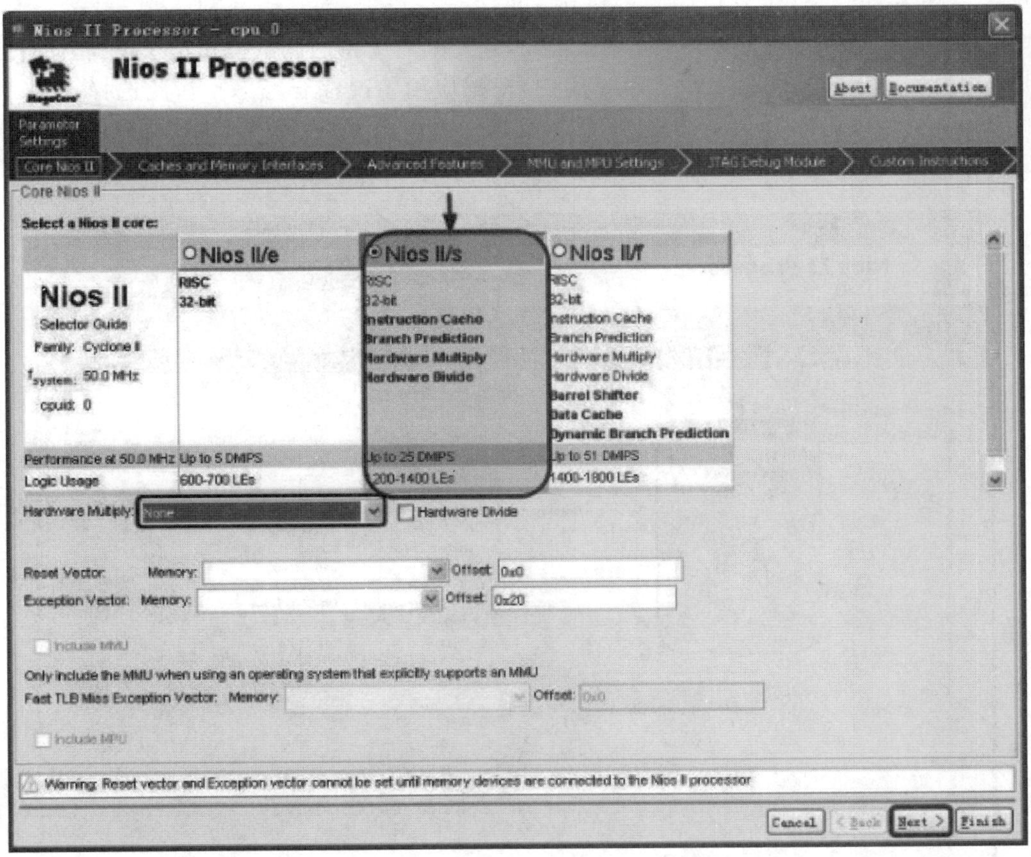

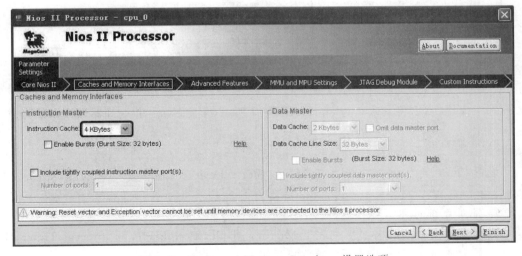

图 6-44　Nios Ⅱ Core 配置选项

图 6-45　Cache and Memory Interfaces 设置选项

单击 Next 按钮直至 JTAG Debug Module 页面。

此页选择 CPU 支持的 Debug 调试模式,从左到右支持的调试模式越来越高,同样占用的逻辑资源也越来越多。在实际应用中,根据应用情况综合考虑。在此选择 Level1,如图 6-46 所示,支持 JTAG 连接,下载以及软件断点调试,占用 300~400 个逻辑单元。单击 Finish 按钮。

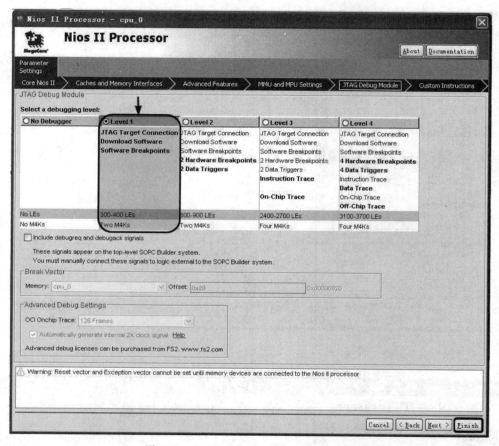

图 6-46　JTAG Debug Module 设置选项

选中模块,右击将其改名为 cpu,如图 6-47 所示,至此,Nios Ⅱ 处理器内核添加完成。

5．添加外设

设置 Clock 名为 clk_50,值为 50MHz;Target Device Family 为 Cyclone Ⅱ,如图 6-48 所示。

1）添加系统时钟

双击元件池中 Peripherals 列表下 Microcontroller Peripherals 的 Interval Timer,添加一个系统时钟,如图 6-49 所示,参数配置如图 6-50 所示。

单击 Finish 按钮完成添加,并且名称改为 timer,如图 6-51 所示。

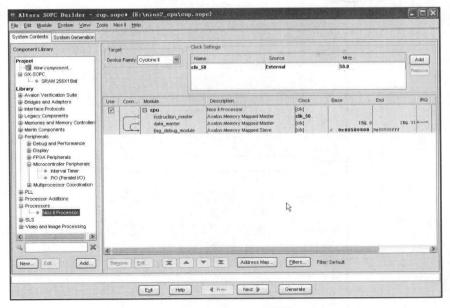

图 6-47　加入名为 cpu 的 CPU 系统

图 6-48　时钟设置

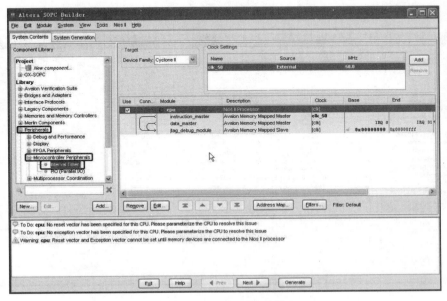

图 6-49　添加系统时钟

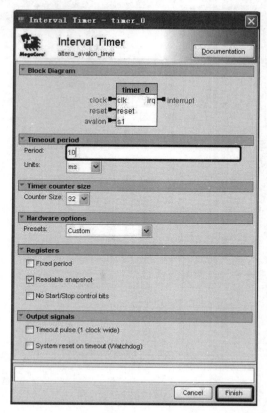

图 6-50　系统时钟设置

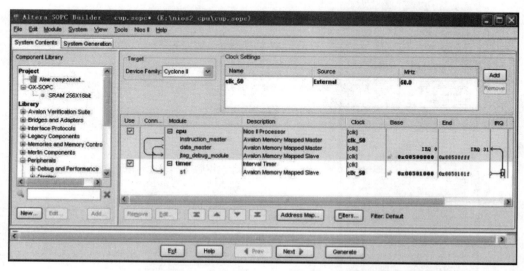

图 6-51　加入名为 timer 的系统时钟

继续添加一个高速定时器，双击元件池中 Peripherals 列表下 Microcontroller Peripherals 的 Interval Timer，添加一个系统时钟，如图 6-52 所示。

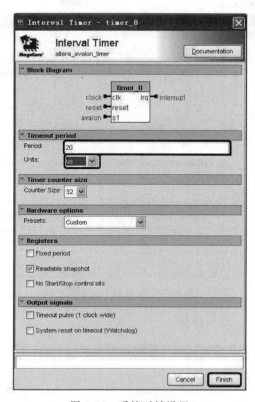

图 6-52　系统时钟设置

单击 Finish 按钮完成添加，并且名称改为 high_res_timer，如图 6-53 所示。

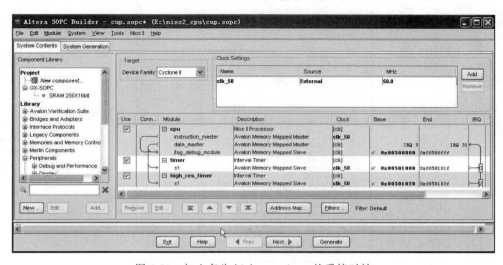

图 6-53　加入名为 high_res_timer 的系统时钟

2）添加符合 JTAG 接口标准的 Debug 接口

双击元件池 Interface Protocols 列表中的 Serial 的 JTAG UART，如图 6-54 所示。

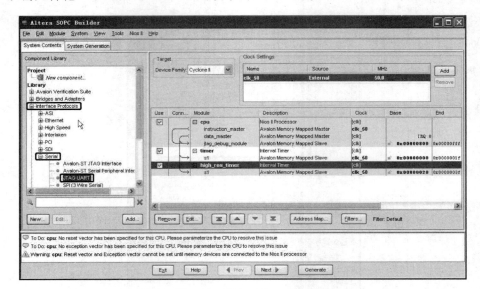

图 6-54　添加 Debug 接口

按图 6-55 进行 Debug 接口设置。

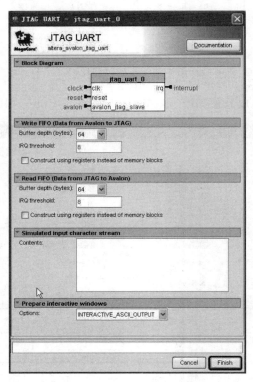

图 6-55　Debug 接口设置

单击 Finish 按钮完成添加,并且名称改为 jtag_uart。

3) 添加一个 Avalon Tri-state Bridge

双击元件池 Bridges and Adapters 列表下的 Memory Mapped 的 Avalon-MM Tristate Bridge,如图 6-56 所示。

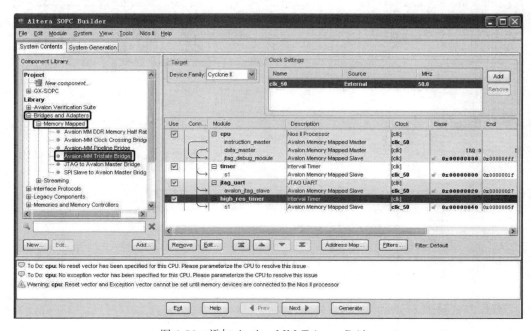

图 6-56　添加 Avalon-MM Tristate Bridge

将 Incoming Signals 设置为 Registered 模式,如图 6-57 所示。

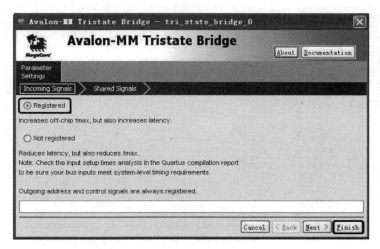

图 6-57　Avalon-MM Tristate Bridge 设置

单击 Finish 按钮完成添加,并且名称改为 ext_bus。

4）添加一个外部 Flash 存储器接口（CFI）

双击元件池中 Memories and Memory Controllers 列表的 Flash 下的 Flash Memory（CFI），如图 6-58 所示。

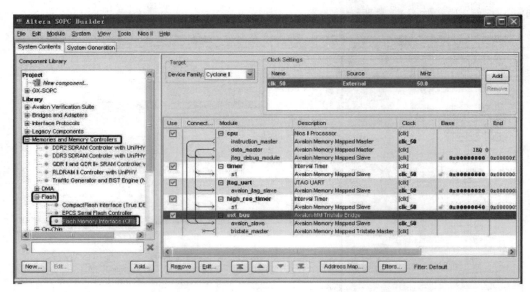

图 6-58　添加外部 Flash 存储器接口

参数配置如图 6-59 所示。

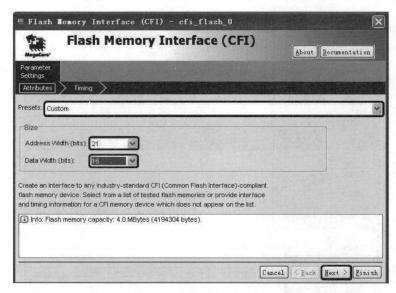

图 6-59　外部 Flash 存储器接口中 Attributes 设置

单击 Next 按钮，如图 6-60 所示。

单击 Finish 按钮完成添加，并且名称改为 cfi_flash。

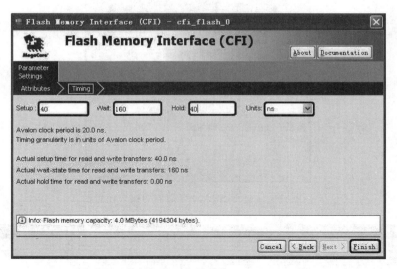

图 6-60　外部 Flash 存储器接口中 Timing 设置

5）添加一个外部 SRAM 存储器的接口

双击元件池中 GX-SOPC 列表下的 SRAM 256×16bit，如图 6-61 所示。

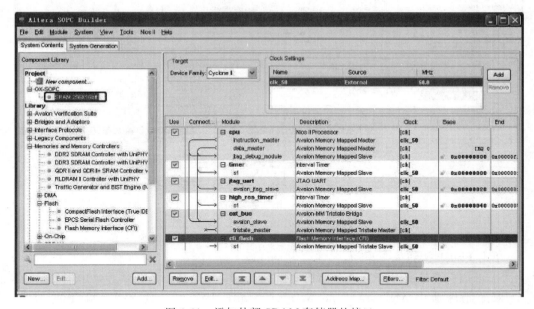

图 6-61　添加外部 SRAM 存储器的接口

单击 Finish 按钮，名称改为 sram，如图 6-62 所示。

6）添加一个系统 ID 号

双击元件池中 Peripherals 列表下 Debug and Performance 的 System ID Peripheral，如图 6-63 所示。

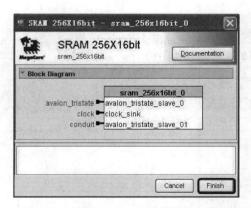

图 6-62　外部 SRAM 存储器的接口设置

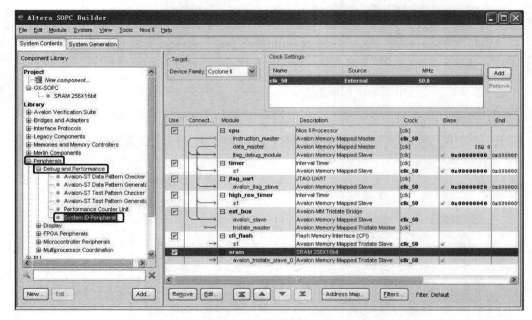

图 6-63　添加系统 ID 号

按图 6-64 进行系统 ID 号配置。

单击 Finish 按钮完成添加,名称改为 sysid。

7) 添加一个外部 SDRAM 存储器的接口

双击元件池中 Memories and Memory controllers 列表的 SDRAM 下的 Sdram Controller,如图 6-65 所示。

按图 6-66 进行外部 SDRAM 存储器的接口设置。

单击 Finish 按钮,名称改为 sdram。

8) 添加 led 输出端口

双击元件池中 Peripherals 列表下 Microcontroller Peripherals 的 PIO,添加 led 输出端口,如图 6-67 所示。

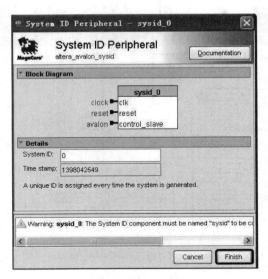

图 6-64　系统 ID 号设置

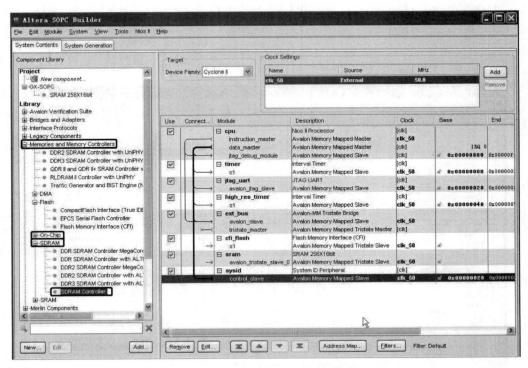

图 6-65　添加外部 SDRAM 存储器的接口

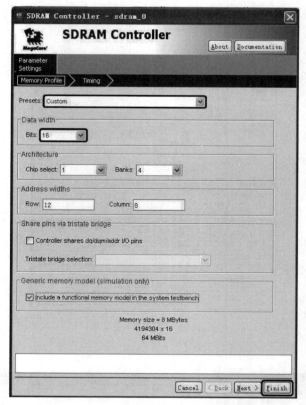

图 6-66　外部 SDRAM 存储器的接口设置

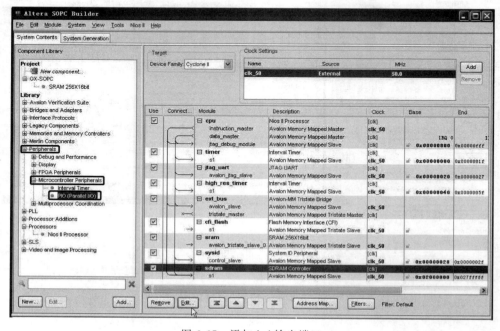

图 6-67　添加 led 输出端口

按图 6-68 进行 led 输出端口设置。

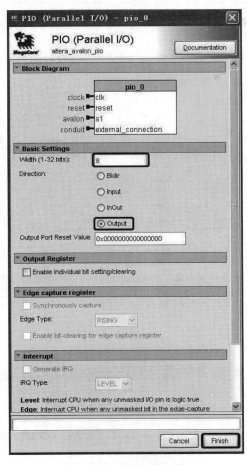

图 6-68   led 输出端口设置

单击 Finish 按钮,名称改为 led。

9）进行 Avalon 数据线的连接

把 cfi_flash 和 sram 的 Avalon 数据线连接（如图单击空心,变为实心）,如图 6-69 所示。

把 sram 的起始地址修改为 0X0000000,单击 Lock Base Address 把地址锁定,如图 6-70 所示。

选择 System 命令进行自动分配基地址（Auto-Assign Basee Addresses）和中断信号（Auto-Assign IRQs）的操作,完成自动分配,如图 6-71 所示。

接下来,重新回到 CPU 的配置界面,双击 CPU,在 Reset Vector Memory 中选择 cfi_flash;在 Exception Vector Memory 中选择 sdram,如图 6-72 所示。

单击 Finish 按钮完成。

为了使 Flash 和 sram 共用地址 Avalon tristate bridge 的地址总线以及读写信号线,

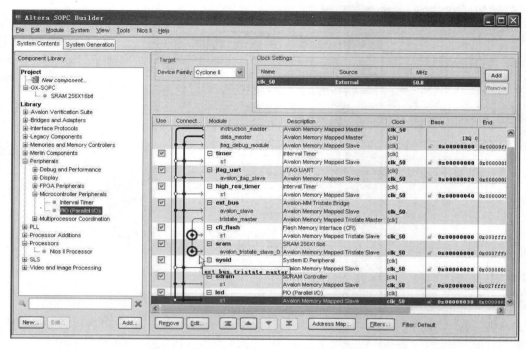

图 6-69　连接 Avalon 数据线

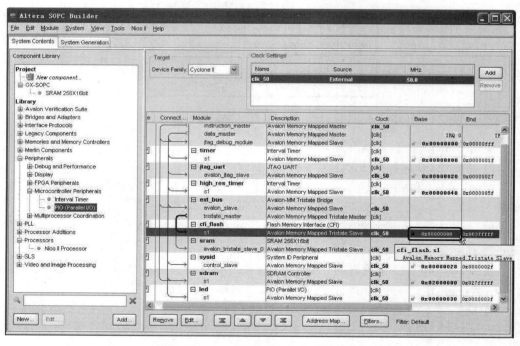

图 6-70　Sram 的起始地址修改和锁定

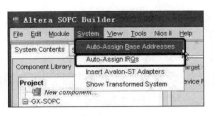

图 6-71 自动分配基地址和中断优先级

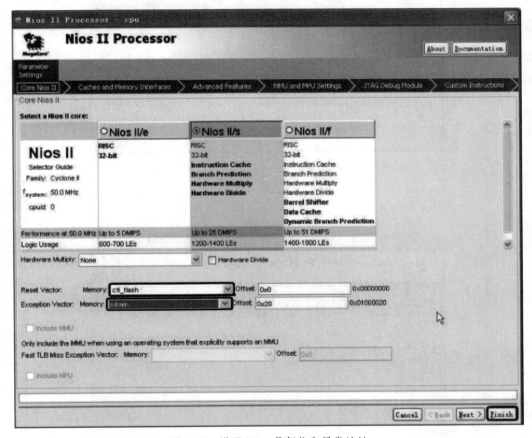

图 6-72 设置 Nios Ⅱ复位和异常地址

需要对 stistate_bridge 重新配置,双击 ext_bus,如图 6-73 所示。

单击 Next 按钮,如图 6-74 所示。

按图 6-74 都选择 adress、read_n 和 write_n,单击 Finish 按钮。

至此,硬件的基本配置完成,如图 6-75 所示。

单击 Generate 按钮,产生 Nios Ⅱ系统模块,在弹出的对话框中选择 Save,如图 6-76 所示。

保存在工程目录下,如图 6-77 所示。

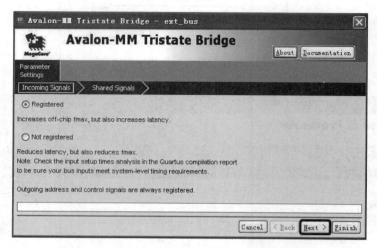

图 6-73　重新配置 Avalon-MM Tristate Bridge

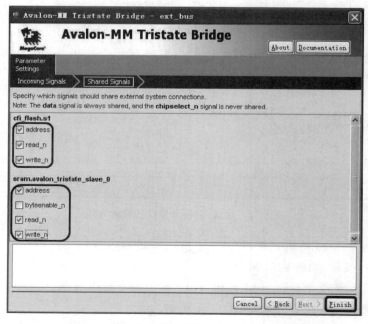

图 6-74　设置 Shared Signals

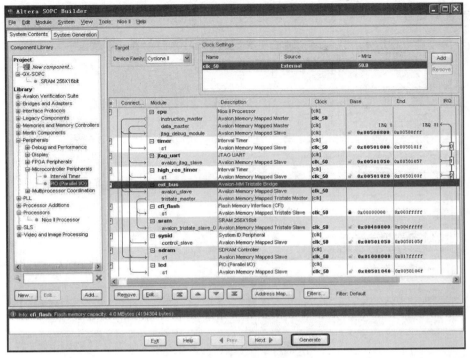

图 6-75　硬件配置完成的系统

图 6-76　系统保存对话框

图 6-77　指定保存系统的文件名

系统编译过程如图 6-78 所示。系统生成完成如图 6-79 所示。

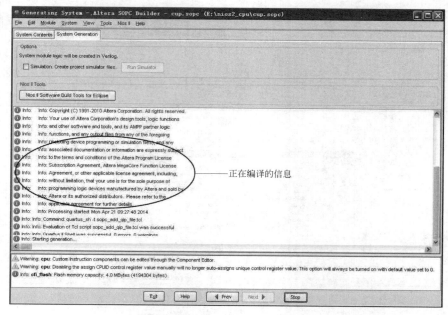

图 6-78　系统编译过程显示

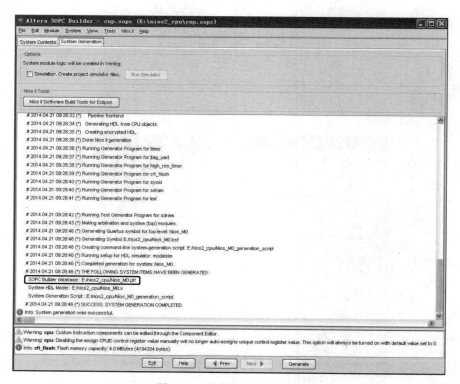

图 6-79　系统生成完成显示

　　Generate 完成后,将提示成功信息,单击 Exit 按钮退出回到 Quartus Ⅱ 工程的.bdf
顶层文件。将生成的 Nios Ⅱ 系统模块添加到工程中。

　　10) 添加锁相环

　　选择 Tools|MegaWizard Plug-In Manager 命令,如图 6-80 所示。

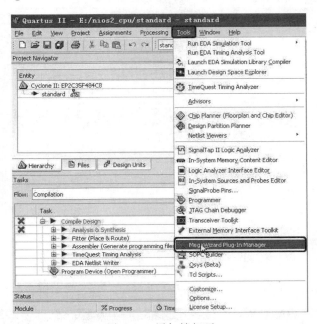

图 6-80　添加锁相环

选择 Create a new custom megafunction variation,单击 Next 按钮,如图 6-81 所示。

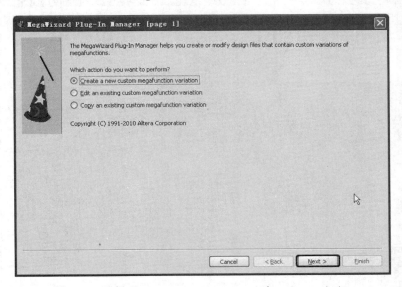

图 6-81　选择 Create a new custom megafunction variation

双击 Installed Plug-Ins 目录下的 I/O,选中 ALTPLL,并设置器件类型、输出文件类型和名称,单击 Next 按钮,如图 6-82 所示。

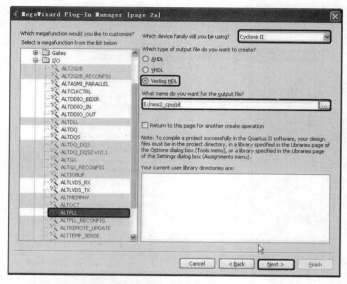

图 6-82　设置锁相环器件类型、输出文件类型和名称

开始配置 PLL,步骤如图 6-83~图 6-89 所示。

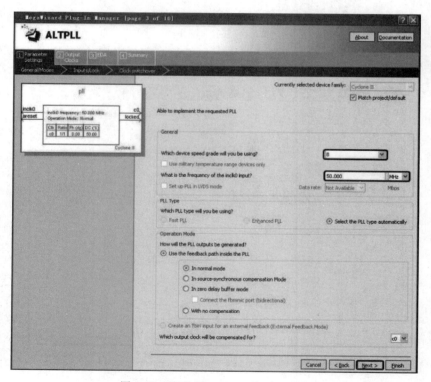

图 6-83　配置 Parameter Settings(1)

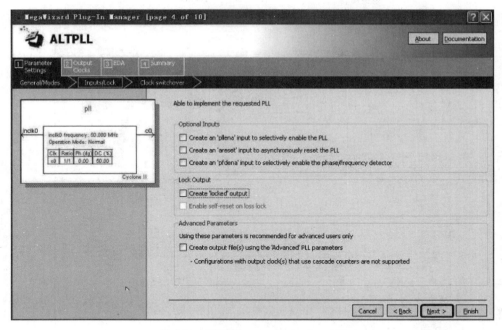

图 6-84 配置 Parameter Settings(2)

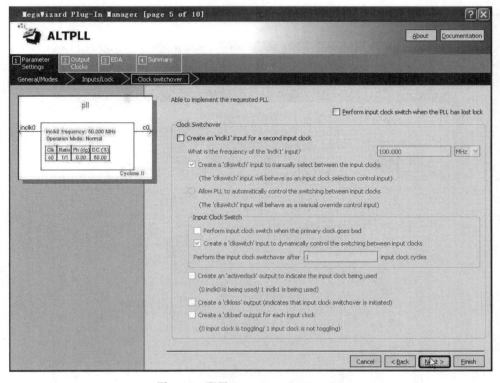

图 6-85 配置 Parameter Settings(3)

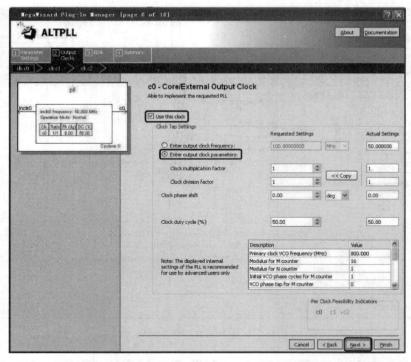

图 6-86　配置 Output Clocks(1)

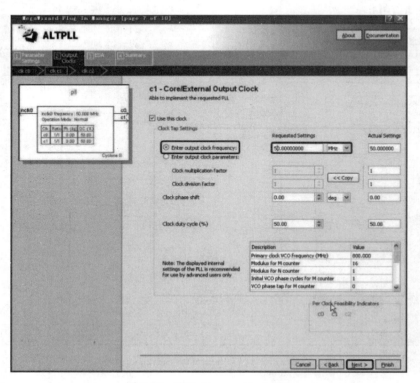

图 6-87　配置 Output Clocks(2)

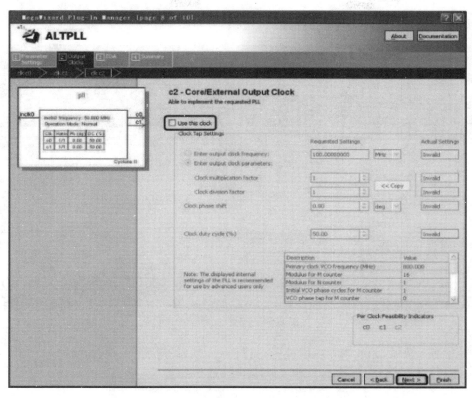

图 6-88　配置 Output Clocks(3)

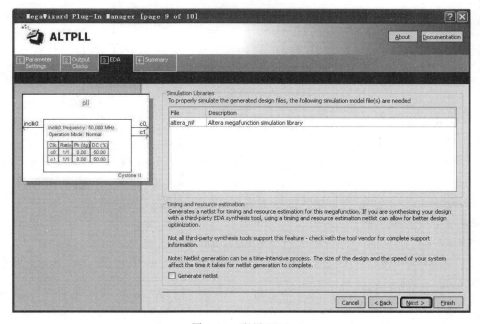

图 6-89　配置 EDA

直至出现 Finish,勾选 pll. bsf 和 pll_bb. v,并单击 Finish 按钮,如图 6-90 所示。

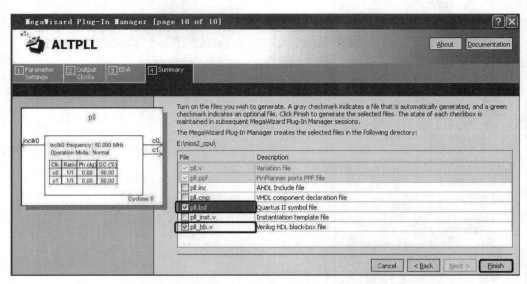

图 6-90　配置 Summary

单击 Yes 按钮,完成锁相环的设置,如图 6-91 所示。

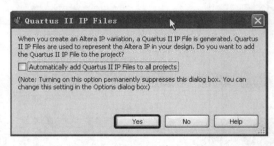

图 6-91　锁相环设置完成

(二) 建立原理图

1. 建立原理图文件

选择 File|New|Design Files|Block Diagram/Schematic File 命令,如图 6-92 所示。
双击 bdf 文件的空白区域,分别添加 Nios_M0 和 pll,单击 OK 按钮,如图 6-93 所示。
按图 6-94 进行连线,添加输入与输出引脚,并重命名后进行保存。

2. 添加引脚约束

选择 Project|Generate Tcl File for Project 命令,如图 6-95 所示。
在工程目录下建立一个. tcl 文件,单击 OK 按钮,如图 6-96 所示。
将标准. tcl 文件复制到如图 6-97 所示位置。

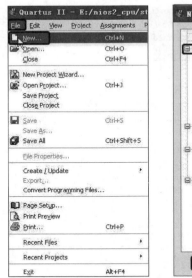

图 6-92 建立空的 Block Diagram/Schematic File 文件

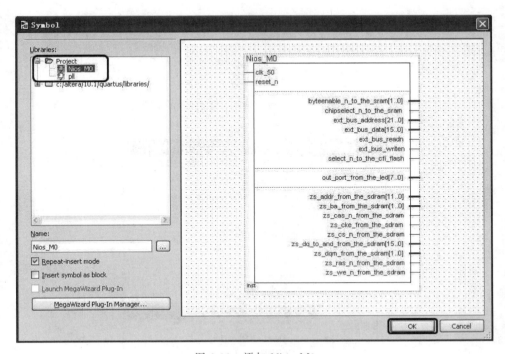

图 6-93 添加 Nios_M0

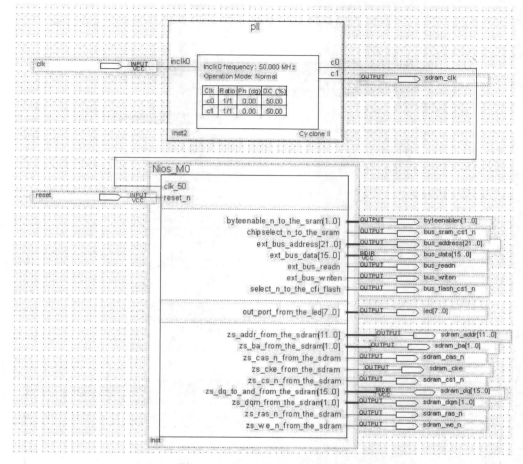

图 6-94 完成原理图文件的设计

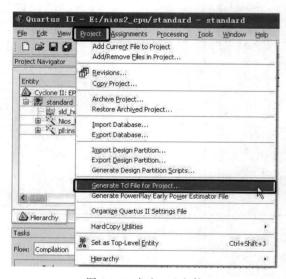

图 6-95 产生 .tcl 文件

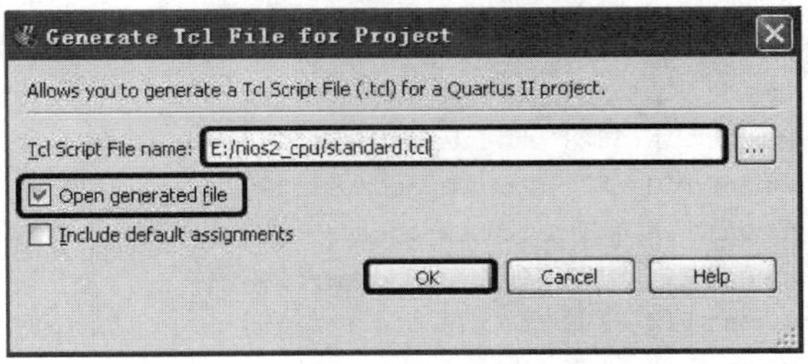

图 6-96 在工程目录下建立. tcl 文件

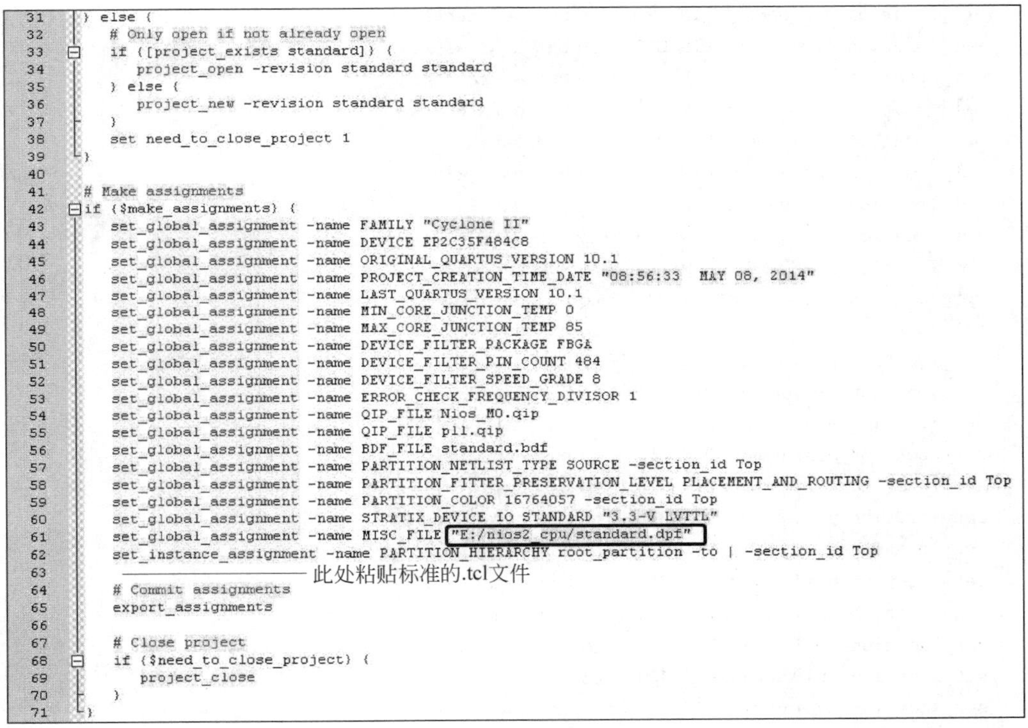

```
} else {
    # Only open if not already open
    if {[project_exists standard]} {
        project_open -revision standard standard
    } else {
        project_new -revision standard standard
    }
    set need_to_close_project 1
}

# Make assignments
if {$make_assignments} {
    set_global_assignment -name FAMILY "Cyclone II"
    set_global_assignment -name DEVICE EP2C35F484C8
    set_global_assignment -name ORIGINAL_QUARTUS_VERSION 10.1
    set_global_assignment -name PROJECT_CREATION_TIME_DATE "08:56:33  MAY 08, 2014"
    set_global_assignment -name LAST_QUARTUS_VERSION 10.1
    set_global_assignment -name MIN_CORE_JUNCTION_TEMP 0
    set_global_assignment -name MAX_CORE_JUNCTION_TEMP 85
    set_global_assignment -name DEVICE_FILTER_PACKAGE FBGA
    set_global_assignment -name DEVICE_FILTER_PIN_COUNT 484
    set_global_assignment -name DEVICE_FILTER_SPEED_GRADE 8
    set_global_assignment -name ERROR_CHECK_FREQUENCY_DIVISOR 1
    set_global_assignment -name QIP_FILE Nios_M0.qip
    set_global_assignment -name QIP_FILE pll.qip
    set_global_assignment -name BDF_FILE standard.bdf
    set_global_assignment -name PARTITION_NETLIST_TYPE SOURCE -section_id Top
    set_global_assignment -name PARTITION_FITTER_PRESERVATION_LEVEL PLACEMENT_AND_ROUTING -section_id Top
    set_global_assignment -name PARTITION_COLOR 16764057 -section_id Top
    set_global_assignment -name STRATIX_DEVICE_IO_STANDARD "3.3-V LVTTL"
    set_global_assignment -name MISC_FILE "E:/nios2_cpu/standard.dpf"
    set_instance_assignment -name PARTITION_HIERARCHY root_partition -to | -section_id Top

    # Commit assignments
    export_assignments

    # Close project
    if {$need_to_close_project} {
        project_close
    }
}
```


图 6-97 复制. tcl 文件

标准的. tcl 文件如下：

```
set_location_assignment PIN_L1  -to clk
set_location_assignment PIN_L2  -to reset
set_location_assignment PIN_J17  -to bus_address[0]
set_location_assignment PIN_D15  -to bus_address[1]
set_location_assignment PIN_C17  -to bus_address[2]
set_location_assignment PIN_C19  -to bus_address[3]
set_location_assignment PIN_F15  -to bus_address[4]
set_location_assignment PIN_D20  -to bus_address[5]
set_location_assignment PIN_H19  -to bus_address[6]
set_location_assignment PIN_F21  -to bus_address[7]
```

```
set_location_assignment PIN_H18 - to bus_address[8]
set_location_assignment PIN_H17 - to bus_address[9]
set_location_assignment PIN_J19 - to bus_address[10]
set_location_assignment PIN_J22 - to bus_address[11]
set_location_assignment PIN_K22 - to bus_address[12]
set_location_assignment PIN_G21 - to bus_address[13]
set_location_assignment PIN_F22 - to bus_address[14]
set_location_assignment PIN_E22 - to bus_address[15]
set_location_assignment PIN_D16 - to bus_address[16]
set_location_assignment PIN_C18 - to bus_address[17]
set_location_assignment PIN_C16 - to bus_address[18]
set_location_assignment PIN_B20 - to bus_address[19]
set_location_assignment PIN_G22 - to bus_address[20]
set_location_assignment PIN_J21 - to bus_address[21]
set_location_assignment PIN_E20 - to bus_data[0]
set_location_assignment PIN_B17 - to bus_data[1]
set_location_assignment PIN_F20 - to bus_data[2]
set_location_assignment PIN_A18 - to bus_data[3]
set_location_assignment PIN_A19 - to bus_data[4]
set_location_assignment PIN_A20 - to bus_data[5]
set_location_assignment PIN_C22 - to bus_data[6]
set_location_assignment PIN_D21 - to bus_data[7]
set_location_assignment PIN_D22 - to bus_data[8]
set_location_assignment PIN_C21 - to bus_data[9]
set_location_assignment PIN_G20 - to bus_data[10]
set_location_assignment PIN_B19 - to bus_data[11]
set_location_assignment PIN_G18 - to bus_data[12]
set_location_assignment PIN_B18 - to bus_data[13]
set_location_assignment PIN_A17 - to bus_data[14]
set_location_assignment PIN_G17 - to bus_data[15]
set_location_assignment PIN_E15 - to bus_readn
set_location_assignment PIN_E21 - to bus_writen
set_location_assignment PIN_J20 - to bus_flash_cs1_n
set_location_assignment PIN_R5 - to sdram_addr[0]
set_location_assignment PIN_U2 - to sdram_addr[1]
set_location_assignment PIN_U1 - to sdram_addr[2]
set_location_assignment PIN_T2 - to sdram_addr[3]
set_location_assignment PIN_T1 - to sdram_addr[4]
set_location_assignment PIN_R2 - to sdram_addr[5]
set_location_assignment PIN_R1 - to sdram_addr[6]
set_location_assignment PIN_P6 - to sdram_addr[7]
set_location_assignment PIN_P5 - to sdram_addr[8]
set_location_assignment PIN_P3 - to sdram_addr[9]
set_location_assignment PIN_R6 - to sdram_addr[10]
set_location_assignment PIN_N4 - to sdram_addr[11]
set_location_assignment PIN_V2 - to sdram_ba[0]
set_location_assignment PIN_V1 - to sdram_ba[1]
set_location_assignment PIN_V4 - to sdram_dq[0]
```

```
set_location_assignment PIN_W5 - to sdram_dq[1]
set_location_assignment PIN_Y4 - to sdram_dq[2]
set_location_assignment PIN_Y3 - to sdram_dq[3]
set_location_assignment PIN_W4 - to sdram_dq[4]
set_location_assignment PIN_W3 - to sdram_dq[5]
set_location_assignment PIN_Y2 - to sdram_dq[6]
set_location_assignment PIN_Y1 - to sdram_dq[7]
set_location_assignment PIN_P1 - to sdram_dq[8]
set_location_assignment PIN_N2 - to sdram_dq[9]
set_location_assignment PIN_N1 - to sdram_dq[10]
set_location_assignment PIN_M6 - to sdram_dq[11]
set_location_assignment PIN_M5 - to sdram_dq[12]
set_location_assignment PIN_J2 - to sdram_dq[13]
set_location_assignment PIN_J1 - to sdram_dq[14]
set_location_assignment PIN_J4 - to sdram_dq[15]
set_location_assignment PIN_W2 - to sdram_dqm[0]
set_location_assignment PIN_P2 - to sdram_dqm[1]
set_location_assignment PIN_T6 - to sdram_cs1_n
set_location_assignment PIN_U4 - to sdram_clk
set_location_assignment PIN_N6 - to sdram_cke
set_location_assignment PIN_U3 - to sdram_cas_n
set_location_assignment PIN_T3 - to sdram_ras_n
set_location_assignment PIN_W1 - to sdram_we_n
set_location_assignment PIN_R22 - to dc_motor_speed
set_location_assignment PIN_N21 - to dc_motora
set_location_assignment PIN_T22 - to dc_motorb
set_location_assignment PIN_AA17 - to f[1]
set_location_assignment PIN_W15 - to f[2]
set_location_assignment PIN_AA18 - to f[3]
set_location_assignment PIN_Y19 - to f[4]
set_location_assignment PIN_V19 - to f[5]
set_location_assignment PIN_U19 - to f[6]
set_location_assignment PIN_T18 - to f[7]
set_location_assignment PIN_U18 - to f[8]
set_location_assignment PIN_AB17 - to f[9]
set_location_assignment PIN_R18 - to f[10]
set_location_assignment PIN_AA12 - to led[0]
set_location_assignment PIN_AB13 - to led[1]
set_location_assignment PIN_AA14 - to led[2]
set_location_assignment PIN_W16 - to led[3]
set_location_assignment PIN_V14 - to led[4]
set_location_assignment PIN_Y13 - to led[5]
set_location_assignment PIN_AA16 - to led[6]
set_location_assignment PIN_U14 - to led[7]
set_location_assignment PIN_V21 - to rs232_rxd
set_location_assignment PIN_U20 - to rs232_txd
set_location_assignment PIN_P18 - to seg_l[0]
set_location_assignment PIN_V22 - to seg_l[1]
set_location_assignment PIN_W21 - to seg_l[2]
set_location_assignment PIN_W22 - to seg_l[3]
set_location_assignment PIN_Y22 - to seg_l[4]
set_location_assignment PIN_Y21 - to seg_l[5]
```

```
set_location_assignment PIN_Y20 - to seg_l[6]
set_location_assignment PIN_T21 - to seg_l[7]
set_location_assignment PIN_Y17 - to seg_ds[0]
set_location_assignment PIN_U15 - to seg_ds[1]
set_location_assignment PIN_Y18 - to seg_ds[2]
set_location_assignment PIN_AA19 - to seg_ds[3]
set_location_assignment PIN_R17 - to seg_ds[4]
set_location_assignment PIN_AB18 - to seg_ds[5]
set_location_assignment PIN_AB19 - to seg_ds[6]
set_location_assignment PIN_V20 - to seg_ds[7]
set_location_assignment PIN_R21 - to sw[1]
set_location_assignment PIN_N22 - to sw[2]
set_location_assignment PIN_V15 - to sw[3]
set_location_assignment PIN_AA13 - to sw[4]
set_location_assignment PIN_B6 - to sw[5]
set_location_assignment PIN_B7 - to sw[6]
set_location_assignment PIN_B8 - to sw[7]
set_location_assignment PIN_B9 - to sw[8]
set_location_assignment PIN_A5 - to lcd_rs
set_location_assignment PIN_D4 - to lcd_wr
set_location_assignment PIN_AB12 - to sd_cs
set_location_assignment PIN_L19 - to sd_dat
set_location_assignment PIN_L18 - to sd_clk
set_location_assignment PIN_K21 - to sd_cmd
set_location_assignment PIN_C14 - to bus_sram_cs1_n
set_location_assignment PIN_C20 - to byteenablen[0]
set_location_assignment PIN_E18 - to byteenablen[1]
set_location_assignment PIN_A4 - to lcd_rd
set_location_assignment PIN_AB11 - to lcd_rst
set_location_assignment PIN_A3 - to lcd_data[7]
set_location_assignment PIN_E9 - to lcd_data[6]
set_location_assignment PIN_D8 - to lcd_data[5]
set_location_assignment PIN_C7 - to lcd_data[4]
set_location_assignment PIN_D7 - to lcd_data[3]
set_location_assignment PIN_E7 - to lcd_data[2]
set_location_assignment PIN_Y14 - to lcd_data[1]
set_location_assignment PIN_Y16 - to lcd_data[0]
set_location_assignment PIN_W14 - to touch_csn
set_location_assignment PIN_AA10 - to touch_dclk
set_location_assignment PIN_AB14 - to touch_din
set_location_assignment PIN_AA11 - to touch_dout
set_location_assignment PIN_U13 - to touch_irqn
set_location_assignment PIN_R19 - to rs485_nre_de
```

注意：粘贴标准的 .tcl 文件后一定要保存。

保存完成后，对 .tcl 文件进行运行，如图 6-98～图 6-100 所示。

3. 未用的引脚设成三态

选择 Assignments|Device…命令，如图 6-101 所示。

单击 Device and Pin Options…，如图 6-102 所示。

图 6-98　运行 Tcl Scripts

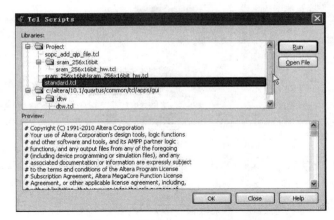

图 6-99　运行 Standard. tcl 文件

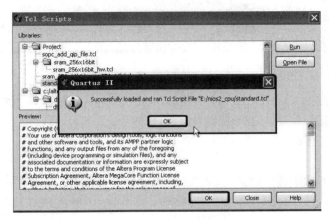

图 6-100　Standard. tcl 文件运行完成界面

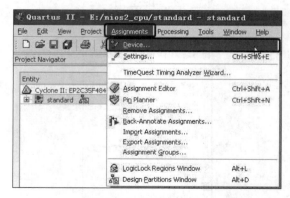

图 6-101　运行 Device

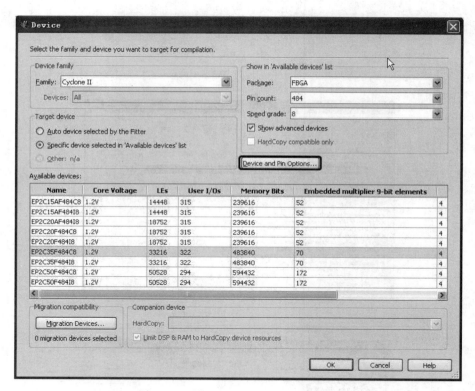

图 6-102　设置 Device and Pin Options

选择左侧目录下的 Unused Pins，在右侧 Unused Pins 区域选择 As input tri-stated，如图 6-103 进行设置，最后单击 OK 按钮。

单击 ▶ 按钮进行编译。

4．下载工程

单击 ▣ 按钮下载工程，选择编译生成的 sof 文件（文件名根据用户自定义的名称而定），勾选 Program Configure，单击 Start 按钮，如图 6-104 所示开始下载。

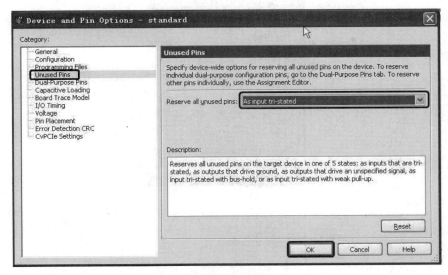

图 6-103　未用的引脚设置为三态

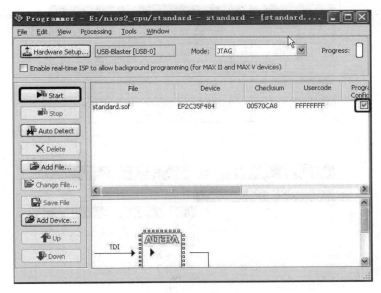

图 6-104　下载工程

（三）建立 Nios Ⅱ软件工程并运行应用程序

1. 添加 led 控制程序

在 E:\nios2_cpu 目录下建立一个 workspace 目录。

运行 Nios Ⅱ IDE 软件，选择 File|Switch Workspace…命令，如图 6-105 所示。

指向 Nios Ⅱ应用工程的绝对路径，单击 OK 按钮，如图 6-106 所示。

选择 File|New|Nios Ⅱ C/C++ Application 命令，如图 6-107 所示。

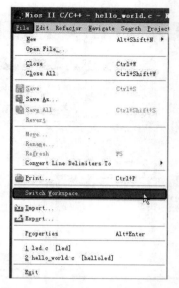

图 6-105　运行 Switch Workspace

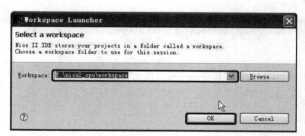

图 6-106　设置工作空间

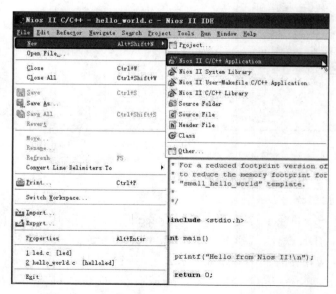

图 6-107　新建 Nios Ⅱ C/C++ Application 工程

按图 6-108 进行设置,在 Select Project Template 模板中,选择 Blank Project;在 Select Target Hardware 硬件目标板,选择 Nios_M0.ptf;应用工程名输入 led;CPU 默认 cpu,单击 Next 按钮。

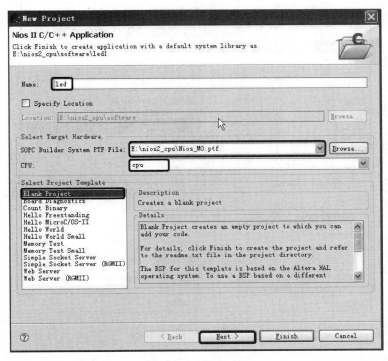

图 6-108　设置工程

选中 Create a new system library named,如图 6-109 所示,单击 Finish 按钮,工程就建好了。

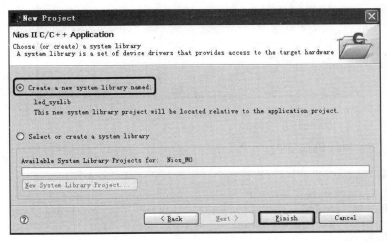

图 6-109　Create a new system library

2. 建立一个.c 文件

选择 File|New|Source File 命令，如图 6-110 所示。

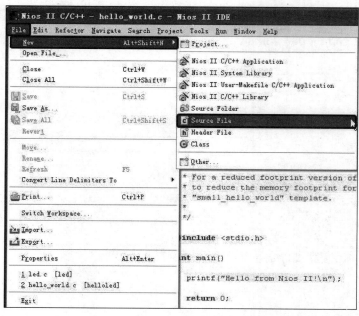

图 6-110　新建 Source File

设定 Source File 的工程和工程名，单击 Finish 按钮可新建一个文件名 led.c 的文件，如图 6-111 所示。

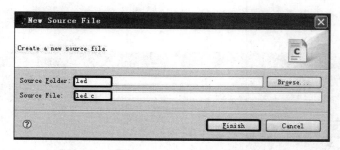

图 6-111　设定 Source File 的工程和工程名

复制源代码，源代码如下：

```
# include "system.h"
# include "altera_avalon_pio_regs.h"
# include "alt_types.h"
int main (void) __attribute__ ((weak, alias ("alt_main")));
int alt_main (void)
{
```

```
        alt_u8 led = 0x2;
        alt_u8 dir = 0;
        volatile int i;
    while (1)
        {
            if (led & 0x81)
            {
                dir = (dir ^ 0x1);
            }

            if (dir)
            {
                led = led >> 1;
            }
            else
            {
                led = led << 1;
            }
            IOWR_ALTERA_AVALON_PIO_DATA(LED_BASE, led);
    i = 0;
            while (i < 200000)
                i++;
        }
        return 0;
}
```

3. 编译工程

选中工程 led，右击选择 system library properties，如图 6-112 所示。

将. text、. rodata、rwdata、Heap memory、Stack memory 都选成 sdram，单击 OK 按钮，配置界面如图 6-113 所示。

编译工程，选中工程 led 右击选择 Build Project，如图 6-114 所示。

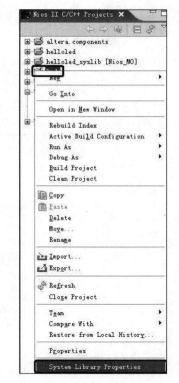

图 6-112　选择 system library properties

编译通过后的程序可以下载到芯片上运行，选中工程 led，右击选择 Run As 中的 Nios Ⅱ Hardware，如图 6-115 所示。

稍后可以看到 GX-SOPC-Dev-Leb 开发平台上的 LED0～LED7 八个 LED 灯循环闪烁。

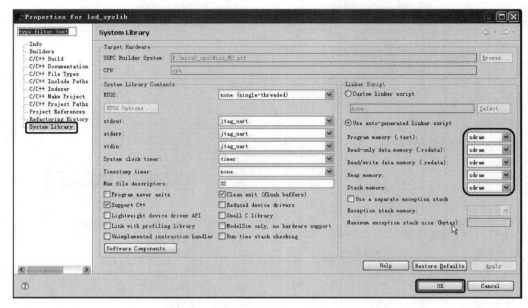

图 6-113　设置 system library properties

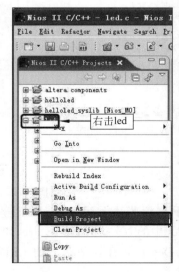

图 6-114　选择 Build Project

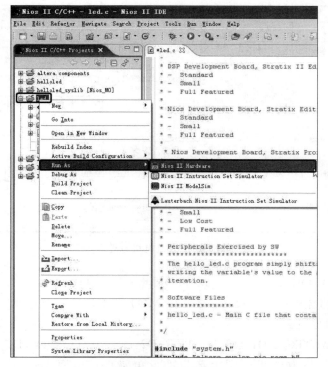

图 6-115　下载程序

6.10　直流电机直流脉宽调制(PWM)实验

一、实验目的

掌握使用 PWM 对直流电机进行调速控制。

二、实验内容

通过 PWM 对直流电机进行控制；通过检测按键对电机执行加速、减速、正反转、启动、停止等操作。

三、实验原理

直流电机原理图如图 6-116 所示。采用 6 位施密特触发器 CD40106BCN 和光电耦合管 ITR9707,直流电机控制使用了 H 桥驱动电路,当 DC_MOTORA 输出高电平时,Q1、Q2 导通,因此 Q5 导通,可得 DC_MOTOR_B 点为 DC_MOTOR_MGV＋,又因 Q2 导通,因此 DC_MOTOR_A 点为 GND,此时直流电机将会正转。由于 Q2 的集电极通过一个二极管 DC_MOTOR_D3 连接到 H 桥的另一个控制端 DC_MOTORB,将 DC_MOTORB 控制端电压钳在 1.0V 以下,所以不管 DC_MOTORB 输出是高电平还是低电平,Q3、Q4 都会截止,不会造成 H 桥短路故障。

当 DC_MOTORA 输出低电平时,Q1、Q5 截止,因此 Q2 导通,DC_MOTORB 的输出电平可以控制电机反转或停机。若 DC_MOTORB 输出高电平,则 Q3、Q4 导通可知

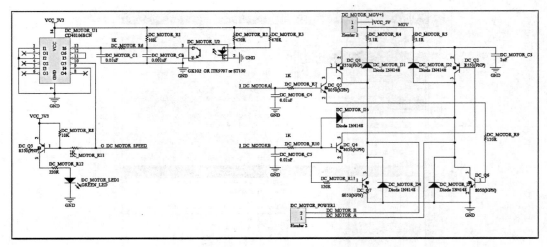

图 6-116　直流电机原理图

Q7 导通,DC_MOTOR_A 点为 DC_MOTOR_MGV＋,Q4 导通,可知 DC_MOTOR_B 点为 GND,此时直流电机将会反转。当 DC_MOTORB 输出是低电平时,Q3、Q4 都会截止,Q7 截止,电机停机。

二极管 DC_MOTOR_D1、DC_MOTOR_D2、DC_MOTOR_D4、DC_MOTOR_D5 为续流二极管,用于释放电机线圈上产生的反电动势。电阻 DC_MOTOR_R1、DC_MOTOR_R2 为限流/保护电阻。

主板上还有测速模块,可对电机的转速进行测试。测试电路使用槽形光电开关,当电机转动时,当安装在电机转轴上转盘从槽形光电开关转过,转盘上均匀分布有四个孔,电机转动一周,光电开关工作 4 次,在 DCMotorSpeed 输入引脚上出现 4 个低脉冲。检测 1s 内 DCMotorSpeed 上低脉冲的个数除以 4 即可得到电机的转速。

四、实验步骤

1. 根据电路要求,建立硬件工程(图 6-117)。

Use	Connect...	Module	Description	Clock	Base	End	IRQ
☑		**cpu**	Nios II Processor	**[clk]**			
		instruction_master	Avalon Memory Mapped Master	[clk]			
		data_master	Avalon Memory Mapped Master	[clk]	IRQ 0	IRQ 31	
		jtag_debug_module	Avalon Memory Mapped Slave	[clk]	0x00502800	0x00502fff	
☑		□ **timer**	Interval Timer	[clk]			
		s1	Avalon Memory Mapped Slave	**clk_50**	0x00503020	0x0050303f	
☑		□ **jtag_uart**	JTAG UART	[clk]			
		avalon_jtag_slave	Avalon Memory Mapped Slave	**clk_50**	0x005031d0	0x005031d7	
☑		□ **high_res_timer**	Interval Timer	[clk]			
		s1	Avalon Memory Mapped Slave	**clk_50**	0x00503000	0x0050301f	
☑		□ **ext_bus**	Avalon-MM Tristate Bridge				
		avalon_slave	Avalon Memory Mapped Slave	[clk]			
		tristate_master	Avalon Memory Mapped Tristate Master	[clk]			
☑		□ **flash1**	Flash Memory Interface (CFI)				
		s1	Avalon Memory Mapped Tristate Slave	**clk_50**	0x00000000	0x003fffff	
☑		□ **sram**	SRAM 256X16bit				
		avalon_tristate_slave_0	Avalon Memory Mapped Tristate Slave	**clk_50**	0x00480000	0x004fffff	
☑		□ **sysid**	System ID Peripheral				
		control_slave	Avalon Memory Mapped Slave	[clk]	0x005031d8	0x005031df	
☑		⊞ **sdram**	SDRAM Controller		[clk]	0x01000000	0x017fffff	
☑		□ **f**	PIO (Parallel I/O)	[clk]			
		s1	Avalon Memory Mapped Slave	**clk_50**	0x005030b0	0x005030bf	
☑		□ **DC_MOTORA**	altera_avalon_pwm	[control_slav...]			
		control_slave	Avalon Memory Mapped Slave	**clk_50**	0x005030d0	0x005030df	
☑		□ **DC_MOTORB**	altera_avalon_pwm	[control_slav...]			
		control_slave	Avalon Memory Mapped Slave	**clk_50**	0x005030e0	0x005030ef	
☑		□ **DC_MOTORA_SPEED**	gx_avalon_cymometer				
		avalon_slave	Avalon Memory Mapped Slave	**clk_50**	0x005030f0	0x005030ff	

图 6-117　硬件工程

工程中各引脚分配见表 6-12。

表 6-12　引脚分配

设 计 端 口	芯 片 引 脚	开发平台模块
dc_motor_speed	PIN_R22	直流电机
dc_motora	PIN_N21	
dc_motorb	PIN_T22	
f[1]	PIN_ P18	F1
f[2]	PIN_ V22	F2
f[3]	PIN_ W12	F3
f[4]	PIN_ W22	F4

2. 下载硬件工程。将开发平台上 CTRL_SW 组合开关 SEL1 拨上、SEL2 拨上，TLS、TLEN 拨下，使 DP9 数码管显示 4。LCD_ALONE_CTRL_SW 组合开关中 TLAE、TLAS 拨上，其他 6 个拨下。

3. 建立软件工程。

4. 编译整个工程，查找语法错误。

5. 下载硬件配置文件到 FPGA 中。按键 F1 用于加速，F2 用于减速、F3 用于换向、F4 用于启动或停止。

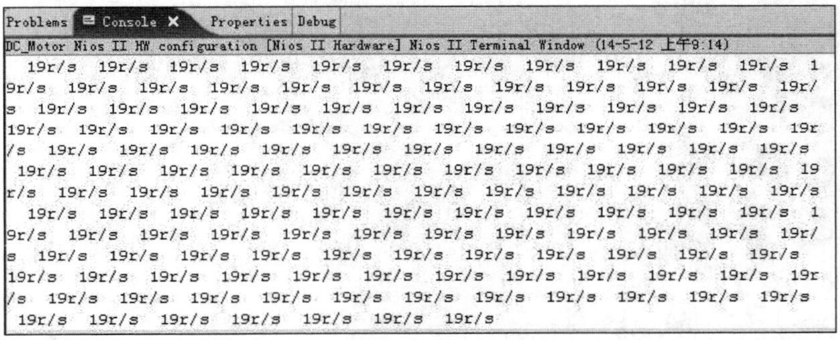

图 6-118　运行过程中的 IDE 界面

附录 A

B—ICE—EDA/SOPC IEELS 实验开发平台简介

一、实验平台简介

IEELS 系列创新电子教育实验平台,采用"核心板＋平台主板"的叠层结构,核心板可叠加,一种平台主板可搭配多种核心板,结构灵活。可实现基于 Altera、Xilinx、Actel、Lattice 等厂家的软核/硬核处理器相结合的嵌入式系统设计。该实验平台硬件接口丰富,平台嵌入式软件除支持 C/C++语言开发之外,还支持 μC/OS II、μClinux 嵌入式操作系统。特有的核心板扩展接口可实现核心板与核心板、核心板与平台主板之间无缝连接,实现复杂的系统功能。通过模式转换功能,不同的硬件模块间,可实现 20 多种独立的综合特色模块组合。IEELS 平台的综合性设计提高了开发平台的利用率,支持 SOPC、EDA、SOC 等嵌入式系统实验教学,同时也能够满足高等院校参加电子设计大赛创新开发的要求。

实验平台可采用如下三种方式完成系统设计开发:

(1) 核心板为功能完整的小型嵌入式系统,提供了丰富的硬件资源。采用标准工业级多层板设计,可脱离 IEELS 硬件平台,独立开发使用。

(2) 核心板与 CIDE 平台配套开发使用,CIDE 除提供更为丰富的硬件平台接口资源外,还为用户提供可扩展的自由定制的特色模块,灵活性强,可实现更多综合系统功能。

(3) 核心板与其他核心板上下叠层结合使用,可实现各种电子系统板级创新设计构想,拓宽嵌入式软/硬件设计视野。

二、IEELS 适用范围

B-ICE-EDA/SOPC-IEELS 创新电子教育实验平台专为电子系统级设计、EDA 基础教学、嵌入式软/硬件设计、IP Core 开发与验证(包含 8 位/16 位/32 位 CPU 处理器设计)、DSP 图像/通信创新开发等电子技术高级应用开发而设计,适用于计算机科学、微电子、音视频与多媒体教学、现代系统级组成原理、通信、信息技术与仪器仪表、电子工程、机电一体化、自动化等相关专业。

三、IEELS 平台硬件资源

1. LED 指示灯

开发平台上有 2×8 共 16 个 LED 指示灯,如图 A-1 所示。LED 控制信号为低电平有效,即低电平时亮,原理图如图 A-2 所示。

第一组:LED1～LED8,如果使用该模块,请把控制拨码开关模块 LCD_ALONE_CTRL_SW 中开关 VLPO 拨下,置于低电平。

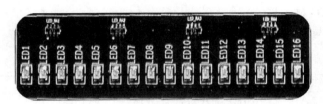

图 A-1　LED 显示器

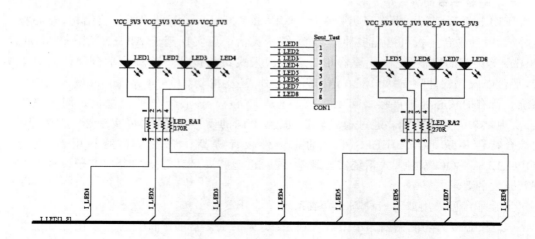

图 A-2　LED1～LED8 显示器原理图

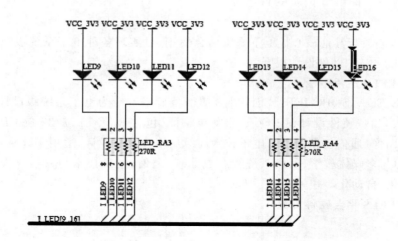

图 A-3　LED9～LED17 显示器原理图

　　第二组：LED9～LED16,图 A-3 为电路原理图。若使用该模块,则把控制拨码开关 CTRL_SW 中 SEL1 拨上、SEL2 拨下,使逻辑控制电平为 10,DP9 数码管显示 2,即可选通使用第二组 LED 显示器。

　　LED 指示灯与 FPGA 引脚连接关系见表 A-1。

表 A-1　LED 指示灯与 FPGA 引脚连接关系

LED 指示灯	LED1	LED2	LED3	LED4	LED5	LED6	LED7	LED8
对应 FPGA 引脚	AA12	AB13	AA14	W16	V14	Y13	AA16	U14
LED 指示灯	LED9	LED10	LED11	LED12	LED13	LED14	LED15	LED16
对应 FPGA 引脚	C10	A9	D14	F13	F14	E8	D9	F9

2. 按键

开发平台上有 10 个按键,每个按键按下时输出低电平,使其对应的 LED 熄灭,如图 A-4 所示。按键部分的电路原理图如图 A-5 所示,其中 F1~F6 已经固定连接到实验平台中的 FPGA_CON1 处,F7~F10 连接到复用 I/O。当实验平台上控制拨码开关模块 LCD_ALONE_CTRL_SW 中 KSI 拨下,可以使用按键模块中的 F7~F10。

图 A-4　按键部分

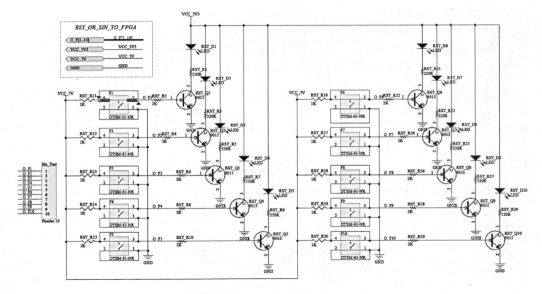

图 A-5　按键部分电路原理图

按键模块与 FPGA 引脚连接关系见表 A-2。

表 A-2　按键模块与 FPGA 引脚连接关系

开发平台模块	F1	F2	F3	F4	F5	F6	F7	F8	F9	F10
对应 FPGA 引脚	AA17	W15	AA18	Y19	V19	U19	T18	U18	AB17	R18

3. 电平输出控制开关

实验开发平台上有 2 组 16 只电平输出控制开关,开关拨上输出逻辑"1"电平,开关拨下输出逻辑"0"电平,如图 A-6 所示,电路原理图如图 A-7 所示。

第一组:SW1~SW8,已经固定连接到实验平台中的 FPGA_CON1 和 FPGA_

图 A-6　电平输出控制开关

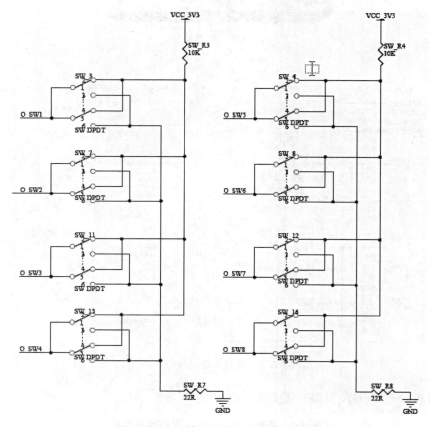

图 A-7　电平输出控制开关电路原理图

CON2 处。

　　第二组：SW9～SW16，如果使用该模块，控制拨码开关模块 CTRL_SW 中开关 SEL1、SEL2 拨下，使控制逻辑电平为 00，DP9 数码管显示 1。拨码开关与 FPGA 引脚连接关系见表 A-3。

表 A-3 拨码开关与 FPGA 引脚连接关系

拨码开关	SW1	SW2	SW3	SW4	SW5	SW6	SW7	SW8
对应 FPGA 引脚	R21	N22	V15	AA13	B6	B7	B8	B9
拨码开关	SW1	SW2	SW3	SW4	SW5	SW6	SW7	SW8
对应 FPGA 引脚	Y16	Y14	E7	D7	C7	D8	E9	A3

4．LED 数码管

开发平台上有二组数码管，一组是用户可控制 8 个共阳极七段数码管，另一组是 1 个独立七段数码管，用来显示 FPGA 核心板中部分 I/O 与实验平台上硬件模块工作模式。第一组共阳极 8 个七段数码管模块就是按照动态显示驱动方式去设计的。

第一组：8 个共阳极七段数码管，如图 A-8 所示。8 个共阳极七段数码管的 8 个段码共用 FPGA I/O 已经固定连接到实验平台中的 FPGA_CON1 处，8 个共阳极七段数码管的 8 个位选也已经固定连接到实验平台中的 FPGA_CON1 处，电路原理图如图 A-9 所示。

图 A-8 LED 数码管

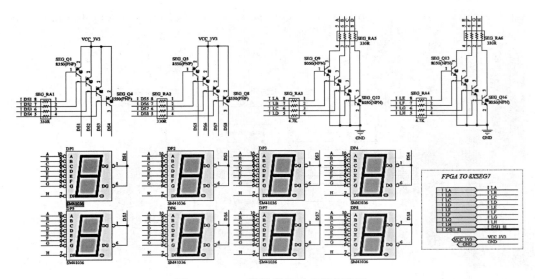

图 A-9 LED 数码管显示电路原理图

LED 数码管与 FPGA 引脚连接关系见表 A-4。

表 A-4　拨码开关与 FPGA 引脚连接关系

LED 数码管	8×SEG LA	8×SEG LB	8×SEG LC	8×SEG LD	8×SEG LE	8×SEG LF	8×SEG LG	8×SEG LH
对应 FPGA 引脚	P18	V22	W21	W22	Y22	Y21	Y20	T21
LED 数码管	8×SEG DS1	8×SEG DS2	8×SEG DS3	8×SEG DS4	8×SEG DS5	8×SEG DS7	8×SEG DS7	8×SEG DS8
对应 FPGA 引脚	Y17	U15	Y18	AA19	R17	AB18	AB19	V20

第二组：1 个独立七段数码管 DP9，原理图见图 A-10。由控制拨码开关模块 CTRL_SW 来确定。该数码管用于显示模块的工作方式，共有四种方式：

（1）当开关 SEL1、SEL2 拨下，逻辑电平为 00，DP9 数码管显示"1"时，可以使用 SW9～SW16、8×8 LED 点阵。

（2）当开关 SEL1 拨上、SEL2 拨下，逻辑电平为 10，DP9 数码管显示"2"时，可以使用步进电机、Audio 音频模块、4×4 键盘模块、8 个发光二极管（LED9～LED16）。

（3）当开关 SEL1 拨下、SEL2 拨上，逻辑电平为 01，DP9 数码管显示"3"，并且 TLEN 拨下、TLS 拨上，拨码开关模块 LCD_ALONE_CTRL_SW 中开关 TLAS 拨上、TLAE 拨下时，可以使用 2×16 LCD（液晶）、并行 A/D 模块以及并行 D/A 模块。

而当拨码开关模块 LCD_ALONE_CTRL_SW 中，TLAE、TLAS 拨下时，可以使用 4.3in TFT 彩色触摸液晶显示屏。

（4）当开关 SEL1 拨上、SEL2 拨上，逻辑电平为"11"，DP9 数码管显示"4"，拨码开关模块 LCD_ALONE_CTRL_SW 中开关 TOS 拨上时，可以使用 CF 卡接口和其他扩展接口模块。

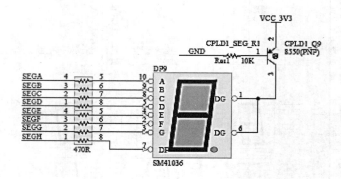

图 A-10　模块控制显示数码管电路原理图

5. 直流电机模块

直流电机模块如图 A-11 所示，电路原理图如图 A-12 所示。该模块采用 6 位施密特触发器 CD40106BCN 和光电耦合管 ITR9707，直流电机控制使用了 H 桥驱动电路，当 DC_MOTORA 输出高电平时，Q1、Q3 导通，因此 Q6 导通，可得 DC_MOTOR_B 点为 DC_MOTOR_MGV+，又因 Q6 导通，因此 DC_MOTOR_A 点为 GND，此时直流电机将会正转。由于 Q6 的集电极通过一个二极管 DC_MOTOR_D3 连接到 H 桥的另一个控制端 DC_MOTORB,将 DC_MOTORB 控制端电压钳在 1.0V 以下,所以不管 DC_MOTORB 输出是高电平还是低电平,Q4、Q7 都会截止,不会造成 H 桥短路故障。

图 A-11　直流电机模块

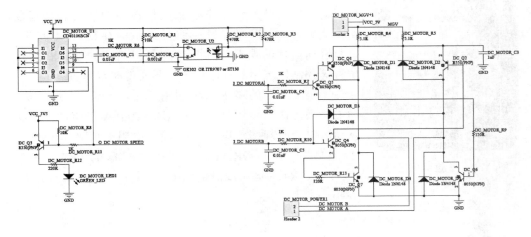

图 A-12　直流电机控制电路原理图

当 DC_MOTOR_A 输出低电平时,Q1、Q3 截止,因此 Q6 截止,MOTOR_B 的输出电平可以控制电机反转或停机。若 DC_MOTOR_B 输出高电平,由 Q4、Q7 导通可知 Q2 导通,DC_MOTOR_A 点为 DC_MOTOR_MGV+,Q7 导通,可知 DC_MOTOR_B 点为 GND,此时直流电机将会反转。当 DC_MOTOR_B 输出是低电平时,Q4、Q7 都会截止,Q2 截止,电机停机。

二极管 DC_MOTOR_D1、DC_MOTOR_D2、DC_MOTOR_D4、DC_MOTOR_D5 为续流二极管,用于释放电机线圈上产生的反电动势。电阻 DC_MOTOR_R1、DC_MOTOR_R2 为限流/保护电阻。

主板上还有测速模块,可对电机的转速进行测试。测试电路使用槽形光电开关,当电机转动时,安装在电机转轴上转盘从槽形光电开关转过,转盘上均匀分布有四个孔,电机转动一周,光电开关工作 4 次,在 DC_MOTOR_SPEED 输入引脚上出现 4 个低脉冲。检测 1s 内 DC_MOTOR_SPEED 上低脉冲的个数除以 4 即可得到电机的转速。

直流电机的 I/O 已经固定连接到实验平台中的 FPGA_CON1 处,直流电机与 FPGA 引脚连接关系见表 A-5。

表 A-5　直流电机与 FPGA 引脚连接关系

直 流 电 机	DC_MOTOR_A	DC_MOTORA_SPEED	DC_MOTOR_B
对应 FPGA 引脚	N21	R22	T22

6. 步进电机模块

步进电机是将电脉冲信号转变为角位移或线位移的开环控制元件。在非过载的情况下,电机的转速、停止的位置只取决于脉冲信号的频率和脉冲个数而不受负载变化的影响,给电机加一个脉冲信号,电机则转过一个步距角。即当步进驱动器接收到一个脉冲信号,它就驱动步进电机按设定的方向转动一个固定的角度(步进角)。可以通过控制脉冲个数来控制角位移量,从而达到准确定位的目的;同时可以通过控制脉冲频率来控制电机转动的速度和加速度,从而达到调速的目的。这一线性关系的存在,加上步进电机只有周期性的误差而无累积误差等特点。使得在速度、位置等控制领域用步进电机来控制变得非常简单。

图 A-13　步进电机模块

实验平台上的步进电机如图 A-13 所示。步进电机驱动电路采用达林顿管驱动芯片 ULN2003A 来驱动步进机,驱动电路的原理图如图 A-14 所示,电阻 STEP_MOTOR_R1、STEP_MOTOR_R2、STEP_MOTOR_R3、STEP_MOTOR_R4 为电机线圈上的限流/保护电阻。

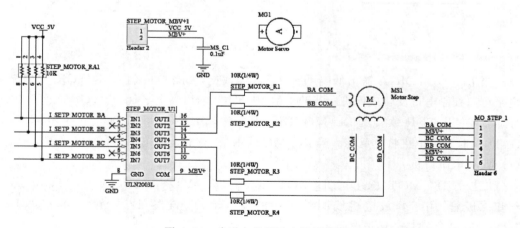

图 A-14　步进电机驱动电路原理图

如果使用该模块,可把控制拨码开关模块 CTRL_SW 中 SEL1 拨上、SEL2 拨下,逻辑电平为 10,使 DP9 数码管显示"2"。步进电机与 FPGA 引脚关系见表 A-6。

表 A-6 步进电机与 FPGA 引脚连接关系

步 进 电 机	SETP_MOTOR_A	SETP_MOTOR_B	SETP_MOTOR_C	SETP_MOTOR_D
对应 FPGA 引脚	Y16	Y17	E7	D7

7. PS/2 键盘/鼠标接口

PS/2 接口是目前常见的键盘和鼠标接口,最初是 IBM 公司的专利,俗称"小口"。它是一种鼠标和键盘的专用接口,外形为 6 针圆形,如图 A-15 所示。连接鼠标时,只使用其中的 4 针传输数据和供电,其余 2 个为空脚。PS/2 接口的传输速度比 COM 接口稍快一些,而且是 ATX 主板的标准接口,但由于其技术性能较低,不能使高档鼠标完全发挥其性能,而且不支持热插拔。

从应用角度来说,并不是只有计算机主板才能应用 PS/2接口,很多 8 位、16 位以及 32 位 CPU 都可以根据接口通信协议来外接 PS/2 接口。

开发平台上的 PS/2 键盘和鼠标接口模块由 2 个 N 沟道增强型场效应管以及 PS/2 接口组件组成。场效应管器件使用 BSS138 芯片,提供可靠、快速的开关性能,非常适合于低电压、低电流的应用,电路原理图见图 A-16。

图 A-15　PS/2 接口

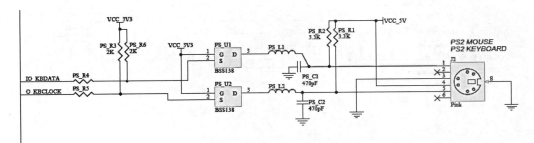

图 A-16　PS/2 接口电路原理图

开发平台上的 PS/2 接口为复用接口,可以连接鼠标和键盘,但同时只能使用一种外设。根据 PS/2 通信协议要求,PS/2 键盘、鼠标使用 5V 电源供电,接口的数据线和时钟线均要接上拉电阻。由于 FPGA 的 I/O 口可以承受 5 V 的电压,所以 PS/2 接口的数据线和时钟线可与 FPGA 直接连接,但最好在中间串接一个小阻值的限流电阻。

当有键盘/鼠标事件产生时,接口上的时钟线会被拉低,如果将时钟线连接到 FPGA 中 Nios Ⅱ 系统的中断输入引脚,则可以使用中断方式读取键盘/鼠标。如果要使用该模块,可把控制拨码开关模块 LCD_ALONE_CTRL_SW 中开关 VLPO 拨下,可以使用该模块。PS/2 接口与 FPGA 引脚连接关系见表 A-7。

表 A-7 PS/2 接口与 FPGA 引脚连接关系

PS/2 接口	KBDTAT	KBCLOCK
对应 FPGA 引脚	U21	U22

8. RS-232 模块

开发平台上有 1 个 RS-232 接口电路,如图 A-17 所示,电路原理图如图 A-18 所示。由于系统电源为 3.3V,所以使用了 MAX3232 CSE 进行了电平转换,MAX3232 有两个接收器和驱动器,在 RS-232 输出模式下保证运行速率为 120kb/s。LED 用于指示串口的工作状态。

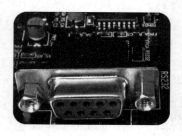

图 A-17　RS-232 口

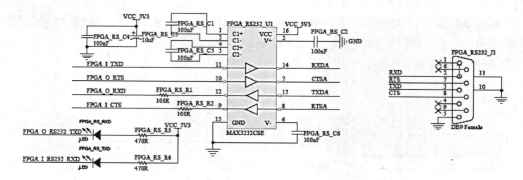

图 A-18　RS-232 接口电路原理图

注意:如果使用该 RS-232 模块,需要将 FPGA_RS232_485_P1,FPGA_RS232_485_P2,FPGA_RS232_485_P3,FPGA_RS232_485_P4 中 1-2 跳线器连接,FPAG_RS232_P1,FPAG_RS232_P2,FPAG_RS232_P3 中 1-2 跳线器连接,才可以使用 RS-232 模块,FPAG_RS232_P4 中 1-2 跳线器连接,RS-232 模块能够实现交叉收发。RS-232 模块与 FPGA 引脚连接关系见表 A-8。

表 A-8　RS-232 与 FPGA 引脚连接关系

开发平台模块	RS232_RTS	RS232_RXD	RS232_CTS	RS232_TXD
对应芯片引脚	R19	V21	AB22	U20

9. IRDA 红外通信模块

开发平台上有一路红外通信模块,采用美国安捷伦公司的 HSDL-3201 芯片构建。HSDL-3201 是一种廉价的红外收发器模块,工作电压为 2.7~3.6V。由于发光二极管的驱动电流是内部供给的恒流 32mA,因此确保了连接距离符合 IrDA1.2(低功耗)物理层规范。HSDL-3201 与 IrDA1.2 低功耗器件通信的连接距离为 20cm,与 IrDA1.2 标准器件通信的连接距离为 30cm。

  该模块最高支持 115.2kb/s 的红外发送,发送方和接收方传输速度必须相同,实验平台红外发射接收模块如图 A-19 所示,电路原理图如图 A-20 所示。

图 A-19　红外发射/接收模块

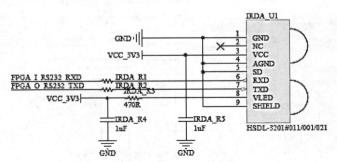

图 A-20　红外发射/接收电路原理图

  若使用该红外通信模块,则把 FPGA_RS232_485_P1、FPGA_RS232_485_P2、FPGA_RS232_485_P3 以及 FPGA_RS232_485_P4 中跳线器全部取下,USB_TXD、USB_RXD、USB_CTS 和 USB_RTS 跳线器取下,FPAG_RS232_P1、FPAG_RS232_P2、FPAG_RS232_P3 和 FPAG_RS232_P4 跳线器取下。

10. USB 2.0/UART 模块

  目前,仪器设备已经逐渐采用支持热插拔的 USB 接口取代 RS-232 接口与计算机通信,计算机将越来越少配置甚至不配置 RS-232 接口。RS-232 接口与 USB 接口虽然都属于串行接口,但它们的数据格式、通信协议、信号电平以及机械连接方式均不相同,这会导致一些现有设备无法与计算机通信。要解决这一问题,就得将现有仪器设备的 RS-232 接口转换成 USB 接口。实现这种转换有两种方案:一种是从硬件底层固件开始全面开发系统,该方案由于开发成本高、难度大,加之单片机的限制,因而很少采用;另一种是采用 USB/RS-232 桥接器件如 CP2102 进行设计,计算机通过 USB 接口虚拟一个 RS-232 接口,与传统设备器件连接,设备对计算机接口的形式为 USB 接口,实验平台以 CP2102 芯片为核心实现第二种方案。

  实验平台上的 USB 接口见图 A-21,电路原理图见图 A-22。把 FPGA_RS232_484_P1、FPGA_RS232_484_P2、FPGA_RS232_484_P3 以及 FPGA_RS232_484_P4 中的跳线器取下,还要将 USB_TXD、USB_RXD、USB_CTS 和 USB_RTS 中的 1-2 跳线器连接,才可以使用 USB_PORT 模块。

图 A-21　USB 接口

11. RS-485 模块

  本实验平台的 RS-485 模块是采用 SP3485 芯片构成的。

  SP3485 接收器的数据传输速率可高达 10Mb/s。接收器有故障自动保护特性,该特性可以使得输出在输入悬空时为高电平状态。

  实验平台上的 RS-485 接口见图 A-23,电路原理图见图 A-24。

  使用 RS485 模块时,需要把 FPGA_RS232_484_P1、FPGA_RS232_484_P2 以及

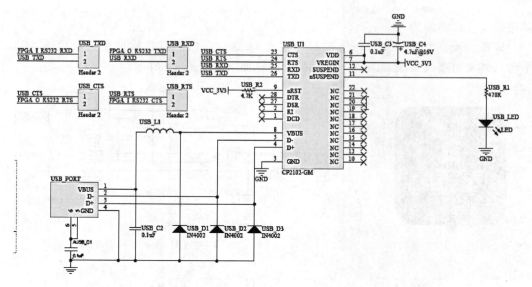

图 A-22　USB 口电路原理图

图 A-23　RS-485 接口

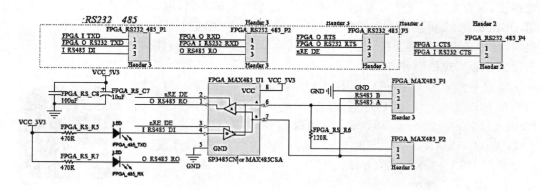

图 A-24　RS-485 接口电路原理图

FPGA_RS232_484_P3 中 2-3 跳线器连接。

12. VGA 模块

视频图形陈列（Video Graphic Array，VGA）接口，也称为 D-Sub 接口，是 15 针的梯形插头（图 A-25），用于传输模拟信号。VGA 接口采用非对称分布的 15 针连接方式，其基本工作原理是将显存内以数字格式存储的图像(帧)信号在 RAMDAC 里经过模拟调制成模拟高频信号,再输出到显示设备成像。VGA 支持在 640×480 的较高分辨率下同时显示 16 种色彩或 256 种灰度,同时在 320×240 分辨率下可以同时显示 256 种颜色。

图 A-25   VGA 接口

开发平台电路采用电阻网络的方法来产生 VGA 所需要的不同电压信号,输入端用 8 根信号线,因此能产生 256 色。VGA_HS 是行同步信号,VGA_VS 是场同步信号。电路中的二极管起过压保护作用,电路结构原理见图 A-26。

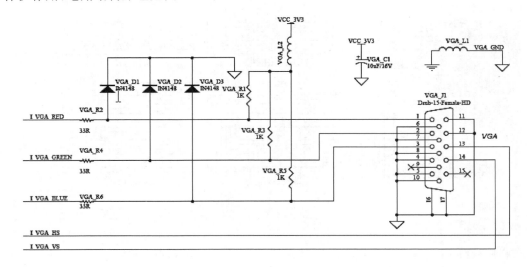

图 A-26   VGA 接口电路

使用 VGA 模块时,需要将控制拨码开关模块 LCD_ALONE_CTL_SW 中开关 VLPO 拨下。VGA 模块与 FPGA 引脚连接关系见表 A-9。

表 A-9   VGA 模块与 FPGA 引脚连接关系

开发平台模块	VGA LS	VGA HS	VGA BLUE	VGA GREEN	VGA RED
对应芯片引脚	M19	M18	P17	R20	AA20

图 A-27   4×4 键盘

13. 4×4 键盘阵列

键盘是由若干个按键组成的开关矩阵,它是最简单的输入控制设备,可以通过键盘输入数据或者命令,实现简单的人机交互。

4×4 的键盘结构如图 A-27 所示,图 A-28 为电路原理图。图中的列线通过电阻接 3.3V,当按键没有闭合时,所有的行线和列线断开,列线 I_SWC0～I_SWC3 呈高电平。当某个按键闭合时该键所对应的行线和列线短路。例如,6

号键按下时，I_SWC2 与 O_SWR1 短路，此时 I_SWC2 电平由 O_SWR1 电平决定。

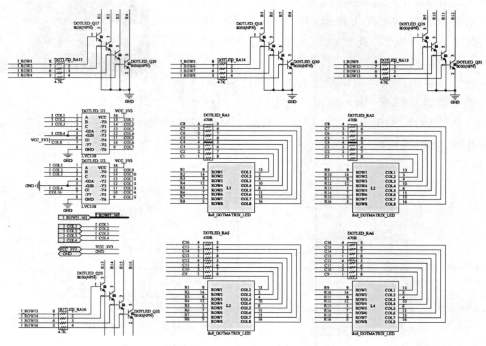

图 A-28　4×4 键盘电路原理图

若把列线接入 FPGA 的输入端口，行线接入 FPGA 的输出端口，由 FPGA 的输出值控制，使行线 0_SWR0 为低电平(0)，其余三根行线 O_SWR1、O_SWR2、O_SWR3 都为高电平。然后通过 FPGA 输入端口读列线的状态，若 I_SWC0、I_SWC1、I_SWC2、I_SWC3 都为高电平，则 0_SWR0 这一行没有键闭合，若读出的行线状态不全为高电平，则低电平的列线和 0_SWR0 相交键处于闭合状态；若 0_SWR0 这一行没有键闭合，接着使行线 0_SWR1 为低电平，其余行线为高电平。用同样的方法检查 0_SWR1 这一线是否有按键闭合，以此类推，最后使行线 0_SWR3 为低电平，其余的行线为高电平，检查 0_SWR3 这一行是否有按键闭合。这种逐行逐列地检查键盘状态的过程称为对键盘的一次扫描。

循环执行上述扫描过程，即可找到用户按下的按键，并通过查表的方式，确定按键对应的操作，从而实现人机交互。

若要使用 4×4 键盘模块，则需要将控制拨码开关模块 CTRL_SW 中开关 SEL1 拨上、SEL2 拨下，逻辑电平为 10，使 DP9 数码管显示"2"。4×4 键盘模块与 FPGA 引脚连接关系见表 A-10。

表 A-10　4×4 键盘与 FPGA 引脚连接关系

4×4 键盘	SWC0	SWC1	SWC2	SWC3	SWR0	SWR1	SWR2	SWR3
对应 FPGA 引脚	B10	A10	A11	A13	A14	A15	A16	B5

14. LED 点阵显示屏

开发平台的 16×16LED 点阵由 4 个 8×8 的 LED 点阵级联而成,共有 256 个发光二极管,如图 A-29 所示。不论是显示图形还是文字,只要控制与组成这些图形或文字的各个点所在的位置相对应的 LED 器件发光,就可以得到想要的显示结果。本实验箱采用动态扫描的显示方式,电路原理图见图 A-30。把所有同一行的发光管的阳极连在一起,把所有同一列的发光管的阴极连在一起(共阳极的接法),先送出对应第 1 行发光管亮灭的数据并锁存,然后选通第 1 行使其点亮一定时间,然后熄灭;再送出第 2 行的数据并锁存,然后选通第 2 行使其点亮相同的时间,然后熄灭;以此类推,第 16 行之后,又重新点亮第 1 行,循环反复。当这样反复操作的速度足够快(24 次/s 以上),由于人眼的视觉暂留现象,就能够看到显示屏上稳定的图形了。

图 A-29 16×16 点阵

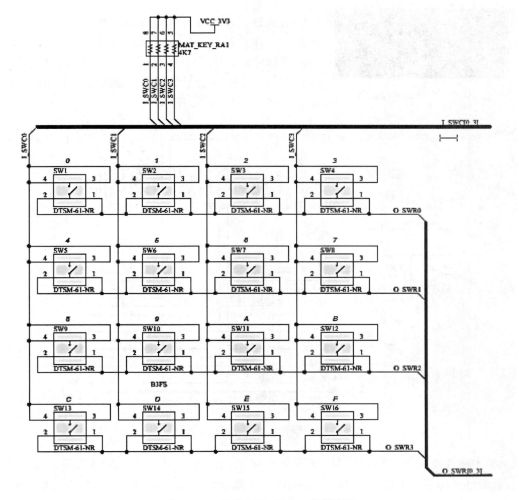

图 A-30 点阵 LED 驱动电路原理图

在实验过程中,若要使用该模块,则需要将控制拨码开关模块 CTRL_SW 中开关 SEL1、SEL2 拨下,逻辑电平为 00,使 DP9 数码管显示"1"。16×16LED 点阵与 FPGA 引脚连接关系见表 A-11。

表 A-11　LED 点阵与 FPGA 引脚连接关系

LED 点阵	ROW1	ROW2	ROW3	ROW4	ROW5	ROW6	ROW7	ROW8	ROW9	ROW10
对应 FPGA 引脚	A4	D4	A5	F8	C10	A9	D14	F13	F14	E8
LED 点阵	ROW11	ROW12	ROW13	ROW14	ROW15	ROW16	COL1	COL2	COL3	COL4
对应 FPGA 引脚	D9	F9	B10	A10	A11	A13	A14	A15	A16	B5

15. 2×16 点阵字符 LCD 模块

开发平台采用 HD44780U 点阵液晶控制器来驱动 2×16 液晶模块。HD44780U 是目前最常用的字符型液晶显示驱动控制器,能驱动液晶显示文字、数字、符号、日语假名字符。与 HD44780S 引脚兼容,通过配置,可以连接 8 位或 4 位的 MCU。单片 HD44780U 可驱动 1 行 8 字符或 2 行 16 字符显示。HD44780U 的字形发生 ROM 可产生 208 个 5×8 点阵的字体样式和 32 个 5×10 的字体样式,共 240 种不同的字体样式。工作电压低(2.7~5.5V),可适应于多种应用。实验平台上的液晶显示屏如图 A-31 所示,电路原理图如图 A-32 所示。

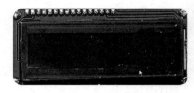

图 A-31　字符液晶显示屏

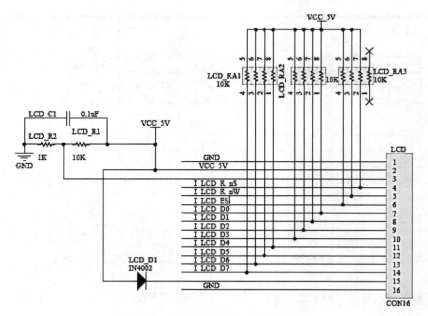

图 A-32　字符液晶驱动电路原理图

使用该模块时,需要将控制拨码开关模块 CTRL_SW 中开关 SEL1 拨下、SEL2 拨上,逻辑电平为 01,并且开关 TLEN 拨下、TLS 拨上,使 DP9 数码管显示"3"。液晶显示屏模块与 FPGA 引脚连接关系见表 A-12。

表 A-12 液晶显示屏与 FPGA 引脚连接关系

液晶显示屏	LCE_D0	LCE_D1	LCE_D2	LCE_D3	LCE_D4	LCE_D5	LCE_D6	LCE_D7
对应 FPGA 引脚	Y16	Y14	E7	D7	C7	D8	E9	A3
液晶显示屏	LCE_ES	LCE_R_nW	LCE_R_nS					
对应 FPGA 引脚	A4	D4	A5					

16. 高速并行 PAR 总线 ADC

开发平台上的并行 ADC 模块由一个并行 ADC 器件和电压基准源组成。并行 ADC 器件采用 ADC1175（或 ADC117550）芯片，ADC1175 是一款低功耗、8 位、最大采样频率为 20×10^2 万次/s 的 A/D 转换器，其特有的系统结构可以使输出达到 7.5 位的有效位，输出格式为二进制码。

实验平台的 ADC 模块见图 A-33，其电路原理图见图 A-34。使用该模块时，需要将控制拨码开关模块 CTRL_SW 中开关 SEL1 拨下、SEL2 拨上，使逻辑电平为 01，并且开关 TLEN 拨下、TLS 拨上，使 DP9 数码管显示"3"。通过上述设置即可使用 ADC 模块进行实验。

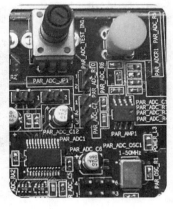

图 A-33 ADC 模块

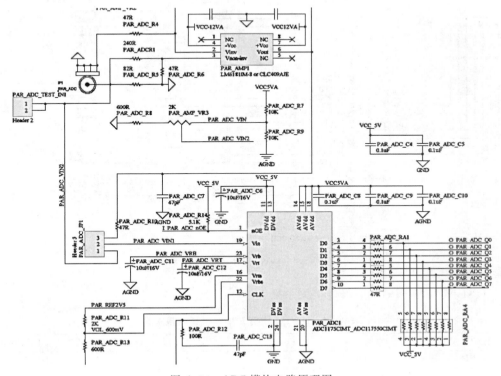

图 A-34 ADC 模块电路原理图

ADC 模块与 FPGA 引脚连接关系见表 A-13。

表 A-13 ADC 模块与 FPGA 引脚连接关系

ADC 模块	ADC_D0	ADC_D1	ADC_D2	ADC_D3	ADC_D4
对应 FPGA 引脚	F8	C10	A9	D14	F13
ADC 模块	ADC_D5	ADC_D6	ADC_D7	ADC_Noe	
对应 FPGA 引脚	F14	E8	D9	F9	

图 A-35 DAC 模块

17. 高速并行 PAR 总线 DAC

开发平台上的并行 DAC 模块由并行 DAC 芯片和电压基准源组成。并行 DAC 器件采用 AD9708 芯片。该芯片具有 8 位数据宽度,速度高达 125×10^2 万次/s,属于 TxDAC 系列,具有高性能低功耗的特点。实验平台上的 DAC 模块见图 A-35,其电路原理图如图 A-36 所示。使用该模块时,需要把控制拨码开关模块 CTRL_SW 中开关 SEL1 拨下、SEL2 拨上,使逻辑电平为 01,并且开关 TLEN 拨下、TLS 拨上,使 DP9 数码管显示"3"。

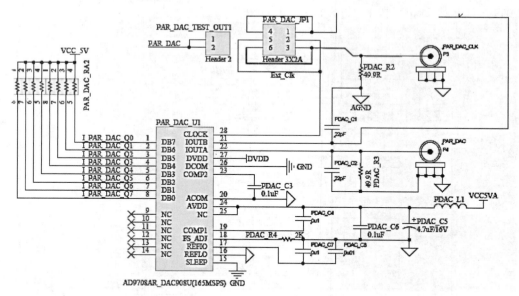

图 A-36 DAC 模块电路原理图

DAC 模块与 FPGA 引脚连接关系见表 A-14。

表 A-14 DAC 模块与 FPGA 引脚连接关系

DAC 模块	DAC_D0	DAC_D1	DAC_D2	DAC_D3	DAC_D4
对应 FPGA 引脚	B10	A10	A11	A13	A14

DAC 模块	DAC_D5	DAC_D6	DAC_D7	
对应 FPGA 引脚	A15	A16	B5	

18. Audio 功放模块

开发平台上的 Audio 功放模块由 LM386 功率放大器和扬声器两部分组成。LM386 功率放大器内建增益为 20,通过 1 脚和 8 脚间电容的搭配,增益最高可达 200。LM386 可使用电池为供应电源,输入电压为 4~12V,静态电流为 4mA,失真度低。实验平台上扬声器如图 A-37 所示,电路工作原理如图 A-38 所示。FPGA 芯片的 F8 引脚与扬声器模块输入信号 I_BZSP 相连接。

(a)   (b)

图 A-37 扬声器

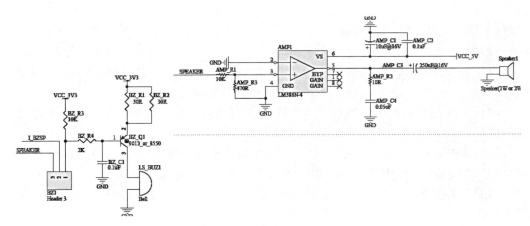

图 A-38 扬声器电路原理

在使用 Audio 功放模块时,若把 BZ1 中的跳线器连接在 1-2,该工作方式下可以使用 LS_BUZ1 有源蜂鸣器;若把 BZ1 中的跳线器连接在 2-3,该工作方式下可以使用 2W 的扬声器。

19. Audio 音频模块

本平台使用的音频编解码器 TLV320AIC23,该芯片是 TI 公司推出的一款高性能立体声音频编解码器,片内集成了模/数转换(ADC)和数/模转换(DAC)通道,可以对语音进行 A/D 和 D/A 转换。采用先进的 Σ-Δ 过采样技术,可在 8~96kHz 的频率范围内提供 16 位/20 位/24 位/32 位的采样。当音频采样率达到 96kHz 时,ADC 的输出信噪比分

图 A-39　音频接口

别可达到 90dBA,提供高保真的录音效果;当音频采样率达到 96kHz 时,DAC 的输出信噪比可达到 100dBA,能够提供高质量的数字声音回放功能。实验平台上音频接口如图 A-39 所示。

使用该模块时,需要将控制拨码开关模块 CTRL_SW 中开关 SEL1 拨上、SEL2 拨下,使逻辑电平为 10,同时使 DP9 数码管显示"2"。

20. 控制拨码开关模块

开发平台上有两个拨码开关模块,分别为 CTRL_SW1 和 LCD_ALONE_CTRL_SW。如图 A-40 所示。CTRL_SW 开关是控制核心板 FPGA/CPLD 中 I/O 到开发平台模块的控制开关。

(1) 当开关 SEL1、SEL2 拨下,逻辑电平为 00,DP9 数码管显示"1"时,可以使用 SW9~SW16 以及 8×8 LED 点阵。

(2) 当开关 SEL1 拨上、SEL2 拨下,逻辑电平为 10,DP9 数码管显示"2"时,可以使用步进电机、Audio 音频模块、4×4 键盘模块、8 个发光二极管(LED9~LED16)。

图 A-40　控制开关
CPRL_SW1

(3) 当开关 SEL1 拨下、SEL2 拨上,开关 TLEN 拨下,TLS 拨上时,逻辑电平为 01,DP9 数码管显示"3",完成上述开关设置后,可以使用 2×16 LCD(液晶),并行 A/D 模块以及并行 D/A 模块。

当开关 SEL1 拨下、SEL2 拨上,开关 TLEN 拨下、TLS 拨下,逻辑电平为 01,DP9 数码管显示"3"时,可以使用 4.3in TFT 彩色触摸液晶显示屏。

若 FPGA 的核心板 I/O 数量为 484 以上,I/O 可以直接分配给 4.3in TFT 彩色触摸液晶显示屏,此时必须将开关 TLEN 拨上。

(4) 当开关 SEL1 拨上、SEL2 拨上,TLS、TLEN 拨下时,逻辑电平为 11,DP9 数码管显示"4",完成上述设置后可以使用 CF 卡接口和其他控制接口模块。

LCD_ALONE_CTRL_SW 开关如图 A-41 所示,该开关是控制核心板中 FPGA/CPLD 中 I/O 到开发平台部分模块切换端口选择。

图 A-41　控制开关 LCD_ALONE_
CPRL_SW

(1) 当开关 EO 拨上时,可以使用 SD 卡;

(2) 当开关 EO 拨下时,可以使用 I^2C RTC 实时时钟模块;

(3) 当开关 KSI 拨上时,可以使用数字温度传感器模块、I^2C E^2PROM 模块;

(4) 当开关 KSI 拨下时,可以使用 F7~F10;

(5) 当开关 VLPO、TOS 拨上时,可以使用选配的摄像头(连接在摄像头端口);

(6) 当开关 VLPO 拨下时,可以使用 LED1~LED7、PS/2 方式键盘/鼠标接口、

VGA 接口；

　　（7）当开关 TIE、TOS 以及 TIS 拨下时，可以使用电阻式触摸屏；

　　（8）当开关 TLAS 拨上时、TLAE 拨下时，可以使用 2×16 LCD(液晶)；

　　（9）当开关 TLAE,TLAS 拨下时，可以使用 TFT_LCD 数据口。

　　21. 时钟分频电路

　　开发平台上提供了插针组 CLK_DIV，可以输出不同频率的时钟信号，共有 14 个插针，具体输出频率见表 A-15。当用户需要不同固定的时钟时，可以从此端口引出。

表 A-15 时钟信号输出频率及控制端

引 脚 序 号	引 脚 名 称	输出频率/Hz	引 脚 序 号	引 脚 名 称	输出频率/Hz
1	FRQH_Q0	24 000 000	8	FRQ_Q9	4 096
2	FRQH_Q1	12 000 000	9	FRQ_Q11	1 024
3	FRQH_Q2	6 000 000	10	FRQ_Q15	64
4	FRQH_Q3	3 000 000	11	FRQ_Q18	< 10
5	FRQH_Q5	750 000	12	FRQ_Q20	< 10
6	FRQ_Q5	65 536	13	FRQ_Q21	< 10
7	FRQ_Q6	32 768	14	FRQ_Q23	<0.1

附录 B

USB Blaster下载器的安装

1. 用 USB 数据线连接计算机 USB 接口和 USB Blaster 下载器接口,计算机系统自动发现新的硬件,如图 B-1 所示。第一次安装时,系统会自动弹出硬件安装向导。

图 B-1　连接 USB Blaster 下载

2. 出现硬件安装向导窗口,如图 B-2 所示。选择"是,仅这一次",单击"下一步"按钮。

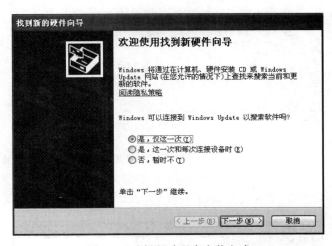

图 B-2　选择驱动程序安装方式

3. 在图 B-3 所示窗口中,选择"从列表或指定位置安装(高级)"。

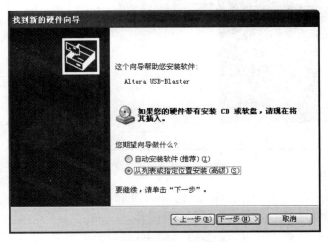

图 B-3　指定驱动程序安装位置

4. 在如图 B-4 所示窗口中,选择"在这些位置上搜索最佳驱动程序",在该选项下,选中"在搜索中包括这个位置",单击"浏览"按钮,使安装目录指向 Quartus Ⅱ 软件的驱动程序安装目录,如"C:\altera\10.1\quartus\drivers\usb-blaster"。

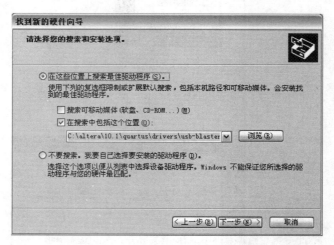

图 B-4　指定驱动程序安装目录

5. 单击"下一步"按钮,系统自动搜索并安装,正确安装完成后,弹出如图 B-5 所示的窗口,如果安装不成功,一般是因为 Quartus Ⅱ 安装不正确,应重新安装该软件,再重复上述步骤安装 USB Blaster 下载器驱动程序。

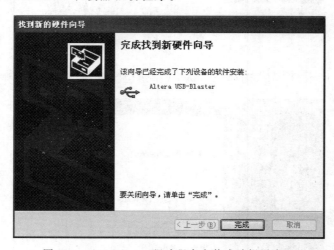

图 B-5　USB Blaster 驱动程序安装成功提示窗口

6. 在 Quartus Ⅱ 软件中添加 USB Blaster 下载器选择项,运行 Quartus Ⅱ 软件,打开工程,选择 TOOLS|Programmer 功能(图 B-6),显示如图 B-7 所示的窗口。

7. 在图 B-7 所示窗口中,单击 Hardware Setup…弹出如图 B-8 所示的窗口。

8. 在图 B-8 所示的窗口中,双击 USB-Blaster,即选中 USB Blaster 下载器,设置成功后,弹出如图 B-9 所示的窗口。

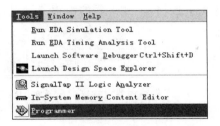

图 B-6　编程器设置

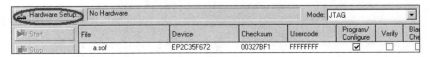

图 B-7　编程器设置窗口

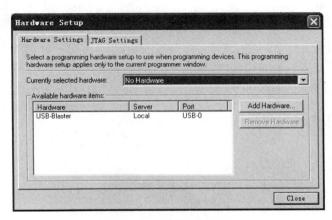

图 B-8　编程器选择窗口

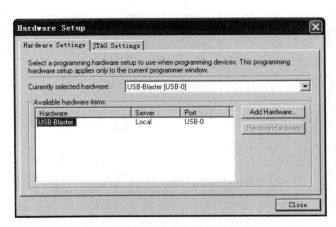

图 B-9　编程器设置成功后显示窗口

9. 设置成功后，单击 Close 按钮，完成工程的编程器设置，如图 B-10 所示。

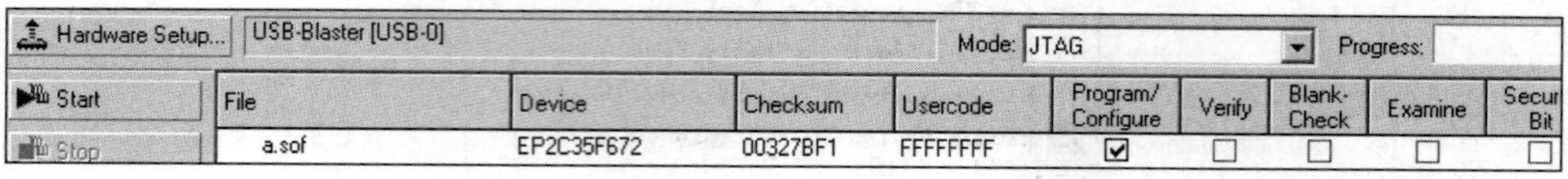

Hardware Setup...	USB-Blaster [USB-0]				Mode: JTAG			Progress:	
Start	File	Device	Checksum	Usercode	Program/ Configure	Verify	Blank- Check	Examine	Secur Bit
Stop	a.sof	EP2C35F672	00327BF1	FFFFFFFF	☑	☐	☐	☐	☐

图 B-10　工程编程器设置完成后显示的窗口

参 考 文 献

[1] 夏宇闻.Verilog 数字系统设计教程[M].2 版.北京：北京航空航天大学出版社,2008.

[2] 罗杰,谢自美.电子线路设计·实验·测试[M].4 版.北京：电子工业出版社,2008.

[3] 黄继业,潘松.EDA 技术及其创新实践(Verilog HDL 版)[M].北京：电子工业出版社,2012.

[4] 史小波,程梦璋.集成电路设计 VHDL 教程[M].北京：清华大学出版社,2005.

[5] 毕满清.电子技术实验与课程设计[M].北京：机械工业出版社,2012.

[6] 吴厚航.FPGA 设计实战演练[M].北京：清华大学出版社,2015.

图 书 资 源 支 持

感谢您一直以来对清华大学出版社图书的支持和爱护。为了配合本书的使用，本书提供配套的资源，有需求的读者请扫描下方的"书圈"微信公众号二维码，在图书专区下载，也可以拨打电话或发送电子邮件咨询。

如果您在使用本书的过程中遇到了什么问题，或者有相关图书出版计划，也请您发邮件告诉我们，以便我们更好地为您服务。

我们的联系方式：

教学资源·教学样书·新书信息

地　　址：北京市海淀区双清路学研大厦 A 座 714

邮　　编：100084

人工智能科学与技术
人工智能|电子通信|自动控制

电　　话：010-83470236　010-83470237

资源下载：http://www.tup.com.cn

客服邮箱：tupjsj@vip.163.com

QQ：2301891038（请写明您的单位和姓名）

资料下载·样书申请

书圈

用微信扫一扫右边的二维码，即可关注清华大学出版社公众号。